航海专业数学

主编 夏卫星

国防工业出版社

·北京·

内 容 简 介

本书较全面地介绍了数值计算、球面几何和球面三角、球面三角函数、海图投影、误差理论,以及各部分理论在航海中的典型应用。本书内容共分为6章,与航海类课程学习密切相关。

本书主要供航海技术专业本科生学习使用,也可供其他院校相关专业的师生参考。

图书在版编目(CIP)数据

航海专业数学/夏卫星主编. -- 北京:国防工业出版社, 2025.4. -- ISBN 978-7-118-13600-5

Ⅰ.U675.11

中国国家版本馆 CIP 数据核字第 2025SN2521 号

※

国防工业出版社出版发行
(北京市海淀区紫竹院南路23号 邮政编码100048)
雅迪云印(天津)科技有限公司印刷
新华书店经售

*

开本 710×1000 1/16 插页 3 印张 15¼ 字数 296 千字
2025 年 4 月第 1 版第 1 次印刷 印数 1—1300 册 定价 108.00 元

(本书如有印装错误,我社负责调换)

国防书店:(010)88540777   书店传真:(010)88540776
发行业务:(010)88540717   发行传真:(010)88540762

编审人员名单

主　编　夏卫星
参　编　杨晓东　孙雅琴
　　　　王小海　王　源
主　审　赵建昕
主　校　王小海

前　　言

本书突出了理论与航海实践相结合,特别是为使用者掌握球面三角知识和在航海实践中的误差分析提供了较为坚实的理论基础。

在本书编写过程中,针对航海专业人才培养目标,既注重数学理论基础与航海实践运用相结合,又着眼本专业航海类课程的教学需求做好重要理论铺垫。

本书共6章,分别介绍了航海中的数值计算、球面几何和球面三角、球面三角函数、海图投影、误差理论和各部分理论在航海中的典型应用。附录部分向读者介绍了矢量分析基础和数值修约规则,以便更好地在航海实践中推广使用。

本书中带"＊"号内容为选讲部分或供读者学习相关专业课程时参阅。

本书在2020年版基础上,进一步聚焦航海实践运用优化基础理论部分内容,进一步衔接航海专业课程教学需求,作了局部调整完善,具有更强的先导性和针对性。

本书由夏卫星主编,杨晓东、孙雅琴、王小海、王源参编。其中,夏卫星副教授编写了第五章、第六章,杨晓东教授编写了第二章和附录A～附录C,孙雅琴讲师编写了第四章,王小海副教授编写了第三章,王源助教编写了第一章。全书由王小海主校,赵建昕教授审阅。

在本书的编写和出版过程中,得到了海军舰船学院同志们和同行们的大力支持和鼎力相助,在此一并表示衷心感谢!

书中不妥与疏漏在所难免,诚望同行专家和广大读者批评指正。

编者

2024年10月

目 录

第一章 航海中的数值计算 ·· 1
第一节 拉格朗日插值计算 ·· 1
　一、线性插值 ··· 2
　二、二次插值 ··· 4
第二节 基于泰勒展开的内插计算 ································· 7
　一、内插分类及基本公式 ··· 7
　二、单内插计算 ··· 8
　三、双内插计算 ··· 11
　四、三内插计算 ··· 13
第三节 非线性方程的迭代计算 ····································· 15
　一、简单迭代法 ··· 15
　二、牛顿迭代法 ··· 18
第四节 曲线拟合 ··· 20
　一、基本概念 ··· 21
　二、最小二乘法原理 ·· 22
　三、周期函数 ··· 27
　小结 ··· 33
　习题 ··· 33

第二章 球面三角形 ··· 36
第一节 球面上的基本量及其度量 ································· 36
　一、球面上的圆 ··· 37
　二、球面上两点之间的距离 ·· 38
　三、极和极距 ··· 39
　四、球面角及其度量 ·· 40
第二节 球面三角形及相互间关系 ································· 41
　一、球面三角形的定义 ·· 41
　二、球面三角形的分类 ·· 42

三、两球面三角形之间的关系 ……………………………… 43
   四、球面三角形边角的基本性质 …………………………… 46
  第三节 球面三角形中的边角关系 …………………………… 49
   一、球面任意三角形公式 …………………………………… 49
   二、球面直角三角形公式 …………………………………… 56
   三、球面直边三角形公式 …………………………………… 57
  第四节 球面初等三角形公式 ………………………………… 59
   一、小角度的三角函数 ……………………………………… 59
   二、球面小三角形公式 ……………………………………… 60
   三、球面窄三角形公式 ……………………………………… 61
  小结 ……………………………………………………………… 63
  习题 ……………………………………………………………… 63

第三章 航海中球面三角形典型应用 ……………………………… 67
  第一节 球面三角形求解的一般方法 ………………………… 67
   一、解球面三角形的一般步骤 ……………………………… 67
   二、球面三角形的一般求解公式 …………………………… 68
   三、解的判别 ………………………………………………… 69
  第二节 球面三角形在航海中的典型应用 …………………… 71
   一、求两点间的大圆航向和航程 …………………………… 71
   二、求两点间大圆混合航线的航向和航程 ………………… 75
   三、子午线收敛差和大圆改正量 …………………………… 78
   四、计算观测北极星高度求纬度的改正量 x ……………… 80
   五、求北极星的计算方位 A ………………………………… 81
   六、恒向线航迹计算 ………………………………………… 82
  小结 ……………………………………………………………… 85
  习题 ……………………………………………………………… 85

第四章 海图中的投影与计算 ……………………………………… 87
  第一节 海图投影的基本理论 ………………………………… 87
   一、地球及与其相关的坐标系 ……………………………… 87
   二、海图投影的分类 ………………………………………… 93
   三、海图投影的基本数学方法* …………………………… 102
  第二节 墨卡托投影 …………………………………………… 111
   一、墨卡托投影的性质 ……………………………………… 111
   二、墨卡托投影的计算 ……………………………………… 112

三、自绘墨卡托海图* …………………………………………………… 119
　　四、墨卡托投影的不足 ………………………………………………… 123
第三节　高斯－克吕格投影* ……………………………………………… 123
　　一、高斯－克吕格投影的性质 ………………………………………… 123
　　二、高斯－克吕格投影的计算 ………………………………………… 125
　　三、高斯－克吕格投影的不足 ………………………………………… 128
第四节　日晷投影 ………………………………………………………… 129
　　一、日晷投影的性质 …………………………………………………… 129
　　二、日晷投影的计算 …………………………………………………… 129
　　三、日晷投影的不足 …………………………………………………… 133
　小结 ……………………………………………………………………… 134
　习题 ……………………………………………………………………… 135

第五章　误差理论基础 ……………………………………………………… 136
第一节　观测误差及评定 ………………………………………………… 136
　　一、观测误差及其分类 ………………………………………………… 136
　　二、随机误差的特性及分布规律 ……………………………………… 140
　　三、观测值的估计 ……………………………………………………… 146
　　四、均方误差传播定律 ………………………………………………… 151
第二节　直接观测平差 …………………………………………………… 155
　　一、等精度直接观测平差 ……………………………………………… 155
　　二、非等精度直接观测平差 …………………………………………… 159
第三节　等值线与舰位线平差 …………………………………………… 165
　　一、等值线及其种类 …………………………………………………… 165
　　二、等值线的梯度 ……………………………………………………… 169
　　三、舰位线方程的求取 ………………………………………………… 174
　　四、舰位线的平差 ……………………………………………………… 175
　小结 ……………………………………………………………………… 178
　习题 ……………………………………………………………………… 179

第六章　航海中误差理论典型应用 ………………………………………… 181
第一节　两条舰位线定位及舰位误差 …………………………………… 181
　　一、两条舰位线定位系统误差的估计 ………………………………… 181
　　二、两条舰位线定位随机误差的估计 ………………………………… 185
第二节　多条舰位线定位的间接观测平差 ……………………………… 190
　　一、等精度间接观测平差 ……………………………………………… 190

二、非等精度间接观测平差 …………………………………………… 192
　　三、舰位的精度估计 …………………………………………………… 196
　　小结 …………………………………………………………………… 201
　　习题 …………………………………………………………………… 201
附录A　矢量分析基础 ……………………………………………………… 203
附录B　GB/T 8170—2008《数值修约规则与极限数值的表示和判定》…… 220
附录C　t_p 修正值表 ……………………………………………………… 229
参考文献 ……………………………………………………………………… 231

第 一 章

航海中的数值计算

在现代航海计算中,航海人员在解决各种航海数值计算时,插值计算得到了广泛的应用,如天文星历计算、高精度动态气象预报计算、潮汐潮流计算和使用各种函数表册计算等。因此,在本章中首先简要讨论"插值"的含义及运用表册进行计算的基础内容;其次学习构造插值函数;最后由于航海数值计算公式众多且繁杂,经常会涉及非线性方程迭代及曲线拟合计算等,在本章中也给出相关基础内容。

在实际中,有时只能给出函数 $f(x)$ 在平面上一些离散点的值,即 $\{(x_i, f(x_i))\}$, $i=0,1,\cdots,n$,而不能给出 $f(x)$ 的具体解析表达式,或者 $f(x)$ 的表达式过于复杂而难以运算。这时需要用近似函数 $\varphi(x)$ 来逼近函数 $f(x)$,在数学上常用的函数逼近的方法有插值、一致逼近和均方逼近(或称最小二乘法)。

什么是插值呢?简单地说,用给定的未知函数 $f(x)$ 的若干函数值的点构造 $f(x)$ 的近似函数 $\varphi(x)$,要求 $\varphi(x)$ 与 $f(x)$ 在给定点的函数值相等,则称函数 $\varphi(x)$ 为插值函数。

定义 1.1 $f(x)$ 为定义在区间 $[a,b]$ 上的函数,$x_0,x_1,\cdots,x_n$ 为 $[a,b]$ 上 $n+1$ 个互不相同的点,Φ 为给定的某一函数类。若 Φ 上有函数 $\varphi(x)$,满足:
$$\varphi(x_i)=f(x_i), \ i=0,1,\cdots,n$$
则 $\varphi(x)$ 称为 $f(x)$ 关于节点 $x_0,x_1,\cdots,x_n$ 在 Φ 上的插值函数;点 $x_0,x_1,\cdots,x_n$ 称为插值节点;$\{(x_i,f(x_i))\}(i=0,1,\cdots,n)$ 称为插值型值点,简称型值点或插点;$f(x)$ 称为被插函数。

对函数 $f(x)$ 在区间 $[a,b]$ 上的各种计算,可用对插值函数 $\varphi(x)$ 的计算取而代之。

第一节 拉格朗日插值计算

对插值函数 $\varphi(x)$ 可选择多种不同的函数类型。由于代数多项式具有简单和一些良好的特性,如多项式是无穷光滑的,容易计算其导数和积分,故常选用代数多项式作为插值函数。

一、线性插值

定义 1.2 过两点作一条直线,这条直线就是通过这两点的一次多项式插值函数,简称线性插值。

如图 1-1 所示,若给定两个插值点 (x_0,y_0) 和 (x_1,y_1),其中 $x_0 \neq x_1$,怎样作过这两个点的一次插值函数?

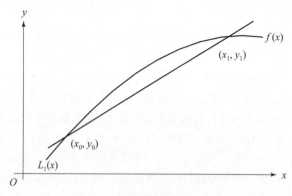

图 1-1 线性插值函数 $L_1(x)$

设直线方程为 $L_1(x) = a_0 + a_1 x$,将 $(x_0,y_0)(x_1,y_1)$ 分别代入直线方程 $L_1(x)$ 得①

$$\begin{cases} a_0 + a_1 x_0 = y_0 \\ a_0 + a_1 x_1 = y_1 \end{cases} \quad (1-1)$$

当 $x_0 \neq x_1$ 时,即

$$\begin{vmatrix} 1 & x_0 \\ 1 & x_1 \end{vmatrix} \neq 0 \quad (1-2)$$

则式(1-1)有解,且有唯一解。并表明,有且仅有一条直线通过平面上两个点。

用待定系数法构造插值多项式简单直观,容易看到解的存在性和唯一性。但是,需解一个方程组才能得到插值函数的系数,其工作量较大且不宜向高阶推广。

当 $x_0 \neq x_1$ 时,若用两点式表示这条直线,则

---

① 初等数学中,常用两点式、点斜式和截距式构造过两点直线。本书中,用待定系数法构造插值直线。

第一章 航海中的数值计算

$$L_1(x) = \frac{x-x_1}{x_0-x_1}y_0 + \frac{x-x_0}{x_1-x_0}y_1 \qquad (1-3)$$

上述形式称为拉格朗日(Lagrange)插值多项式,记为

$$l_0(x) = \frac{x-x_1}{x_0-x_1}, l_1(x) = \frac{x-x_0}{x_1-x_0} \qquad (1-4)$$

式(1-4)中,$l_0(x)$、$l_1(x)$分别称为插值基函数,则

$$l_i(x_j) = \delta_{ij} = \begin{cases} 1, i=j \\ 0, i\neq j \end{cases} \qquad (1-5)$$

在拉格朗日插值多项式中,可将$L_1(x)$看作两条直线$\frac{x-x_1}{x_0-x_1}y_0$、$\frac{x-x_0}{x_1-x_0}y_1$的叠加。拉格朗日插值多项式免除了解方程组的计算,更易于向高次插值多项式推广。

定理1.1 记$L_1(x)$为以(x_0,y_0)、(x_1,y_1)为插值点的插值函数,$x_0,x_1\in[a,b]$,$x_0\neq x_1$。这里,有$y_0=f(x_0)$、$y_1=f(x_1)$,设$f(x)$一阶连续可导,$f''(x)$在(a,b)上存在,则对任意给定的$x\in[a,b]$,至少存在一点$\xi\in[a,b]$,使

$$R(x) = f(x) - L_1(x) = \frac{f''(\xi)}{2!}(x-x_0)(x-x_1), \xi\in[a,b] \qquad (1-6)$$

证明:令$R(x)=f(x)-L_1(x)$,因$R(x_0)=R(x_1)=0$,x_0、x_1是$R(x)$的根,故可设

$$R(x) = k(x)(x-x_0)(x-x_1)$$

对任何一个固定的点x,引进辅助函数$\Psi(t)$,有

$$\Psi(x) = f(x) - L_1(x) - k(x)(t-x_0)(t-x_1)$$

则

$$\Psi(x_i) = 0, i=0,1$$

由定义可得$\Psi(x)=0$,这样$\Psi(t)$至少有三个零点。为不失一般性,假定$x_0<x<x_1$,分别在$[x_0,x]$和$[x,x_1]$上,应用罗尔(Rolle)中值定理①,可知$\Psi'(t)$在每个区间至少存在一个零点,不妨记为ξ_1和ξ_2,即$\Psi'(\xi_1)=0$和$\Psi'(\xi_2)=0$,对$\Psi'(t)$在$[\xi_1,\xi_2]$上应用罗尔中值定理,得到$\Psi''(t)$在$[\xi_1,\xi_2]$上至少有一个零点ξ,使得$\Psi''(\xi)=0$。

现在对$\Psi'(t)$求二次导数,其中$L''_1(t)=0$($L_1(t)$为t的线性函数),则

$$\Psi''(t) = f''(t) - 2!k(x) \qquad (1-7)$$

---

① 罗尔中值定理:如果R上函数$f(x)$满足以下条件:①在闭区间$[a,b]$上连续;②在开区间(a,b)内可导;③$f(a)=f(b)$。则至少存在一个$\xi\in(a,b)$,使得$f'(\xi)=0$。

将式(1-7)代入 ξ,得

$$f''(\xi) - 2! \, k(x) = 0$$

所以,有

$$k(x) = \frac{f''(\xi)}{2!}$$

即

$$R(x) = \frac{f''(\xi)}{2!}(x-x_0)(x-x_1), \quad \xi \in [a,b]$$

二、二次插值

若给定三个插值点 $(x_i, f(x_i))(i=0,1,2)$,其中 x_i 互不相等,如何构造函数 $f(x)$ 的二次(抛物线)插值多项式?

在平面上的三个点能确定一条二次曲线,如图1-2所示。参照线性插值的拉格朗日插值,用插值基函数的方法构造二次插值多项式。设 $L_2(x) = l_0(x)f(x_0) + l_1(x)f(x_1) + l_2(x)f(x_2)$,每个基函数 $l_i(x)$ 均为二次函数,对 $l_0(x)$ 来说,要求 x_1、x_2 是它的零点。因此,可设

$$l_0(x) = A(x-x_1)(x-x_2)$$

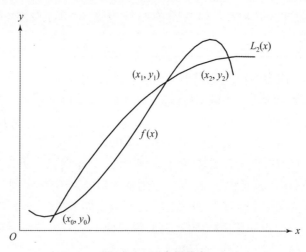

图1-2 三个插值点

对 $l_1(x)$、$l_2(x)$,同理也有相对应的形式,即

$$L_2(x) = A(x-x_1)(x-x_2)f(x_0) + B(x-x_0)(x-x_2)f(x_1)$$
$$+ C(x-x_0)(x-x_1)f(x_2) \quad (1-8)$$

将 $x = x_0$ 代入式(1-8),可得

$$L_2(x_0) = A(x_0-x_1)(x_0-x_2)f(x_0) = f(x_0) \qquad (1-9)$$

有

$$A = \frac{1}{(x_0-x_1)(x_0-x_2)} \qquad (1-10)$$

则

$$l_0(x) = A(x-x_1)(x-x_2) = \frac{(x-x_1)(x-x_2)}{(x_0-x_1)(x_0-x_2)} \qquad (1-11)$$

同理,将 $x=x_1$、$x=x_2$ 代入 $L_2(x)$,可得到 B、C 的值及 $l_1(x)$、$l_2(x)$ 的表达式,即

$$B = \frac{1}{(x_1-x_0)(x_1-x_2)}, \; C = \frac{1}{(x_2-x_0)(x_2-x_1)} \qquad (1-12)$$

$$l_1(x) = \frac{(x-x_0)(x-x_2)}{(x_1-x_0)(x_1-x_2)}, \; l_2(x) = \frac{(x-x_0)(x-x_1)}{(x_2-x_0)(x_2-x_1)} \qquad (1-13)$$

则

$$\begin{aligned} L_2(x) &= \frac{(x-x_1)(x-x_2)}{(x_0-x_1)(x_0-x_2)}f(x_0) + \frac{(x-x_0)(x-x_2)}{(x_1-x_0)(x_1-x_2)}f(x_1) \\ &\quad + \frac{(x-x_0)(x-x_1)}{(x_2-x_0)(x_2-x_1)}f(x_2) = \sum_{i=0}^{2}l_i(x)f(x_i) \end{aligned} \qquad (1-14)$$

也容易验证

$$\begin{cases} l_0(x_0)=1, l_0(x_1)=0, l_0(x_2)=0 \\ l_1(x_0)=0, l_1(x_1)=1, l_1(x_2)=0 \\ l_2(x_0)=0, l_2(x_1)=0, l_2(x_2)=1 \end{cases} \qquad (1-15)$$

插值的基函数仍然满足

$$l_i(x_j) = \delta_{ij} = \begin{cases} 1, i=j \\ 0, i \neq j \end{cases} \qquad (1-16)$$

二次插值函数误差为

$$R_2(x) = \frac{f^3(\xi)}{3!}(x-x_0)(x-x_1)(x-x_2), \; \xi \in [\min\{x_0,x_1,x_2,x\}, \max\{x_0,x_1,x_2,x\}]$$

上式的证明类似于线性插值误差的证明,故在此省略。

插值作为函数逼近方法,常用于函数的近似计算。当计算点落在插值点区间之内时称为内插,否则称为外插。内插的效果一般要优于外插。

例 1-1 给定 $\sin 11° = 0.190809$、$\sin 12° = 0.207912$。构造线性插值函数并用插值函数计算 $\sin 11°30'$ 和 $\sin 10°30'$ 的值。

解:依式(1-3)构造线性插值函数,即有 $x_0=11$、$x_1=12$、$y_0=0.190809$、

$y_1 = 0.207912$,则

$$L_1(x) = \frac{x-12}{11-12} \times 0.190809 + \frac{x-11}{12-11} \times 0.207912 \qquad (1-17)$$

现分别将 $x = 11.5$、$x = 10.5$ 代入式(1-17),得

$L_1(11.5) \approx 0.199361$,而准确值 $\sin 11°30' = 0.199368$。

$L_1(10.5) \approx 0.182258$,而准确值 $\sin 10°30' = 0.182236$。

由式(1-6),得其插值函数误差为

$$R(x) = \frac{f''(\xi)}{2!}(x-x_0)(x-x_1) = \frac{-\sin(\xi)}{2!}(x-x_0)(x-x_1)$$

如当 $x = 11.5$ 时,有

$$|R(x)| = \left|\frac{-\sin(\xi)}{2!}(x-x_0)(x-x_1)\right| \leq \left|\frac{1}{2!}(x-x_0)(x-x_1)\right|$$

$$= \left|\frac{1}{2}(11.5-11)(11.5-12)\right| = 0.125$$

例 1-2 给定 $\sin 11° = 0.190809$、$\sin 12° = 0.207912$、$\sin 13° = 0.224951$。构造二次插值函数并计算 $\sin 11°30'$(注:自行完成二次插值函数误差的计算)。

解:依式(1-14)构造线性插值函数,即有 $x_0 = 11$、$x_1 = 12$、$x_2 = 13$、$f(x_0) = 0.190809$、$f(x_1) = 0.207912$、$f(x_2) = 0.224951$,则

$$L_2(x) = \frac{(x-x_1)(x-x_2)}{(x_0-x_1)(x_0-x_2)}f(x_0) + \frac{(x-x_0)(x-x_2)}{(x_1-x_0)(x_1-x_2)}f(x_1) + \frac{(x-x_0)(x-x_1)}{(x_2-x_0)(x_2-x_1)}f(x_2)$$

$$= \frac{(x-12)(x-13)}{(11-12)(11-13)} \times 0.190809 + \frac{(x-11)(x-13)}{(12-11)(12-13)} \times 0.207912$$

$$+ \frac{(x-11)(x-12)}{(13-11)(13-12)} \times 0.224951$$

$L_2(11.5) \approx 0.199369$,而准确值 $\sin 11°30' = 0.199368$。

例 1-3 要制作三角函数的 $\sin x$ 值表,已知表值有 4 位小数,要求用线性插值引起的截断误差不超过表值的舍入误差,试决定其最大允许步长。

解:设最大允许步长 $h = h_i = x_i - x_{i-1}$,且依式(1-6),得其插值函数误差为

$$|R(x)| = \left|\frac{f''(\xi)}{2!}(x-x_{i-1})(x-x_i)\right| = \left|\frac{-\sin(\xi)}{2!}(x-x_{i-1})(x-x_i)\right|$$

$$\leq \frac{1}{2}|(x-x_{i-1})(x-x_i)| \leq \frac{1}{2}\left|\left(\frac{x_{i-1}+x_i}{2}-x_{i-1}\right)\left(\frac{x_{i-1}+x_i}{2}-x_i\right)\right|$$

$$= \frac{1}{8}|(x_{i-1}-x_i)(x_i-x_{i-1})| = \frac{h^2}{8} < \frac{10^{-4}}{2}$$

即有 $h \leq 0.02$。

第二节　基于泰勒展开的内插计算

在航海数值计算中,经常会用到各种函数表册,而这些表册通常都是按等间距或不等间距的一系列自变量 $x_0,x_1,\cdots,x_n$ 作为引数,列出相应的函数 y_0, $y_1,\cdots,y_n$ 值构成。

定义 1.3　内插是用表册计算任意相邻引数(如 x_i、x_j)之间所对应的函数值的计算方法。

定义 1.4　已知函数值用函数表册求取查表引数的方法称为反内插计算,它是内插计算的逆运算。

在航海实践中,反内插计算多用于比例单内插计算。

一、内插分类及基本公式

根据表册引数(自变量)的个数,内插计算可分为单内插计算、双内插计算和三内插计算,分别用一元函数、二元函数和三元函数编制的表册求函数值;根据编表函数的性质,则可分为变率内插计算和比例内插计算。

将上述内插计算形式组合起来,又有形如变率单内插计算、变率双内插计算、比例双内插计算等。航海上最常用的是比例单内插计算、比例双内插计算,其次是比例三内插计算。

变率内插计算是用函数表中给出的变化率实现内插计算的。当编表变化率不均匀时,为提高查表的计算精度,在表中列出了相应的变化率,用相应的变化率进行函数计算。

内插计算属于近似计算,而用泰勒(Tylor)级数求函数值就是典型的近似计算。在航海实践中,若考虑计算的方便和快捷,一般取到泰勒级数的一次项即可满足精度的要求。在实践中,常常在满足航海精度需求的前提下,所采用的内插方法越简单越好。航海上使用的绝大多数函数表册基本能满足此要求。

有一元函数 $y=f(x)$,在 x_0 点处进行泰勒级数展开,并取至一次项,得

$$y=f(x)\approx f(x_0)+\frac{\mathrm{d}y}{\mathrm{d}x}(x-x_0) \qquad (1-18)$$

式中:$\frac{\mathrm{d}y}{\mathrm{d}x}$ 为变化率。

有二元函数 $w=f(x,y)$,在 (x_0,y_0) 点处进行泰勒级数展开,并取至一次

项,得

$$w = f(x,y) \approx f(x_0, y_0) + \frac{\partial w}{\partial x}(x - x_0) + \frac{\partial w}{\partial y}(y - y_0) \qquad (1-19)$$

式中:$\frac{\partial w}{\partial x}$、$\frac{\partial w}{\partial y}$为变化率。

有三元函数 $w = f(x,y,z)$,在 (x_0, y_0, z_0) 点处进行泰勒级数展开,并取至一次项,得

$$w = f(x,y,z) \approx f(x_0, y_0, z_0) + \frac{\partial w}{\partial x}(x - x_0) + \frac{\partial w}{\partial y}(y - y_0) + \frac{\partial w}{\partial z}(z - z_0)$$
$$(1-20)$$

式中:$\frac{\partial w}{\partial x}$、$\frac{\partial w}{\partial y}$、$\frac{\partial w}{\partial z}$为变化率。

上述三个内插计算是航海内插计算的基本公式。

二、单内插计算

定义 1.5 由一个查表引数求函数值的方法称为单内插计算。

单内插计算又可分为变率单内插计算和比例单内插计算两种。

(一)变率单内插计算

用一元函数 $y = f(x)$ 编制的函数表,如果查表引数 x 介于表列引数之间,则可用式(1-18)求取 y 值。

例 1-4 设用 $y = x^2$ 编制成表 1-1,用该表求 $x = 2.3$ 和 $x = 2.7$ 的函数值 y。

表 1-1 $y = x^2$ 函数表

引数 x	函数值 $y = x^2$	变化率 $dy/dx = 2x$
2	4	4
3	9	6
4	16	8

解:(1)当 $x = 2.3$ 时,因 $x = 2.3$ 为介于表列引数 2 和 3 之间的一个实数。如果现取 $x_0 = 2$ 并将其代入式(1-18)求取 y 值,即在 $x_0 = 2$ 处展开成泰勒级数进行近似计算,则

$$y = f(x) \approx f(x_0) + \frac{dy}{dx}(x - x_0) = 4 + 4 \times (2.3 - 2) = 5.2$$

如果现取 $x_0 = 3$ 并将其代入式(1-18)求取 y 值,即在 $x_0 = 3$ 处展开成泰勒级数进行近似计算,则

$$y = f(x) \approx f(x_0) + \frac{\mathrm{d}y}{\mathrm{d}x}(x - x_0) = 9 + 6 \times (2.3 - 3) = 4.8$$

如果现用 $y = x^2$ 直接计算,则

$$y = 2.3^2 = 5.29$$

即取 $x_0 = 2$ 进行内插计算的结果 5.2,其更接近真值 5.29。

(2)当 $x = 2.7$ 时,因 $x = 2.7$ 为介于表列引数 2 和 3 之间的一个实数。如果现取 $x_0 = 2$ 并将其代入式(1-18)求取 y 值,即在 $x_0 = 2$ 处展开成泰勒级数进行近似计算,则

$$y = f(x) \approx f(x_0) + \frac{\mathrm{d}y}{\mathrm{d}x}(x - x_0) = 4 + 4 \times (2.7 - 2) = 6.8$$

如果现取 $x_0 = 3$ 并将其代入式(1-18)求取 y 值,即在 $x_0 = 3$ 处展开成泰勒级数进行近似计算,则

$$y = f(x) \approx f(x_0) + \frac{\mathrm{d}y}{\mathrm{d}x}(x - x_0) = 9 + 6 \times (2.7 - 3) = 7.2$$

如果现用 $y = x^2$ 直接计算,则

$$y = x^2 = 2.7^2 = 7.29$$

即取 $x_0 = 3$ 进行内插计算的结果 7.2,其更接近真值 7.29。

由此例可知,正确地选择 x_0 成为提高内插计算的精度关键,应使 x_0 最接近实际引数的表列引数所对应的函数值为基准,并计算相应的变化率,此为用变率内插计算时应遵守的"最接近原则"。

(二)比例单内插计算

用一元函数 $y = f(x)$ 编制的函数表,如果查表引数 x 介于表列引数之间,则可用式(1-18)求取 y 值;如果函数 $y = f(x)$ 的变化率较为均匀,则可以将式(1-18)中在 x_0 点的变化率写成区间 (x_0, x_1) 内的平均变化率 $\frac{y_1 - y_0}{x_1 - x_0}$,并将其代入式(1-18),由此可得比例内插计算式,即

$$y = f(x) \approx f(x_0) + \frac{y_1 - y_0}{x_1 - x_0}(x - x_0) \tag{1-21}$$

式中:$y_1 - y_0$ 称为表差;$x_1 - x_0$ 称为表间距;$x - x_0$ 称为内插计算间距。

例 1-5 某舰艇静水力特性参数表部分内容如表 1-2 所列。已知吃水 $d = 7.45\text{m}$,求该舰艇此时的排水量 Δ 和总载重量 DW。

表1-2 某舰艇静水力特性参数表(部分)

吃水 d/m	排水量 Δ/t	总载重量 DW/t	每厘米吃水吨数 TPC/(t/cm)	每厘米纵倾力矩 MTC/(9.8kN·m/cm)
7.00	14240	8676	23.78	189.75
7.20	14710	9145	23.95	192.50
7.40	15200	9635	24.11	196.00
7.60	15680	10115	24.29	198.50
7.80	16180	10615	24.46	202.00

解:查表引数,依式(1-21),设吃水 $d=x$、排水量 Δ 和总载重量 DW 为 y,则

排水量:现有 $d=7.45\text{m}$,则有 $d_0=7.40\text{m}$,$d_1=7.60\text{m}$,$\Delta_0=15200\text{t}$,$\Delta_1=15680\text{t}$,则

$$\Delta = \Delta_0 + \frac{\Delta_1 - \Delta_0}{d_1 - d_0}(d - d_0) = 15200 + \frac{15680 - 15200}{7.60 - 7.40} \times (7.45 - 7.40) = 15320(\text{t})$$

总载重量:仿上,$\text{DW}_0 = 9635\text{t}$,$\text{DW}_1 = 10115\text{t}$,则

$$\text{DW} = \text{DW}_0 + \frac{\text{DW}_1 - \text{DW}_0}{d_1 - d_0}(d - d_0) = 9635 + \frac{10115 - 9635}{7.60 - 7.40} \times (7.45 - 7.40) = 9755(\text{t})$$

综上所述,查由非线性函数编制的函数表,不论用比例内插计算还是变率内插计算都会导致一定的计算误差。因此,用内插计算求得的是函数值的近似值,其误差已由设计表册时确定。如果函数表中没有给出变化率,则可以采用比例内插计算求函数值,其误差可以忽略不计。如果表中列出了变化率,应按变率内插计算。

(三)比例反内插计算

比例反内插计算是比例内插计算的逆运算。航海上,该方法通常应用在一元函数表中。将式(1-21)改写,即可得比例反内插计算计算式,即

$$x \approx x_0 + \frac{x_1 - x_0}{y_1 - y_0}(y - y_0) \tag{1-22}$$

例1-6 某舰艇静水力特性参数如表1-2所列,已知排水量 $\Delta = 15590(\text{t})$,求该舰艇此时的吃水 d。

解:

$$d = d_0 + \frac{d_1 - d_0}{\Delta_1 - \Delta_0}(\Delta - \Delta_0) = 7.60 + \frac{7.60 - 7.40}{15680 - 15200} \times (15590 - 15680) \approx 7.56(\text{m})$$

三、双内插计算

用二元函数编制的二元函数表,有两个查表引数,用两个查表引数求函数值的方法称为双内插。根据编表函数的性质,双内插计算可分为变率双内插计算和比例双内插计算两种。

用二元函数 $w = f(x, y)$ 编制的函数表,如果查表引数 x、y 介于表列引数之间,而且函数表中给出了变化率,则可用式(1-19)求取函数值 w。在实践中,二元函数表很少给出变化率 $\partial w/\partial x$、$\partial w/\partial y$,变率双内插计算也较少应用。

如果将式(1-19)中的变化率 $\partial w/\partial x$、$\partial w/\partial y$ 用平均变化率来代替,则可以得到比例双内插计算式,即

$$w \approx w_{x_0,y_0} + \frac{w_{x_1,y_0} - w_{x_0,y_0}}{x_1 - x_0}(x - x_0) + \frac{w_{x_0,y_1} - w_{x_0,y_0}}{y_1 - y_0}(y - y_0) \quad (1-23)$$

为方便,令 $w_{00} = w_{x_0,y_0}$、$w_{10} = w_{x_1,y_0}$、$w_{01} = w_{x_0,y_1}$,则式(1-23)可写成

$$w \approx w_{00} + \frac{w_{10} - w_{00}}{x_1 - x_0}(x - x_0) + \frac{w_{01} - w_{00}}{y_1 - y_0}(y - y_0) \quad (1-24)$$

由式(1-24)可见,近似值是在 w_{00} 的基础上分别对 x 和 y 进行比例内插计算的。变率双内插计算仍然要遵循"最接近原则"。

例 1-7 设物标高度 h,垂直角 α,则物标的水平距离 $D = h\cot\alpha$(n mile)。用式(1-24)编制成表 1-3。现若物标高度 $h = 23$m,垂直角 $\alpha = 6.8'$,求物标的水平距离 D。

表 1-3 水平距离表(1)　　　　　　　　　单位:n mile

$\alpha/(')$	h/m						
	10	20	30	40	50	60	70
3	6.2	12.4	18.6	24.7	30.9	37.1	43.3
4	4.6	9.3	13.9	18.6	23.2	27.8	32.5
5	3.7	7.4	11.1	14.8	18.6	22.3	26.0
6	3.1	6.2	9.3	12.4	15.5	18.6	21.1
7	2.7	5.3	8.0	10.6	13.3	15.9	18.6
8	2.3	4.6	7.0	9.3	11.6	13.9	16.2
9	2.1	4.1	6.2	8.2	10.3	12.4	14.4
10	1.9	3.7	5.6	7.4	9.3	11.1	13.0

解：因 $h=23\mathrm{m}$，其最接近于表列引数 $20\mathrm{m}(=x_0)$；$\alpha=6.8'$，其最接近于表列引数 $7'(=y_0)$。因此，以 $w_{00}=5.3$ 为基准进行比例双内插计算：

$$w \approx w_{00} + \frac{w_{10}-w_{00}}{x_1-x_0}(x-x_0) + \frac{w_{01}-w_{00}}{y_1-y_0}(y-y_0)$$

$$= 5.3 + \frac{8.0-5.3}{30-20} \times (23-20) + \frac{6.2-5.3}{6-7} \times (6.8-7) = 6.29(\mathrm{n\ mile})$$

比例双内插计算还可以通过进行三次比例单内插计算求得。

例 1-8 仍以例 1-7 为例，将表 1-3 中相关部分做成表 1-4 所列。用三次比例单内插计算求 $h=23\mathrm{m}$，$\alpha=6.8'$ 时物标的水平距离 D。

表 1-4　水平距离表(2)　　　　　　　单位：n mile

$\alpha/(')$	h/m						
	10	20	30	40	50	60	70
5	3.7	7.4	11.1	14.8	18.6	22.3	26.0
6	3.1	6.2	9.3	12.4	15.5	18.6	21.1
7	2.7	5.3	8.0	10.6	13.3	15.9	18.6
8	2.3	4.6	7.0	9.3	11.8	13.9	16.2

解：由表 1-4 可知，$h=23\mathrm{m}$ 介于 $20\mathrm{m}(=x_0)$ 和 $30\mathrm{m}(=x_1)$ 之间，$\alpha=6.8'$ 介于 $6'$ 和 $7'$ 之间。

(1) 求 $\alpha=6'$，$h=23\mathrm{m}(=x)$ 时物标的水平距离 D_1：现以 $y_0=6.2$ 为基准，在 $h=20\mathrm{m}(=x_0)$ 和 $h=30\mathrm{m}(=x_1)$ 之间进行比例单内插计算：

$$D_1 = y_0 + \frac{y_1-y_0}{x_1-x_0}(x-x_0) = 6.2 + \frac{9.3-6.2}{30-20} \times (23-20) = 7.13(\mathrm{n\ mile})$$

(2) 求 $\alpha=7'$，$h=23\mathrm{m}(=x)$ 时物标的水平距离 D_2：现以 $y_0=5.3$ 为基准，在 $h=20\mathrm{m}(=x_0)$ 和 $h=30\mathrm{m}(=x_1)$ 之间进行比例单内插计算：

$$D_2 = y_0 + \frac{y_1-y_0}{x_1-x_0}(x-x_0) = 5.3 + \frac{8.0-5.3}{30-20} \times (23-20) = 6.11(\mathrm{n\ mile})$$

(3) 求 $h=23\mathrm{m}$，$\alpha=6.8'(=x_0)$ 时物标的水平距离 D：现以 D_1 为基准，在 $\alpha=6'(=x_0)$ 和 $\alpha=7'(=x_1)$ 之间进行比例单内插计算：

$$D = D_1 + \frac{D_2-D_1}{\alpha_1-\alpha_0}(\alpha-\alpha_0) = 7.13 + \frac{6.11-7.13}{7-6} \times (6.8-6) \approx 6.31(\mathrm{n\ mile})$$

现若用 $D=h\cot\alpha$ 求取物标水平距离，则

$$D = \frac{h\cot\alpha}{1852} = \frac{23\cot 6.8'}{1852} \approx 6.278(\text{n mile})$$

需求进一步说明的是,若将例 1-7 的计算结果 $D=6.29\text{n mile}$ 和例 1-8 的计算结果 $D=6.31\text{n mile}$,与直接用物标水平距离计算公式所得到的准确值 $D=6.278\text{n mile}$ 相比较,看似例 1-7 计算结果精度高一些,其实不然,两种方法不能说哪一种精度一定高。在例 1-9 中,共进行了三次比例单内插计算,其计算结果的精度要较例 1-7 相对稳定。

航海上通常采用两种比例双内插计算方法:一是用式(1-24)进行比例双内插计算;二是进行三次比例单内插计算。

为使用方便,有些函数表册在编制时已经尽可能地缩小了表间距,可使上述两种方法所求结果基本相等。

四、三内插计算

用三元函数编制的三元函数表,有三个查表引数,用三个查表引数求函数值的方法称为三内插计算法。根据编表函数的性质,三内插计算可分为变率三内插计算和比例三内插计算两种。

在用三元函数 $w=f(x,y,z)$ 编制的函数表中,如果查表引数 x、y、z 介于表列引数之间,可用式(1-20)求取函数值 w。如果函数表中给出了变化率,则用式(1-20)求函数值。

在航海中,已经很少用给出变化率的三元函数表,有代表意义的则是《天体高度方位表》。

与前述内容相似,如果将式(1-20)中的变化率 $\partial w/\partial x$、$\partial w/\partial y$、$\partial w/\partial z$ 用平均变化率替代,则可以得到比例三内插计算式,即

$$w \approx w_{x_0,y_0,z_0} + \frac{w_{x_1,y_0,z_0}-w_{x_0,y_0,z_0}}{x_1-x_0}(x-x_0) + \frac{w_{x_0,y_1,z_0}-w_{x_0,y_0,z_0}}{y_1-y_0}(y-y_0)$$

$$+ \frac{w_{x_0,y_0,z_1}-w_{x_0,y_0,z_0}}{z_1-z_0}(z-z_0) \qquad (1-25)$$

若令 $w_{000}=w_{x_0,y_0,z_0}$、$w_{100}=w_{x_1,y_0,z_0}$、$w_{010}=w_{x_0,y_1,z_0}$、$w_{001}=w_{x_0,y_0,z_1}$,则式(1-25)可写为

$$w \approx w_{000} + \frac{w_{100}-w_{000}}{x_1-x_0}(x-x_0) + \frac{w_{010}-w_{000}}{y_1-y_0}(y-y_0) + \frac{w_{001}-w_{000}}{z_1-z_0}(z-z_0)$$

$$(1-26)$$

由式(1-26)可见,近似值是在 w_{000} 的基础上分别对 x、y 和 z 进行比例内插计算。变率三内插计算也要遵循"最接近原则"。

例1-9 已知纬度 34°24.0′N,赤纬 10°48.0′,视时 4^h09^m,用太阳方位表(表1-5)求太阳方位 A(注:在本题计算中,忽略了纬度、赤纬和方位的名称的确定,相关内容在专业课中介绍)。

表1-5 太阳方位表

(a)纬度34°

视时	赤纬			
	8°	9°	10°	11°
4^h04^m	100.0	99.1	98.1	97.2
4^h08^m	99.4	98.5	97.5	96.6
4^h12^m	98.8	97.8	96.9	95.9
4^h16^m	98.2	97.2	96.3	95.3

(b)纬度35°

视时	赤纬			
	8°	9°	10°	11°
4^h04^m	100.6	99.6	98.7	97.8
4^h08^m	99.9	99.0	98.1	97.1
4^h12^m	99.3	98.4	97.4	96.5
4^h16^m	98.6	97.7	96.8	95.9

解:令赤纬为 x,视时为 y,纬度为 z。为内插计算方便,将题目中的纬度写成 34.4°,赤纬写成 10.8°。查表引数为纬度34°,赤纬11°,视时 4^h08^m,现以 w_{000} = 96.6 为基准进行比例三内插计算。由式(1-26),得太阳方位为

$$A = 96.6 + \frac{97.5 - 96.6}{10 - 11} \times (10.8 - 11) + \frac{95.9 - 96.6}{12 - 8} \times (9 - 8)$$

$$+ \frac{97.1 - 96.6}{35 - 34} \times (34.4 - 34) \approx 96.8(°)$$

比例三内插计算还可以以纬度34°为基准进行比例双内插计算,再以纬度35°为基准进行比例双内插计算,然后以上述两结果在纬度34°和35°之间进行比例内插计算。显然,这比用式(1-25)内插计算要烦琐。

在航海实践中用三元函数编制成三元函数表,如果没有给出变化率,则表册

的编排已经考虑了如果用式(1-26)进行内插计算,其结果可以满足应用计算精度的要求(如太阳方位表的编制)。

第三节 非线性方程的迭代计算

方程迭代解法又称间接解法,即按照一定的迭代格式,周而复始地逐次逼近方程的解,通过多次运算,最终求出满足精度要求的近似解。本节以简单迭代法和牛顿(Newton)迭代法为重点展开。

一、简单迭代法

对给定的方程 $f(x)=0$,将它转换成等价形式,即 $x=\varphi(x)$。现给定一个适当的初值 x_0,由此来构造迭代序列 $x_{k+1}=\varphi(x_k)(k=1,2,\cdots)$,构造出一个序列 $\{x_k\}$,如果迭代序列收敛,即

$$\lim_{k\to\infty}x_{k+1}=\lim_{k\to\infty}\varphi(x_k)=\alpha \tag{1-26}$$

则有 $\alpha=\varphi(\alpha)$,则 α 就是方程 $f(x)=0$ 的根。在计算中,当 $|x_{k+1}-x_k|$ 小于给定的精度控制量时,取 $\alpha=x_{k+1}$ 为方程的根。

例 1-10 代数方程 $x^3-2x-5=0$ 的三种等价形式及其迭代序列如下:
(1) $x^3=2x+5,x=\sqrt[3]{2x+5}$,迭代序列为 $x_{k+1}=\sqrt[3]{2x_k+5}$。
(2) $2x=x^3-5$,迭代序列为 $x_{k+1}=(x_k^3-5)/2$。
(3) $x^3=2x+5$,并由此有 $x=(2x+5)/x^2$ 迭代序列为 $x_{k+1}=(2x_k+5)/x_k^2$。

由例 1-10 可知,对于方程 $f(x)=0$ 构造的多种迭代序列 $x_{k+1}=\varphi(x_k)$,怎样判断构造的迭代序列是否收敛?收敛是否与迭代的初值有关?

定理 1.2 若 $\varphi(x)$ 定义在 $[a,b]$ 上,如果 $\varphi(x)$ 满足:
(1) 当有 $x\in[a,b]$,有 $a\leqslant\varphi(x)\leqslant b$;
(2) $\varphi(x)$ 在 $[a,b]$ 上可导,并且存在正数 $L<1$,使对任意的 $x\in[a,b]$,都有 $|\varphi'(x)|\leqslant L$。

则在 $[a,b]$ 上有唯一的点 $\dot{x}$ 满足 $\dot{x}=\varphi(\dot{x})$,称 $\dot{x}$ 为 $\varphi(x)$ 的不动点。而且迭代序列 $x_{k+1}=\varphi(x_k)$,对任意的初值 $x_0\in[a,b]$ 均收敛于 $\varphi(x)$ 的不动点 $\dot{x}$,并有误差估计式为

$$|\dot{x}-x_k|\leqslant\frac{L^k}{1-L}|x_1-x_0| \tag{1-27}$$

证明:(1)证明存在性。
令 $f(x)=x-\varphi(x)$,则

$$f(a) = a - \varphi(a) \leq 0$$
$$f(b) = b - \varphi(b) \geq 0$$

故有 $a \leq \dot{x} \leq b$，使得

$$f(\dot{x}) = \dot{x} - \varphi(x^*) = 0$$

(2) 证明唯一性。

设 $\dot{x}$、$\ddot{x}$ 均为 $\varphi(x)$ 的不动点，且 $\dot{x} \neq \ddot{x}$，则

$$|\dot{x} - \ddot{x}| = |\varphi(\dot{x}) - \varphi(\ddot{x})| = |\varphi'(\xi)(\dot{x} - \ddot{x})| \leq L|\dot{x} - \ddot{x}| < |\dot{x} - \ddot{x}|, \xi \in [a,b]$$

与假设矛盾，这表明 $\dot{x} = \ddot{x}$，即不动点是唯一的。

(3) 可用归纳法证明，当 $x_0 \in [a,b]$ 时，由于 $\varphi(x) \in [a,b]$，对迭代序列 $\{x_k\} \subset [a,b]$，由微分中值定理，有 $x_{k+1} - x^* = \varphi(x_k) - \varphi(x^*) = \varphi(\xi)(x_k - x^*), \xi \in [a,b]$ 和 $|\varphi'(x)| \leq L$，得

$$|x_{k+1} - x^*| \leq L|x_k - x^*| = L|\varphi(x_{k+1}) - \varphi(x^*)|$$
$$\leq L^2|x_{k-1} - x^*| \leq \cdots \leq L^{k+1}|x_0 - x^*| \quad (1-28)$$

因 $L < 1$，故当 $k \to \infty$ 时，又当 $L^{k+1} \to 0, x_{k+1} \to x^*$，即有迭代序列 $x_{k+1} = \varphi(x_k)$ 收敛。

(4) 误差估计。

由

$$|x_{k+1} - x_k| = |\varphi(x_k) - \varphi(x_{k-1})| \leq L|x_k - x_{k-1}| \leq \cdots \leq L^k|x_1 - x_0|$$

设 k 固定，对于任意的正整数 p，有

$$|x_{k+p} - x_k| = |x_{k+p} - x_{k+p-1}| + |x_{k+p-1} - x_{k+p-2}| + \cdots + |x_{k+1} - x_k|$$
$$\leq \cdots \leq (L^{k+p+1} + L^{k+p+2} + \cdots + L^k)|x_1 - x_0| = L^k(1-L^p)|x_1 - x_0|/(1-L)$$

由于 p 的任意性及 $\lim_{p \to \infty} x_{k+p} = x^*$，则

$$|x^* - x_k| \leq \frac{L^k}{1-L}|x_1 - x_0|$$

注：定理 1.2 是判断迭代序列收敛的充分条件，而非必要条件。

要构造满足定理条件的等价形式一般是难以做到的。事实上，如果 x^* 为 $f(x)$ 的零点，若能构造等价形式 $x = \varphi(x)$，而 $|\varphi'(x^*)| < 1$，由 $\varphi'(x)$ 的连续性，一定存在 x^* 的邻域 $(x^* - p, x^* + p)$，其上有 $|\varphi'(x)| < L < 1$，这时若初值 $x_0 \in (x^* - p, x^* + p)$ 迭代也就收敛了。由此构造收敛迭代式有两个要素：一是等价形式 $x = \varphi(x)$ 应满足 $|\varphi'(x^*)| < 1$；二是初值必须取自 x^* 充分小邻域，这个邻域大小决定于函数 $f(x)$，以及做出的等价形式 $x = \varphi(x)$。

例 1-11 求代数方程 $x^3 - 2x - 5 = 0$ 在 $x_0 = 2$ 附近的实根。

解：(1) 将上述代数方程进行变形，有 $x^3 = 2x + 5$，则

$$x_{k+1} = \sqrt[3]{2x_k+5}$$

因

$$\varphi'(x) = \frac{2}{3}\frac{1}{\sqrt[3]{(2x_k+5)^2}}, \ |\varphi'(x)|<1, x\in[1.5,2.5]$$

则构造的迭代序列收敛。现取 $x_0=2$,则

$$x_1=2.08008, \ x_2=2.09235, \ x_3=2.094217, \ x_4=2.094494,$$
$$x_5=2.094543, \ x_6=2.094550$$

而准确的解是 $x=2.09455148150$。

(2)将迭代序列写为

$$x_{n+1}=\frac{x_n^3-5}{2}, \ \varphi_2(x)=\frac{x^3-5}{2}$$

因

$$|\varphi_2'(x)|=\left|\frac{3x^2}{2}\right|>1, x\in[1.5,2.5]$$

则迭代序列 $x_{n+1}=\varphi_2(x_n)$ 不能保证收敛。

对于收敛的迭代过程,只要迭代足够多次,就可以使结果达到任意的精度,但有时迭代过程收敛缓慢,从而使计算量变得很大,因此迭代过程的加速是个重要的课题。下面介绍一种称为埃特金(Aitken)的方法。

对 $x=\varphi(x)$ 方程,构造其加速过程,算法如下。

(1)预测,$\tilde{x}_{k+1}=\varphi(x_k)$。

(2)校正,$\bar{x}_{k+1}=\varphi(\tilde{x}_{k+1})$。

(3)改进,$x_{k+1}=\bar{x}_{k+1}-\dfrac{(\bar{x}_{k+1}-\tilde{x}_{k+1})^2}{\bar{x}_{k+1}-2\tilde{x}_{k+1}+x_k}$。

有些不收敛的迭代法,经过埃特金方法处理后,变得收敛了。

例 1-12 求方程 $f(x)=x^3-x-1=0$ 在 $x_0=1.5$ 附近的根 x^*。

解:若直接采用迭代公式,$x_{k+1}=x_k^3-1$ 迭代法是发散的。现在以这种迭代公式为基础形成埃特金算法,即有:

(1)预测,$\tilde{x}_{k+1}=x_k^3-1$。

(2)校正,$\bar{x}_{k+1}=\tilde{x}_{k+1}^3-1$。

(3)改进,$x_{k+1}=\bar{x}_{k+1}-\dfrac{(\bar{x}_{k+1}-\tilde{x}_{k+1})^2}{\bar{x}_{k+1}-2\tilde{x}_{k+1}+x_k}$。

取 $x_0=1.5$,计算结果如表 1-6 所列。

表 1-6 计算结果

k	$\tilde{x}_{k+1}$	$\bar{x}_{k+1}$	x_k
0			1.5
1	2.37500	12.39648	1.41628
2	1.84092	5.23888	1.35565
3	1.49140	2.31728	1.32895
4	1.34710	1.44435	1.32480
5	1.32518	1.32714	1.32472

可以看到,将发散的迭代公式通过埃特金方法处理后,竟获得了相当好的收敛性。

二、牛顿迭代法

对方程 $f(x)=0$ 可构造多种迭代序列 $x_{k+1}=\varphi(x_k)$,牛顿迭代法是借助于对函数 $f(x)=0$ 作泰勒展开而构造的一种迭代序列。

将 $f(x)=0$ 在初始值 x_0 处作泰勒展开,即

$$f(x)=f(x_0)+f'(x_0)(x-x_0)+\frac{f^2(x_0)}{2!}(x-x_0)^2+\cdots \quad (1-29)$$

取展开式的线性部分作为 $f(x)\approx 0$ 的近似值,则

$$f(x_0)+f'(x_0)(x-x_0)\approx 0 \quad (1-30)$$

设 $f'(x_0)\neq 0$,则

$$x=x_0-\frac{f(x_0)}{f'(x_0)} \quad (1-31)$$

现令

$$x_1=x_0-\frac{f(x_0)}{f'(x_0)}$$

类似地,再将 $f(x)=0$ 在 x_1 处作泰勒展开并取其线性部分,则

$$x_2=x_1-\frac{f(x_1)}{f'(x_1)}$$

以此类推,得到牛顿迭代序列,即

$$x_{k+1}=x_k-\frac{f(x_k)}{f'(x_k)}, k=1,2,\cdots \quad (1-32)$$

牛顿迭代序列对应于 $f(a)=0$ 的等价方程为

$$\begin{cases} x = \varphi(x) = x - \dfrac{f(x)}{f'(x)} \\ \varphi'(x) = \dfrac{f(x)f''(x)}{[f'(x)]^2} \end{cases} \quad (1-33)$$

若 a 是 $f(x)$ 的单根,即有 $f(a)=0,f'(a)\neq 0$,则有 $|\varphi'(a)|=0$,只要初值 x_0 充分接近 a,就有 $|\varphi'(x)|<1$,所以牛顿迭代收敛。当 a 为 $f(x)$ 的 p 重根时,取迭代序列

$$x_{k+1} = x_k - p\dfrac{f(x_k)}{f'(x_k)},\; k=1,2,\cdots \quad (1-34)$$

牛顿迭代法的几何意义在于,以 $f'(x_0)$ 为斜率,作过 $(x_0,f(x_0))$ 点的切线,即作 $f(x)$ 在 x_0 点的切线方程为

$$y - f(x_0) = f'(x_0)(x - x_0) \quad (1-35)$$

令 $y=0$,则得此切线与 x 轴的交点 x_1,即

$$x_1 = x_0 - \dfrac{f(x_0)}{f'(x_0)} \quad (1-36)$$

再作 $f(x)$ 在 $(x_1,f(x_1))$ 处的切线,得交点 x_2,逐步逼近方程的 a 根。

如图 1-3 所示,在区域 $[x_0,x_0+h]$ 的局部"以直代曲"来处理此非线性问题。在泰勒展开中,截取函数展开的线性部分替代 $f(x)$。

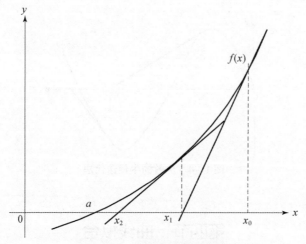

图 1-3　牛顿切线法示意图

例 1-13　用牛顿迭代法求方程 $f(x) = x^3 - 7.7x^2 + 19.2x - 15.3$ 在 $x_0 = 1$ 附近的根。

解:用牛顿迭代法得到的迭代方程为

$$x_{k+1} = x_k - \frac{x_k^3 - 7.7x_k^2 + 19.2x_k - 15.3}{3x_k^2 - 15.4x_k + 19.2}$$

取 $x_0 = 1$,计算结果如表 1-7 所列。

表 1-7 计算结果

k	x_k	$f(x)$
0	1.00	-2.8
1	1.41176	-0.727071
2	1.62424	-0.145493
3	1.6923	-0.0131682
4	1.69991	-0.0001515
5	1.7	0

牛顿迭代法也有局限性。在牛顿迭代法中,选取适当迭代初始值 x_0 是求解的前提,当迭代的初始值 x_0 在某根的附近时迭代才能收敛到这个根,有时会发生从一个根附近跳向另一个根附近的情况,尤其在导数 $f'(x_0)$ 数值很小时,如图 1-4 所示。

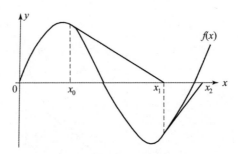

图 1-4 失效的牛顿迭代法

第四节 曲线拟合

如果观测或测量到函数 $y = f(x)$ 的一组离散的实验数据 (x_i, y_i),$i = 1, 2, \cdots, n$,则当这些数据比较准确时,可以构造插值函数 $\varphi(x)$ 逼近 $f(x)$,但要满足插值原

则,即
$$\varphi(x_i) = f(x_i), \ i = 1, 2, \cdots, n$$

而离散数据序列(x_i, y_i)不可避免带有误差,插值原则限定可能使误差保留和扩散。如果在非插值节点处插值函数$\varphi(x)$不能很好地近似$f(x)$,误差可能会很大。

插值误差由截断误差和舍入误差组成,由插值节点和计算产生的舍入误差,在插值过程中可能被扩散或放大,造成插值不稳定,高次多项式的稳定性一般比较差。例如,若实验数据很多,插值节点也多,则得到的插值多项式的次数就较高,导致不仅计算量大,而且收敛性和稳定性也不会得到保证,就会出现龙格(Runge)现象①,逼近效果不好。

构造逼近函数$\varphi(x)$最优靠近样点成为一种理想的选择,即使矢量$\varphi(x) = [\varphi(x_1), \varphi(x_2), \cdots, \varphi(x_n)]^T$与$\mathbf{y} = [y_1, y_2, \cdots, y_n]^T$的误差和距离最小。

定义1.6 按$\varphi(x) = [\varphi(x_1), \varphi(x_2), \cdots, \varphi(x_n)]^T$和$\mathbf{y} = [y_1, y_2, \cdots, y_n]^T$之间误差最小原则作为最优标准构造的逼近函数称拟合函数。

一、基本概念

已知函数$y = f(x)$在区间$[a, b]$上的n个点$x_1, x_2, \cdots, x_n$处的函数值$y_i = f(x_i)$,且$x_1, x_2, \cdots, x_n$不一定互异,现选择拟合函数$\varphi(x)$来逼近函数$f(x)$,拟合函数$\varphi(x)$的具体形式可以通过拟合条件:

$$\|\boldsymbol{\delta}\| = \min \quad (1-37)$$

来获得。在式(1-37)中,$\boldsymbol{\delta}$为n维矢量,$\boldsymbol{\delta} = [\delta_1, \cdots, \delta_n]^T, \delta_i = f(x_i) - \varphi(x_i)$。

曲线拟合可以减少数据$y_i = f(x_i)(i = 1, 2, \cdots, n)$的观测误差影响。一般情况下,如若数据点很多或函数数据有多值数据时,可用拟合法求出近似函数。

由上可知,$\varphi(x)$是$f(x)$的一个既简单又合理的逼近函数,即曲线拟合就是构造近似函数$\varphi(x)$,在包含全部基节点$x_i, i = 1, 2, \cdots, n$的区间上能"最好"逼近$f(x)$,不必满足插值原则。这类问题称为曲线拟合问题,近似函数$y = \varphi(x)$又可称为经验公式或拟合函数。拟合法是根据数据集$(x_i, y_i)(i = 1, 2, \cdots, n)$找出一个合适的数学公式,构造出一条反映这些给定数据一般变化趋势的曲线$\varphi(x)$,并不要求曲线$\varphi(x)$通过所有的点(x_i, y_i),但要求这条曲线$\varphi(x)$应尽可能靠近这些数据点或样点,即各点误差$\delta_i = f(x_i) - \varphi(x_i)$按某种标准达到最小。常用误差的2-范数平方(均方误差或误差平方和)为

---

① 龙格现象揭示了插值多项式的缺陷,表明高次多项式的插值效果不一定优于低次多项式的插值效果。

$$\|\boldsymbol{\delta}\|_2^2 = \sum_{i=1}^{n} \delta_i^2 \qquad (1-38)$$

作为总体误差的度量,即以误差平方和达到最小作为最优标准构造拟合曲线的方法,称为最小二乘法曲线拟合。

二、最小二乘法原理

最小二乘法平差方法经常在航海实践中使用。为将其具体运用到平差计算中且方便学习,有必要针对具体应用,将相关内容适当地再描述一遍。由此,在本节中,先以观测一个未知量为例,来简明介绍最小二乘法原理。若已知误差的概率密度为

$$f(\Delta) = \frac{h}{\sqrt{\pi}} e^{-h^2 \Delta^2} \qquad (1-39)$$

当不知真值时,误差 Δ 往往也是不知道的。在等精度观测条件下,观测一个未知量得到一观测序列值为 $x_1, x_2, \cdots, x_n$。现设未知量结果为 x,由观测值 $x_1, x_2, \cdots, x_n$ 和 x,可计算每个观测值的误差 $v_1, v_2, \cdots, v_n$。则用 $V_i = (v_1, v_2, \cdots, v_n)$ 估计误差 Δ,即

$$v_1 = x - x_1, v_2 = x - x_2, \cdots, v_n = x - x_n \qquad (1-40)$$

因为 x 是待定的未知量,它具有确定的值,v 随观测值而异,所以 v 是偶然误差,设其服从正态分布,则其概率密度为

$$f(v) = \frac{h}{\sqrt{\pi}} e^{-h^2 v^2} \qquad (1-41)$$

该组 v_i 值的概率元素分别为

$$P(v_1) = f(v_1) dv_1, P(v_2) = f(v_2) dv_2, \cdots, P(v_n) = f(v_n) dv_n \qquad (1-42)$$

由于每次观测都是独立进行的,按乘法定理,则该组出现 v_i 的概率为

$$P = P(v_1) P(v_2) \cdots P(v_n) = \left(\frac{h}{\sqrt{\pi}}\right)^n e^{-h^2(v_1^2 + v_2^2 + \cdots + v_n^2)} dv_1 dv_2 \cdots dv_n \qquad (1-43)$$

由式(1-43)可知,如果未知量 x 取不同的值,则相应地得到不同的一组 v_i 值。而每一组 v_i 值,又可以得到与其对应的不同 P 值。根据最大似然估计原理,取 P 最大时的一组 v_i 值,所用的未知量 $x = X_0$,是该量的最优估计值,即用 X_0 计算得到的一组 v_i 值时,同时满足概率 P 最大。由此,求未知量 x 的问题,转化求最大概率的问题。

在式(1-43)中,π、e、h 均为常数,P 值仅随 v 变化,因此欲使 P 值最大,则

$$e^{-h^2(v_1^2 + v_2^2 + \cdots + v_n^2)} = \max \sum_{i=1}^{n} p_i v_i^2 = p_1 v_1^2 + p_2 v_2^2 + \cdots + p_n v_n^2 = \min \qquad (1-44)$$

由此可得

$$h^2(v_1^2 + v_2^2 + \cdots + v_n^2) = \min \text{ 或 } \sum_{i=1}^{n} v_i^2 = v_1^2 + v_2^2 + \cdots + v_n^2 = \min \quad (1-45)$$

式(1-45)称为最小二乘法,按照这个条件所解出来的未知量 x 就是样本的算术平均值 X_0,而该组 v_i 就是随机误差。

对于非等精度观测的最小二乘法原理,在此不加证明地给出结论,即

$$\sum_{i=1}^{n} p_i v_i^2 = p_1 v_1^2 + p_2 v_2^2 + \cdots + p_n v_n^2 = \min \quad (1-46)$$

式中:p_i 为各观测值的权。其具体意义将在非等精度观测平差中给出较为详细的讨论。按照式(1-46)的条件解出来的 X_0 就是后文(在非等精度直接观测平差部分)中所阐述的加权平均值。关于最小二乘法原理的实际应用,将结合航海观测的实际,根据不同的具体问题详细说明。

(一)线性拟合

若有一组 $(x_i, y_i)(i=1,2,\cdots,n)$,现拟构造线性拟合函数 $p_1(x) = a + bx$ 拟合这组数据,依上,使均方差

$$\|\delta\|_2^2 = \sum_{i=1}^{n} \delta_i^2 = \sum \left[p_1(x_i) - y_i\right]^2 = \sum (a + bx_i - y_i)^2 = F(a,b) \quad (1-47)$$

达到最小,即通过使 $F(a,b) = \min$,选择 a、b,其转化为求多元函数 $F(a,b)$ 极小值问题。$F(a,b)$ 取极小值,应满足

$$\frac{\partial F(a,b)}{\partial a} = 2\sum_{i=1}^{n}(a + bx_i - y_i) = 0, \quad \frac{\partial F(a,b)}{\partial b} = 2\sum_{i=1}^{n}(a + bx_i - y_i)x_i = 0$$

$$(1-48)$$

整理后,可得拟合函数应满足

$$\begin{bmatrix} n & \sum_{i=1}^{n} x_i \\ \sum_{i=1}^{n} x_i & \sum_{i=1}^{n} x_i^2 \end{bmatrix} \begin{bmatrix} a \\ b \end{bmatrix} = \begin{bmatrix} \sum_{i=1}^{n} y_i \\ \sum_{i=1}^{n} x_i y_i \end{bmatrix} \quad (1-49)$$

式(1-49)称为拟合曲线的法方程组或正则方程组。用消元法或克莱姆(Cramer)法则求解方程组,得

$$\begin{cases} a = \left(\sum_{i=1}^{n} y_i \sum_{i=1}^{n} x_i^2 - \sum_{i=1}^{n} x_i \sum_{i=1}^{n} x_i y_i\right) \bigg/ \left[n \sum_{i=1}^{n} x_i^2 - \left(\sum_{i=1}^{n} x_i\right)^2\right] \\ b = \left(n \sum_{i=1}^{n} x_i y_i - \sum_{i=1}^{n} x_i \sum_{i=1}^{n} y_i\right) \bigg/ \left[n \sum_{i=1}^{n} x_i^2 - \left(\sum_{i=1}^{n} x_i\right)^2\right] \end{cases} \quad (1-50)$$

由此,即可得到均方误差意义下的拟合函数 $p_1(x)$。

例 1-14 对某舰艇在不同航速下观测到的各类阻力系数数据如表 1-8 所列,试用线性拟合方法求取 C_{tm}/C_{fm} 与 Fr^4/C_{fm} 的关系。

表 1-8 观测数据

航速 $v/(m/s)$	弗劳德(Froude)数 Fr	摩擦阻力系数 $C_{fm}/\times 10^3$	总阻力系数 $C_{tm}/\times 10^3$
0.436	0.080	4.440	5.308
0.582	0.107	4.182	5.147
0.873	0.160	3.855	5.133
0.946	0.173	3.795	5.326
1.018	0.187	3.741	5.458
1.091	0.200	3.691	5.643
1.164	0.213	3.645	5.814

解: 用计算公式(1-50),求解相应各元素。现设

$x_i = Fr^4/C_{fm} = [0.00922\ 0.03134\ 0.17000\ 0.23603\ 0.32687\ 0.43348\ 0.56470]$

$y_i = C_{tm}/C_{fm} = [1.195495\ 1.23075\ 1.33151\ 1.40342\ 1.45896\ 1.5288\ 1.59506]$

有

$$n = 7$$

$$\sum_{i=1}^{n} x_i = 1.77166, \quad \sum_{i=1}^{n} y_i = 9.74407, \quad \sum_{i=1}^{n} x_i^2 = 0.69932, \quad \sum_{i=1}^{n} x_i y_i = 2.64752$$

则

$$a = 1.20902, \quad b = 0.722971$$

得 C_{tm}/C_{fm} 与 Fr^4/C_{fm} 的关系为

$$P_1(x) = y = 1.20902 + 0.722971x$$

上述拟合如图 1-5 所示。

(二) 二次拟合

若有一组 (x_i, y_i),$i = 1, 2, \cdots, n$,现拟构造二次多项式[①]$p_2(x) = a_0 + a_1 x + a_2 x^2$。拟合函数与数据序列的均方误差为

[①] 学习本节内容后,试自行构造三次或更高次数的拟合。在航海工作实践中,有许多可以用三次以上的拟合开展研究,如主机转速与航速间的关系等。

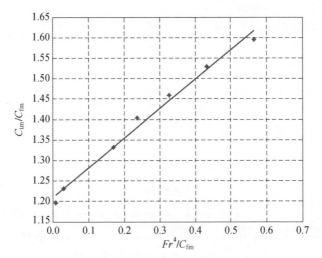

图 1-5 C_{tm}/C_{fm} 与 Fr^4/C_{fm} 关系图

$$F(a_0,a_1,a_2) = \|\boldsymbol{\delta}\|_2^2 = \sum_{i=1}^{n}\delta_i^2 = \sum_{i=1}^{n}[p_2(x_i)-y_i]^2$$

$$= \sum_{i=1}^{n}(a_0+a_1x_i+a_2x_i^2-y_i)^2 \quad (1-51)$$

根据最小二乘和极值原理,有

$$\begin{cases} \dfrac{\partial F(a_0,a_1,a_2)}{\partial a_0} = 2\sum_{i=1}^{n}(a_0+a_1x_i+a_2x_i^2-y_i) = 0 \\ \dfrac{\partial F(a_0,a_1,a_2)}{\partial a_1} = 2\sum_{i=1}^{n}(a_0+a_1x_i+a_2x_i^2-y_i)x_i = 0 \\ \dfrac{\partial F(a_0,a_1,a_2)}{\partial a_2} = 2\sum_{i=1}^{n}(a_0+a_1x_i+a_2x_i^2-y_i)x_i^2 = 0 \end{cases} \quad (1-52)$$

整理后,可得到二次多项式函数拟合的法方程为

$$\begin{bmatrix} n & \sum_{i=1}^{n}x_i & \sum_{i=1}^{n}x_i^2 \\ \sum_{i=1}^{n}x_i & \sum_{i=1}^{n}x_i^2 & \sum_{i=1}^{n}x_i^3 \\ \sum_{i=1}^{n}x_i^2 & \sum_{i=1}^{n}x_i^3 & \sum_{i=1}^{n}x_i^4 \end{bmatrix}\begin{bmatrix}a_0\\a_1\\a_2\end{bmatrix} = \begin{bmatrix}\sum_{i=1}^{n}y_i\\\sum_{i=1}^{n}x_iy_i\\\sum_{i=1}^{n}x_i^2y_i\end{bmatrix} \quad (1-53)$$

解法方程,便得到均方误差意义下的拟合函数 $p_2(x)$。不过当多项式的阶数 $n>5$ 时,法方程的系数矩阵病态。

对于式(1-53),现设

$$A = \begin{bmatrix} n & \sum_{i=1}^{n} x_i & \sum_{i=1}^{n} x_i^2 \\ \sum_{i=1}^{n} x_i & \sum_{i=1}^{n} x_i^2 & \sum_{i=1}^{n} x_i^3 \\ \sum_{i=1}^{n} x_i^2 & \sum_{i=1}^{n} x_i^3 & \sum_{i=1}^{n} x_i^4 \end{bmatrix}, X = \begin{bmatrix} a_0 \\ a_1 \\ a_2 \end{bmatrix}, b = \begin{bmatrix} \sum_{i=1}^{n} y_i \\ \sum_{i=1}^{n} x_i y_i \\ \sum_{i=1}^{n} x_i^2 y_i \end{bmatrix} \quad (1-54)$$

则
$$AX = b \quad (1-55)$$

在线性代数中,关于方程组 $AX = b$,若秩$(A,b) \neq$ 秩(A),则方程组无解,这时方程组称为矛盾方程组。在数值代数中对矛盾方程计算是在均方误差 $\min \|AX - b\|_2^2$ 极小意义下的解,也就是在最小二乘法意义下的矛盾方程的解。

定理1.3给出了方程组 $A^T AX = A^T b$ 的解就是矛盾方程组 $AX = b$ 在最小二乘法意义下的解。

定理1.3 (1)A 为 m 行 n 列的矩阵,$m > n$ 为列向量,秩$(A) = n$,$A^T AX = A^T b$ 称为矛盾方程的 $Ax = b$ 的法方程,法方程恒有解。

(2)X 是 $\min \|AX - b\|_2^2$ 的解,当且仅当 X 满足 $A^T AX = A^T b$,即 X 是法方程的解。

证明:

(1)对 A 作行初等变换 P,使 $PA = \begin{bmatrix} \bar{A}_n \\ O_{m-n} \end{bmatrix}$,有

$$(PA)(PA)^T = \begin{bmatrix} \bar{A}_n \\ O_{m-n} \end{bmatrix} \begin{bmatrix} \bar{A}_n & O_{m-n} \end{bmatrix} = \begin{bmatrix} \bar{A}_n^2 & 0 \\ 0 & 0 \end{bmatrix}$$

所以,秩$((PA)(PA)^T) = n$。而秩$((PA)(PA)^T) =$ 秩$(AA^T) =$ 秩$(A^T A) = n$,所以,方程组 $A^T AX = A^T b$ 有解而且解唯一存在。

(2)设 X 满足 $A^T AX = A^T b$,任取 $Y = X + (Y - X) = X + e$,则
$$\|AY - b\|_2^2 = (AX - b + Ae)^T (AX - b + Ae)$$
$$= (AX - b)^T (AX - b) + 2(Ae)^T (AX - b) + (Ae)^T (Ae)$$
$$= \|AX - b\|_2^2 + \|Ae\|_2^2 + 2e^T (A^T AX - A^T b)$$
$$= \|AX - b\|_2^2 + \|Ae\|_2^2 \geq \|AX - b\|_2^2$$

由于 Y 是任取的,故法方程组 $A^T AX = A^T b$ 的解为极小问题 $\min \| AX - b \|_2^2$ 的解。

例 1-15 如表 1-9 所列数据,试用二次拟合方法求取风力级与最高浪高间的关系。

表 1-9 风力级与最高浪高数据

风力级	0	1	2	3	4	5
最高浪高	0.0	0.1	0.3	1.0	1.5	2.5
风力级	6	7	8	9	10	11
最高浪高	4.0	5.5	7.5	10.0	12.5	16.0

解:用式(1-54),求解相应各元素。有 $n=12$,现设
$$x = [0\ 1\ 2\ 3\ 4\ 5\ 6\ 7\ 8\ 9\ 10\ 11],$$
$$y = [0\ 0.1\ 0.3\ 1.0\ 1.5\ 2.5\ 4.0\ 5.5\ 7.5\ 10.0\ 12.5\ 16.0]$$

$$\sum_{i=1}^{n} x_i = 66.0,\ \sum_{i=1}^{n} y_i = 60.9,\ \sum_{i=1}^{n} x_i^2 = 506.0,$$

$$\sum_{i=1}^{n} x_i^3 = 4356.0,\ \sum_{i=1}^{n} x_i^4 = 39974.0,$$

$$\sum_{i=1}^{n} x_i y_i = 535.7,\ \sum_{i=1}^{n} x_i^2 y_i = 4986.3$$

则
$$a_0 = 0.103,\ a_1 = 0.164,\ a_2 = -0.361$$

得风力级与最高浪高间关系为
$$p_2(x) = y = -0.361 + 0.164 x + 0.103 x^2$$

上述拟合如图 1-6 所示。

三、周期函数

(一)周期函数的傅里叶展开

若函数 $f(x)$ 以 $2l$ 为周期,即
$$f(x + 2l) = f(x) \tag{1-56}$$

则可取三角函数族,即
$$1, \cos\frac{\pi x}{l}, \cos\frac{2\pi x}{l}, \cdots, \cos\frac{k\pi x}{l}, \cdots, \sin\frac{\pi x}{l}, \sin\frac{2\pi x}{l}, \cdots, \sin\frac{k\pi x}{l}, \cdots \tag{1-57}$$

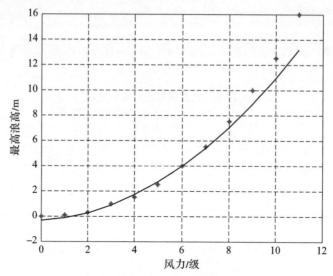

图 1-6　风力级与最高浪高关系图示

作为基本函数族,将 $f(x)$ 展开为级数

$$f(x) = a_0 + \sum_{k=1}^{\infty}\left(a_k\cos\frac{k\pi x}{l} + b_k\sin\frac{k\pi x}{l}\right) \quad (1-58)$$

三角函数族(1-57)具有正交性,即其中任意两个函数的乘积在一个周期上的积分等于零,即

$$\begin{cases} \int_{-l}^{l} 1 \cdot \cos\frac{k\pi x}{l}dx = 0, k \neq 0 \\ \int_{-l}^{l} 1 \cdot \sin\frac{k\pi x}{l}dx = 0 \\ \int_{-l}^{l} 1 \cdot \cos\frac{k\pi x}{l}\cos\frac{n\pi x}{l}dx = 0, k \neq n \\ \int_{-l}^{l} 1 \cdot \sin\frac{k\pi x}{l}\sin\frac{n\pi x}{l}dx = 0, k \neq n \\ \int_{-l}^{l} 1 \cdot \cos\frac{k\pi x}{l}\sin\frac{n\pi x}{l}dx = 0 \end{cases} \quad (1-59)$$

利用三角函数族的正交性,可以求得式(1-58)中的展开系数为

$$\begin{cases} a_k = \frac{1}{\delta_k l}\int_{-l}^{l} f(\xi)\cos\frac{k\pi\xi}{l}d\xi \\ b_k = \frac{1}{l}\int_{-l}^{l} f(\xi)\sin\frac{k\pi\xi}{l}d\xi \end{cases}, \delta = \begin{cases} 2, k=0 \\ 1, k \neq 0 \end{cases} \quad (1-60)$$

式(1-58)称为周期函数 $f(x)$ 的傅里叶(Fourier)级数展开式,其中的展开系数称为傅里叶系数。

现对函数族(1-57)完备地加以阐释,若以 $a_0 + \sum_{k=1}^{n}\left(a_k\cos\dfrac{k\pi x}{l} + b_k\sin\dfrac{k\pi x}{l}\right)$ 作为函数 $f(x)$ 的近似表达式,其中 a_0、a_k、b_k 待定。于是,均方误差为

$$\overline{\varepsilon^2} = \dfrac{1}{2l}\int_{-l}^{l}\left[f(x) - a_0 - \sum_{k=1}^{n}a_k\cos\dfrac{k\pi x}{l} - \sum_{k=1}^{n}b_k\sin\dfrac{k\pi x}{l}\right]^2 \mathrm{d}x \geqslant 0 \tag{1-61}$$

将式(1-61)积分中的[ ]² 项展开,逐项积分,并考虑正交性(1-59),由此得到的系数 a_0、a_k、b_k,应使 $\overline{\varepsilon^2}$ 最小,即 $\partial\overline{\varepsilon^2}/\partial a_0 = 0$、$\partial\overline{\varepsilon^2}/\partial a_k = 0$、$\partial\overline{\varepsilon^2}/\partial b_k = 0$,即

$$a_k = \dfrac{1}{\delta_k l}\int_{-l}^{l}f(\xi)\cos\dfrac{k\pi\xi}{l}\mathrm{d}\xi, \quad b_k = \dfrac{1}{l}\int_{-l}^{l}f(\xi)\sin\dfrac{k\pi\xi}{l}\mathrm{d}\xi$$

与式(1-60)一致。将式(1-60)代入 $\overline{\varepsilon^2}$ 的表达式(1-61),得

$$\int_{-l}^{l}[f(x)]^2\mathrm{d}x \geqslant \sum_{k=1}^{n}a_k^2\cos^2\dfrac{k\pi x}{l} - \sum_{k=1}^{n}b_k^2\sin^2\dfrac{k\pi x}{l} \tag{1-62}$$

可以证明,对任一连续函数 $f(x)$,当 $n\to\infty$ 时,有

$$\int_{-l}^{l}[f(x)]^2\mathrm{d}x = \sum_{k=1}^{\infty}a_k^2\cos^2\dfrac{k\pi x}{l} - \sum_{k=1}^{\infty}b_k^2\sin^2\dfrac{k\pi x}{l} \tag{1-63}$$

由此,可称函数族(1-57)是完备的,式(1-63)称为完备性方程,傅里叶级数(1-58)平均收敛于 $f(x)$。但需要注意的是,平均收敛于 $f(x)$ 并不意味收敛于 $f(x)$,甚至并不意味收敛。关于傅里叶级数的收敛性问题,有如下定理:

狄利克雷(Dirichlet)定理 若函数 $f(x)$ 满足条件:①处处连续,或在每个周期中只有有限个第一类间断点;②在每个周期中只有有限个极值点,则级数(1-58)收敛,且

$$级数和 = \begin{cases} f(x), & 在连续点 x \\ \dfrac{1}{2}[f(x+0)f(x-0)], & 在间断点 x \end{cases} \tag{1-64}$$

若周期函数 $f(x)$ 是奇函数,则由傅里叶系数计算式(1-60)可知,a_0、a_k 均等于零,式(1-58)变为

$$f(x) = \sum_{k=1}^{\infty}b_k\sin\dfrac{k\pi x}{l} \tag{1-65}$$

并称为傅里叶正弦级数。考虑对称性,其展开系数为

$$b_k = \dfrac{2}{l}\int_{0}^{l}f(\xi)\sin\dfrac{k\pi\xi}{l}\mathrm{d}\xi \tag{1-66}$$

因 $\sin\frac{k\pi x}{l}\Big|_{x=0}=0$ 及 $\sin\frac{k\pi x}{l}\Big|_{x=l}=0$，则式(1-65)中正弦级数和在 $x=0$ 和 $x=l$ 处为零。

若周期函数 $f(x)$ 是偶函数，则式(1-60)中所有 b_k 均为零，式(1-58)变为

$$f(x) = a_0 + \sum_{k=1}^{\infty} a_k \cos\frac{k\pi x}{l} \tag{1-67}$$

并称为傅里叶余弦级数。同样，考虑对称性，其展开系数为

$$a_k = \frac{2}{\delta_k l} \int_0^l f(\xi) \cos\frac{k\pi\xi}{l} d\xi \tag{1-68}$$

由于余弦级数的导数是正弦级数，所以余弦级数的和的导数在 $x=0$ 和 $x=l$ 处为零。

对只在有限区间上有定义的函数 $f(x)$，则可以采取延拓的方法，使其成为某种周期函数 $g(x)$，但在 $(0,l)$ 上，$g(x)\equiv f(x)$。然后再对 $g(x)$ 作傅里叶展开，其级数和在区间 $(0,l)$ 上代表 $f(x)$。在实践中，常对函数 $f(x)$ 在区间端点上的行为提出限制，即满足一定的边界条件来决定如何延拓。例如，要求 $f(0)=f(l)=0$，这时应延拓成为奇周期函数；又如，要求 $f'(0)=f'(l)=0$，这时则应延拓成偶周期函数。

(二)最佳平方三角逼近

在实践中，设函数 $f(x)$ 以 2π 为周期且平方可积，若有奇数[①]个观测数据 $(x_j, f(x_j))$，$x_j = 2\pi j/(2m+1)$ $(j=0,1,2,\cdots,2m)$，则在 $[0,2\pi]$ 上可用正交函数族

$$1, \cos x, \cos 2x, \cdots, \cos kx, \cdots, \sin x, \sin 2x, \cdots, \sin kx, \cdots$$

所构成的三角级数对 $f(x)$ 进行最佳平方逼近。n 阶逼近多项式为[②]

$$S_n(x) = \frac{a_0}{2} + \sum_{k=1}^{n} (a_k \cos kx + b_k \sin kx), n < m \tag{1-69}$$

其展开系数为

$$\begin{cases} a_k = \dfrac{1}{\|\cos kx\|} \sum\limits_{j=0}^{2m} f(x_j) \cos kx_j, k = 0,1,2,\cdots,n \\ b_k = \dfrac{1}{\|\sin kx\|} \sum\limits_{j=0}^{2m} f(x_j) \sin kx_j, k = 1,2,\cdots,n \end{cases} \tag{1-70}$$

式(1-70)中有

---

① 本书仅讨论采样点为奇数的情形。
② 也称为三角多项式最小二乘拟合。

$$\begin{cases} \|\cos 0x\| = \sum_{j=0}^{2m} \cos 0 = 2m+1 \\ \|\cos kx\| = \sum_{j=0}^{2m} \cos kx_j = \dfrac{2m+1}{2}, k=1,2,\cdots,n \\ \|\sin kx\| = \sum_{j=0}^{2m} \sin kx_j = \dfrac{2m+1}{2}, k=1,2,\cdots,n \end{cases} \quad (1-71)$$

而当 $n=m$ 时,可以证明,在点 $x_j=2\pi j/(2m+1)$ ($j=0,1,2,\cdots,2m$) 处,有 $S_n(x)=f_j(x)$,则 $S_n(x)$ 就是三角插值多项式。

对于更一般情形,设 $f(x)$ 是以 2π 为周期的复函数,有 N 个等分观测数据 $(x_j,f(x_j))$,此时 $x_j=2\pi j/N$, $j=0,1,2,\cdots,N-1$,取正交函数族

$$1, e^{ix}, e^{i2x}, \cdots, e^{i(N-1)x} \quad (1-72)$$

对 $f(x)$ 的 n 阶最佳平方逼近多项式为

$$\begin{cases} S(x) = \sum_{k=0}^{n-1} c_k e^{ikx}, n \leqslant N \\ c_k = \dfrac{1}{N}\sum_{j=0}^{N-1} f(x_j) e^{-ik\frac{2\pi}{N}j}, k=0,1,\cdots,n-1 \end{cases} \quad (1-73)$$

当 $n=N$ 时,可以证明,有 $S(x)$ 为 $f(x)$ 在点 $x_j=2\pi j/N$ ($j=0,1,2,\cdots,N-1$) 的插值函数,有 $S(x_j)=f(x_j)$,即

$$\begin{cases} f(x_j) = \sum_{k=0}^{n-1} c_k e^{-ik\frac{2\pi}{N}j}, j=0,1,\cdots,N-1 \\ c_k = \dfrac{1}{N}\sum_{j=0}^{N-1} f(x_j) e^{-ik\frac{2\pi}{N}j}, k=0,1,\cdots,n-1 \end{cases} \quad (1-74)$$

例 1-16 海水受日月的引力,在一定时间发生涨落的现象称为潮。表 1-10 所列为某港口在某季节每天的时间与水深关系。试用一次三角函数多项式拟合的方法求出时间与水深的关系。

表 1-10 某港口时间与水深关系

时刻	0	1	2	3	4	5	6	7	8
水深/m	-0.100	0.162	0.413	0.636	0.816	0.940	1.000	0.991	0.916
时刻	9	10	11	12	13	14	15	16	17
水深/m	0.777	0.586	0.355	0.100	-0.162	-0.413	-0.636	-0.816	-0.940

续表

时刻	18	19	20	21	22	23	24	
水深/m	-1.000	-0.991	-0.917	-0.777	-0.587	-0.355	-0.100	

解: 现设 $x = [0\ 1\ 2\ 3\ 4\ 5\ 6\ 7\ 8\ 9\ 10\ 11\ 12\ 13\ 14\ 15\ 16\ 17\ 18\ 19\ 20\ 21\ 22\ 23\ 24]$, $y = [-0.100\ 0.162\ 0.413\ 0.636\ 0.816\ 0.940\ 1.000\ 0.991\ 0.916\ 0.777\ 0.586\ 0.355\ 0.100\ -0.162\ -0.413\ -0.636\ -0.816\ -0.940\ -1.000\ -0.991\ -0.917\ -0.777\ -0.587\ -0.355\ -0.100]$。

按题意,$k = 1$。通过做出时间与水深的关系图后可知,此港口在某季节每天的时间与水深关系为一个 2π 周期。由此,先将时间数据变换为 $[0, 2\pi]$ 中的角度数据,然后开始计算。

对原始数据观察后知,此采样点数为奇数25。由此,$m = 12$。

运用式(1-70)和式(1-71),有

$$a_0 = -0.008$$
$$a_1 = -0.104$$
$$b_1 = 0.960$$

即三角多项式最小二乘拟合表达式为

$$S_n(x) = -0.004 - 0.108\cos x + 0.9997\sin x$$

上述拟合如图1-7所示。

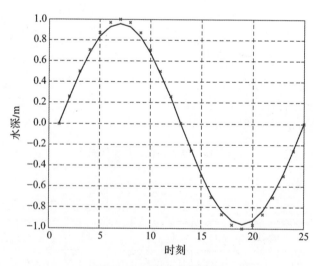

图1-7 时间与水深关系

小 结

数值计算在航海实践中运用广泛,特别是拉格朗日插值和泰勒展开内插运用最多,且与航海实践紧密结合。

本章以航海专业课程中天文星历计算、高精度动态气象预报计算、潮汐潮流计算和各种函数表册计算等为着眼点,详细介绍拉格朗日插值计算、泰勒展开内插计算、非线性方程迭代计算以及曲线拟合计算,辅以航海实践运用相关例题,力求做到学以致用。

习 题

一、思考题

1. 试述航海上内插计算法的分类。
2. 比较变率单内插计算和比例单内插计算几何意义的异同点。

二、计算题

1. 做出插值点$(-1.00,3.00),(2.00,5.00),(3.00,7.00)$的二次拉格朗日插值多项式$L_2(x)$,并计算$L_2(0)$。
2. 做出插值点$(-2.00,0.00),(2.00,3.00),(5.00,6.00)$的二次拉格朗日插值多项式$L_2(x)$,并计算$L_2(-1.2),L_2(1.2)$。
3. 做出下列插值点的三次拉格朗日插值多项式:

(1)$(-1,3),(0,-1/2),(1/2,0),(1,1)$。

(2)$(-1,2),(0,0),(2,1),(3,3)$。

4. 某舰艇静水力特性参数如表1-2所列,已知吃水$d=7.30\text{m}$,求该舰艇此时的排水量Δ和总载重量DW。
5. 某舰艇静水力特性参数如表1-2所列,已知吃水$d=7.75\text{m}$,求该舰艇此时的排水量Δ和总载重量DW。
6. 某舰艇静水力特性参数如表1-2所列,已知排水量$\Delta=14680\text{t}$,求该舰艇此时的吃水d。
7. 某舰艇静水力特性参数如表1-2所列,已知总载重量DW$=10510\text{t}$,求该舰艇此时的吃水d。
8. 设物标高h,垂直角α,水平距离$D=h\cot\alpha$,用该式编表1-3,求$h=52\text{m},\alpha=5.4'$时的物标水平距离D。
9. 设物标高h,垂直角α,水平距离$D=h\cot\alpha$,用该式编表1-3,求

$h = 38\text{m}, \alpha = 8.2'$ 时的水平距离 D。

10. 设物标高 h,垂直角 α,水平距离 $D = h\cot\alpha$,用该式编表 1-3,求 $h = 63\text{m}, \alpha = 5.8'$ 时的水平距离 D。

11. 设物标高 h,垂直角 α,水平距离 $D = h\cot\alpha$,用该式编表 1-3,求 $h = 58\text{m}, \alpha = 7.8'$ 时的水平距离 D。

12. 已知纬度 $34°16.0'$,赤纬 $10°18.0'$,视时 $4^\text{h}13^\text{m}$,用太阳方位表求太阳方位 A。

13. 已知纬度 $34°24.0'$,赤纬 $10°48.0'$,视时 $4^\text{h}09^\text{m}$,用太阳方位表求太阳方位 A。

14. 已知纬度 $34°54.0'$,赤纬 $10°42.0'$,视时 $4^\text{h}15^\text{m}$,用太阳方位表求太阳方位 A。

15. 表 1 为某导航设备维修备件抽样调查,表中 x 为电阻的数量,y 为电阻的种类。请用线性函数拟合电阻数量和电阻种类间的函数关系。

表 1 设备维修备件抽样调查

x	13	15	16	21	22	23	25	29	30	31	36
y	11	10	11	12	12	13	13	12	14	16	17
x	40	42	55	60	62	64	70	72	100	130	
y	13	14	22	14	21	21	24	17	23	34	

16. 表 2 为给定一组数据,请用二次多项式函数拟合这组数据。

表 2 多项式函数数据

x	-3	-2	-1	0	1	2	3
y	4	2	3	0	-1	-2	-5

17. 表 3 为某次磁罗经自差校正时测得的罗航向与自差间的关系。试用三次三角函数多项式拟合的方法求出罗航向与自差的关系。

表 3 罗航向与自差间的关系

CC/(°)	0.0	10.0	20.0	30.0	40.0	50.0	60.0	70.0	80.0	90.0
var/(°)	0.760	1.748	2.684	3.538	4.284	4.900	5.368	5.672	5.804	5.760
CC/(°)	100.0	110.0	120.0	130.0	140.0	150.0	160.0	170.0	180.0	190.0
var/(°)	5.540	5.152	4.608	3.923	3.120	2.221	1.255	0.251	-0.759	-1.748

续表

CC/(°)	200.0	210.0	220.0	230.0	240.0	250.0	260.0	270.0	280.0	290.0
var/(°)	-2.684	-3.538	-4.284	-4.900	-5.368	-5.672	-5.804	-5.760	-5.540	-5.152
CC/(°)	300.0	310.0	320.0	330.0	340.0	350.0	360.0			
var/(°)	-4.608	-3.923	-3.120	-2.221	-1.255	-0.251	0.759			

第 二 章

球面三角形

球面几何与平面几何相比较,有以下几个特点:①相对于球半径而言很小的一片球面可以看成一个平面;②球面上的一个大圆在平面几何上相当于一条直线;③球面上的一个大圆与平面几何上的一条直线都有反射对称的性质。

球面三角学是数学的一个分科,主要研究球面上由三个大圆弧相交所构成的球面三角形的特性、关系式及其解法等问题。

球面三角是航海专业课的数学基础之一。在航海上,当球面三角形的三条边与其所在球的半径相比相当小时,则在容许的误差范围之内,可视为平面三角形来解。在学习球面三角之前,应先学习球面几何的基本知识。

第一节 球面上的基本量及其度量

在研究航行于地球表面航艇的运动规律时,会经常涉及关于球面三角形的基本理论,其实质就是从几何角度来研究球面三角形的边 – 大圆弧(大圆)、角 – 球面角及边和角之间相互关系的几何理论。

在研究球面几何理论之前,应先行简述有关球和球面基本性质的基础知识。

定义 2.1 在空间与一个定点等距离的点的轨迹称为球面,或者说半圆绕它的直径的旋转面称为球面。

定义 2.2 被球面所包围的实体称为球。

定义 2.3 连接球心和球面上任意点的线段称为球的半径。

同一个球的半径都相等。半径相等的球称为等球。

连接球面上两点的直线,如能通过球心,则此直线称为球的直径。同一个球的直径都相等。

一、球面上的圆

任意平面和球面相截的截痕为一圆,如图 2-1 所示,H_1 平面与球面相截,其截痕为 CMC'。现在证明截痕 CMC' 为一圆。从球心向平面 H_1 引垂线 OO',在痕上任取一点 M,并连接 OM 和 $O'M$,得一直角 $\triangle OMO'$,在此三角形中,有 $OM = R, O'M = r, OO' = d$,则

$$r = \sqrt{R^2 - d^2} \qquad (2-1)$$

当 M 的位置在截痕上移动时,OM 与 OO' 的长度不变,故 $r = O'M$ 为一常数,即在平面 H_1 内截痕 CMC' 上任意一点到 O' 产生的距离都为 r,所以截痕为一圆。

由式(2-1)可知,平面截球面所成的圆的大小,是随 d 的变化而变化的。d 值越大,圆越小,d 越小,圆越大。

小圆,截平面不通过球心,所截成的圆称为小圆($d \neq 0, r < R$),如图 2-1 中的 H_1 平面所截成的圆。

大圆,截平面通过球心,所截成的圆称为大圆($d = 0, r = R$),如图 2-1 中 H_2 平面所截成的圆 aa' 为大圆。从大圆的定义可知,大圆的圆心就是球心,大圆的半径等于球的半径。大圆上的一段弧称为大圆弧。

由于截成大圆的平面过球心,因此有以下情形。

(1)大圆平面过球心。

(2)大圆分球面为两个相等的部分。

(3)两大圆相交必定互相平分。因为两大圆平面的交线必定过球心且为球的直径,也是两大圆的直径,而圆的直径必定平分圆周。

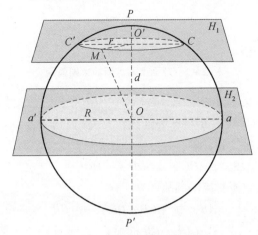

图 2-1 任意平面和球面相截

二、球面上两点之间的距离

球面上两点间的距离是两点间直线的长度,在这里有两个条件:一是两点间只能作一条直线,即直线是唯一的;二是直线距离最短。

在球面上两点之间的球面距离为两点间的大圆弧距,原因如下:

(1)通过球面上不在同一直径的两个端点的两点只能作一个大圆。因为大圆平面过球心,而球面上的两点加球心这三点只能作一个平面,故通过球面上两点只能作一个大圆。但是,球面上的这两点不能在球的同一直径的两个端点上,因为同一直径的两个端点加上球心这三点在一直线上,而过一直线可作无数个平面,即可截无数个大圆。

(2)球面上两点间的大圆弧距(劣弧)最短。如图 2-2 所示,过球面上不在球的同一直径的两个端点上的 A、B 两点只能作一个大圆 $\overarc{ABQ'Q}$,但可以作无数条曲线。设 $\overarc{ACDE\cdots GB}$ 为任意一条曲线。

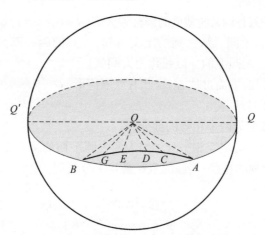

图 2-2 球面上两点间的大圆弧距

将此曲线分成无穷个小弧段 $\overarc{AC}$、$\overarc{CD}$、$\cdots$、$\overarc{GB}$ 等,这些小弧段可以看成大圆弧。把分点 A、C、D、$\cdots$、G、B 与球心连接,得一多面角 $O-ACDE\cdots GB$。因为任意面角小于其余面角之和,则

$$\angle AOB < \angle AOC + \angle COD + \angle DOE + \cdots + \angle GOB \quad (2-2)$$

由于圆心角和它所对应的圆弧同度,有

$$\overarc{AB} < \overarc{AC} + \overarc{CD} + \overarc{DE} + \cdots + \overarc{GB} \quad (2-3)$$

即大圆弧 $\overarc{AB}$ 小于任意曲线 $ACDE\cdots GB$ 的弧长,这就证明了大圆弧距最短(对相应的证明方法感兴趣的读者,可参考有相关微分几何学内容的教材或专著)。

三、极和极距

定义 2.4 与球面上任意圆(大圆或小圆)面相垂直的球直径称为该圆的轴。

定义 2.5 轴交于球面上的两个交点称为该圆的极。

如图 2-3 所示,球直径 PP' 与小圆 MN 平面垂直,则直径 PP' 为小圆 MN 的轴,P、P' 两点为小圆 MN 的极。圆上任意一点到其对应的极的球面距离称为极距。同圆上所有各点的极距相等。

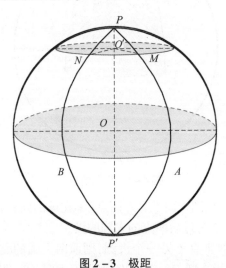

图 2-3 极距

如图 2-3 所示,设 $\widehat{PN}$、$\widehat{PM}$ 为大圆弧,则弧段 $\widehat{PN}$、$\widehat{PM}$ 的弧距称为极距。设 M、N 为小圆上任意两点,连接 PM、PN 和 $O'M$、$O'N$,则有两平面直角三角形:

$$\Delta PO'M \cong \Delta PO'N \tag{2-4}$$

即

$$PM = PN \tag{2-5}$$

则

$$\widehat{PN} = \widehat{PM} \quad (\text{同圆或等圆中等弦对等弧}) \tag{2-6}$$

同时可知,小圆的极距大于或小于 90°。大圆的极距等于 90°,或者说极距为 90° 的圆必为大圆。大圆称为对应极的极线。例如,地球上与纬度圈、赤道垂直的球直径为这些圆的轴,称为地轴,轴与地球表面的交点为这些圆的极,也称为地极。地球赤道的极距为 90°,因此赤道也是地极的极线。确定极和极线间的关系可按下述条件判断。

(1)球面上一点到某大圆上任意两点(不在球的同一直径的两个端点)的球

面距离为 90°,则该点为大圆的极,大圆为该点的极线。

如图 2-4 所示,设 P 为球面上的一点,P 到大圆 AB 上任意两点的球面距离为 $\overset{\frown}{PA}=\overset{\frown}{PB}=90°$。则有 $\angle POA=90°$,$\angle POB=90°$,即 PO 垂直于大圆面 AOB,故 PP' 为大圆的轴,P' 为大圆的极。

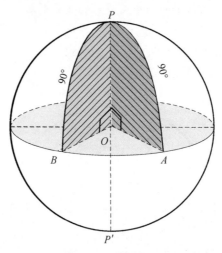

图 2-4 大圆的极

同样,若球面上一点到球面上另外两点(不在球的同一直径的两个端点)的距离均为 90°,则前一点为过后两点的大圆的极。

(2)若两大圆同时垂直于另一个大圆,则前两大圆的交点必为另一大圆的极。如图 2-4 所示,设大圆 PA、PB 同时垂直于大圆 AB,即有平面 POA 垂直于平面 AOB,平面 POB 垂直于平面 AOB,则两平面 POA 与 POB 的交线 OP 垂直于 AOB,因而 PP' 为大圆 AB 的轴,P 为大圆 AB 的极。

由此可知,若 A、B 两大圆互相垂直,则大圆 A 的极在大圆 B 上,大圆 B 的极在大圆 A 上。

四、球面角及其度量

定义 2.6 球面上两大圆弧相交所构成的角称为球面角。

定义 2.7 大圆弧称为球面角的边,大圆弧的交点称为球面角的顶点。

球面角的大小由两大圆平面所构成的二面角确定。从立体几何的基本知识可知,二面角是由其平面角度量的。因此,只要是两大圆平面的二面角的平面角都可度量球面角的大小。

如图 2-5 所示,度量球面角常用的方法有三种。设两大圆弧 $\overset{\frown}{PA}$、$\overset{\frown}{PB}$ 相交于 P,构成球面角 $\angle APB$,大圆 AB 为顶点 P 的极线。

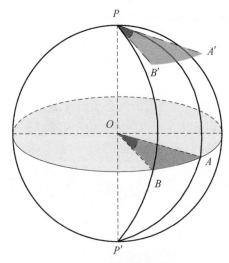

图 2-5 球面角度量

(1) 用球心角 $\angle AOB$ 度量。因为 AO 和 BO 都垂直于两大圆平面的交线，$\angle AOB$ 为两大圆平面所构成的二面角的平面角。

(2) 用顶点 P 的极线的弧长 $\overset{\frown}{AB}$ 度量。因为 $\overset{\frown}{AB}$ 与 $\angle AOB$ 同度。

(3) 过顶点 P 作两大圆的切线，用两切线间的夹角 $\angle A'PB'$ 度量。因为 $A'P$、$B'P$ 都垂直于两大圆平面的交线，$\angle A'PB'$ 为两大圆平面所构成的二面角的平面角。

两大圆弧相交成 4 个球面角，其和为 360°，相邻两球面角之和为 180°。

第二节　球面三角形及相互间关系

球面三角形和平面三角形既有联系又有区别，学习时应注意比较。本节从几何角度研究球面三角形的边、角等关键要素，明确球面三角形的定义与分类，给出两球面三角形之间的关联，详细介绍球面三角形的边角性质。本节内容是后续学习球面几何问题的基础。

一、球面三角形的定义

定义 2.8　过球面上三点的三个大圆弧所围成的三角形称为球面三角形。

如图 2-6 所示，过图中 A、B、C 三点的三个大圆弧 $\overset{\frown}{AB}$、$\overset{\frown}{BC}$、$\overset{\frown}{CA}$ 所围成的球面 $\triangle ABC$。

三个大圆弧为球面三角形的边,通常用小写英文字母表示,如图2-6中的a、b、c。相邻两大圆弧之间所夹的球面角为球面三角形的角,通常用大写字母表示,如图2-6中的A、B、C。

定义2.9 球面三角形的三个边a、b、c和三个角A、B、C为球面三角形的三边五角。

如图2-6所示,将球面三角形的三个顶点A、B、C与球心O连接起来,便构成一个以球心为顶点,以三个半径AO、BO、CO为棱的三面角(常称为球心三面角)$O-ABC$。球心三面角与球面三角形的边、角关系如下。

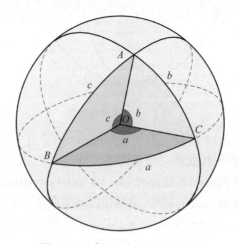

图2-6 球面三角形边、角关系

(1)球面三角形的边与球心三面角的面角对应相等。如在图2-6中,$a = \angle BOC$,$b = \angle COA$,$c = \angle BOA$。

(2)球面三角形的角与球心三面角的二面角对应相等。

在本书中,仅涉及球面三角形的边和角均为大于0°、小于180°的欧拉(Euler)球面三角形。

二、球面三角形的分类

一般意义上,可以将球面三角形分为球面直角三角形和球面直边三角形、球面初等三角形和球面任意三角形。

定义2.10 至少有一个角为90°的球面三角形称为球面直角三角形;至少有一个边为90°的球面三角形称为球面直边三角形。

定义2.11 三个边相对于球半径很小的球面三角形称为球面小三角形(三个角不会很小)。

定义 2.12 一个角和其对边很小的球面三角形称为球面窄三角形。

不具备上述特殊条件的球面三角形称为球面任意三角形。

三、两球面三角形之间的关系

(一) 球面极线三角形

定义 2.13 球面三角形三个顶点的极线所围成的球面三角形称为原球面三角形的球面极线三角形,简称为极线三角形,或称极三角形。

如图 2-7 所示,球面 $\triangle ABC$ 的三个顶点对应的极线 $B'C'$、$C'A'$、$A'B'$ 所构成的球面 $\triangle A'B'C'$ 为原球面 $\triangle ABC$ 的极线三角形。极线三角形的三边通常用 a'、b'、c' 表示,三个角通常用 A'、B'、C' 表示。

由于原球面三角形三个顶点的极线在球面上不只相交出一个三角形,因此在本书中,所涉及的极线三角形仅限于 $\widehat{AA'} < 90°$、$\widehat{BB'} < 90°$、$\widehat{CC'} < 90°$ 的极线三角形。

如图 2-7 所示,当原球面三角形的三边小于 90°时,其极线三角形在它的外面。

如图 2-8 所示,当原球面三角形的三边大于 90°时,其极线三角形在它的内面。

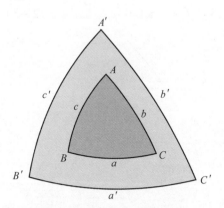

图 2-7 球面极线三角形(1)

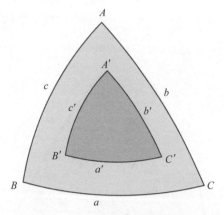

图 2-8 球面极线三角形(2)

如图 2-9 所示,当原球面三角形的一边或两边小于 90°,其余的边大于 90°时,则原球面三角形与极线三角形交叉。

原球面三角形与其极线三角形存在关系如下。

定理 2.1 若 A 球面三角形为 B 球面三角形的极线三角形,相反 B 球面三角形也是 A 球面三角形的极线三角形。

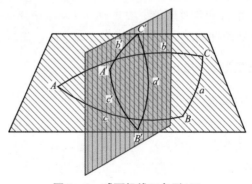

图 2-9 球面极线三角形(3)

如图 2-10 所示,设球面 △$A'B'C'$ 为原球面 △ABC 的极线三角形,证明球面 △ABC 为球面 △$A'B'C'$ 的极线三角形。

证明:因为 A 为 a' 的极,C 为 c' 的极,即 $\widehat{AB'}=90°$,$\widehat{CB'}=90°$,故 B' 为 b 的极或 b 为 B' 的极线。同样,可证明 c 为 C' 的极线,a 为 A' 的极线。

所以,球面 △ABC 为球面 △$A'B'C'$ 的极线三角形。

定理 2.2 极线三角形的边(角)与原球面三角形的角(边)互补。

如图 2-11 所示,设球面 △$A'B'C'$ 为原球面 △ABC 的极线三角形,求证:

$$a+A'=180°, b+B'=180°, c+C'=180° \quad (2-7)$$
$$A+a'=180°, B+b'=180°, C+c'=180° \quad (2-8)$$

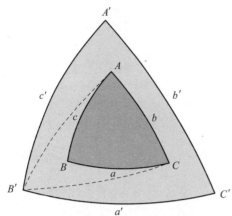

图 2-10 互为极线三角形

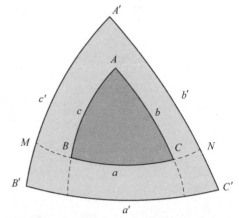

图 2-11 极线三角形与原球面三角形的角(边)互补

证明:延长 BC 与边 b'、c' 交于 N、M,则

$$A'=\widehat{MN}=\widehat{MC}+\widehat{NC}=\widehat{MC}+\widehat{NB}-a=180°-a \quad (2-9)$$

即有

$$a + A' = 180° \quad (2-10)$$

同理可证
$$b + B' = 180°, \quad c + C' = 180° \quad (2-11)$$

现延长边 b、c 并与边 a' 交于 G、F，则
$$a' = \widehat{B'C'} = \widehat{B'G} + \widehat{GC'} = \widehat{B'G} + \widehat{CF} - \widehat{FG} = 180° - A \quad (2-12)$$

即
$$A + a' = 180° \quad (2-13)$$

同理可证
$$B + b' = 180°, \quad C + c' = 180° \quad (2-14)$$

(二) 两球面三角形的全等、对称和相似

1. 两球面三角形的全等

定理 2.3 在同球或等球上两球面三角形满足以下条件之一，并且对应边角排列顺序相同，则称两球面三角形为全等球面三角形：①两边及其夹角对应相等；②两角及其夹边对应相等；③三边对应相等；④三角对应相等。对于前三个条件，可以用重叠法证明，对第四个条件可利用极线三角形与原球面三角形的关系证明。

从球面三角形全等判断定理可见，平面几何与球面几何明显不同。

(1) 在平面几何中，如果两个三角形的三对角相等，则这两个三角形相似，不一定全等。

(2) 在同一个球面上，如果两个球面三角形三对角对应相等，则这两个球面三角形全等。

在同一个球面上，不存在相似三角形这个概念，即"相似"的三角形必定全等。

2. 两球面三角形的对称

定义 2.14 在同球或等球上两球面三角形满足全等球面三角形中所述的 4 种条件之一，但对应边角排列顺序不同，则称两球面三角形为对称球面三角形。

如图 2-12 所示，球面 $\triangle ABC$ 和球面 $\triangle A'B'C'$ 的边角对应相等，但顺序不同，两者不能重叠，因此两球面三角形不能称为全等而可称为对称。

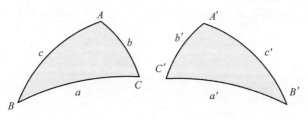

图 2-12 两球面三角形的对称

3. 两球面三角形的相似

定义 2.15 不在同球或等球上的两球面三角形满足全等球面三角形中所述的 4 种条件之一,并且对应边角排列顺序相同,则称两球面三角形为相似球面三角形。

如图 2-13 所示,球面 $\triangle ABC$ 和球面 $\triangle A'B'C'$ 在半径不同的两个球面上,其边角对应相等,此两球面三角形称为相似球面三角形。

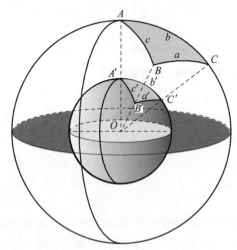

图 2-13 两球面三角形的相似

四、球面三角形边角的基本性质

(一) 边的基本性质

(1) 球面三角形三边之和大于 0° 小于 360°。因为三边都大于 0°,故有 $a+b+c>0$。又因为球面三角形的边与对应的球心三面角的面角相等,而三面角的三个面角之和小于 360°,故有 $a+b+c<360°$。所以有

$$0° < a+b+c < 360° \tag{2-15}$$

(2) 球面三角形两边之和大于第三边,两边之差小于第三边。因为三面角的任意两面角之和大于第三个面角,任意两面角之差小于第三个面角,则

$$a+b>c, \quad a-b<c \tag{2-16}$$

$$b+c>a, \quad b-c<a \tag{2-17}$$

$$c+a>b, \quad c-a<b \tag{2-18}$$

(二) 角的基本性质

(1) 球面三角形三角之和大于 180° 小于 540°。设球面 $\triangle ABC$ 对应的极线三

角形为 $A'B'C'$。在极线三角形中,有
$$0° < a' + b' + c' < 360° \qquad (2-19)$$
因为
$$a' = 180° - A \qquad (2-20)$$
$$b' = 180° - B \qquad (2-21)$$
$$c' = 180° - C \qquad (2-22)$$
将式(2-20)~式(2-22)代入式(2-19),得
$$0° < 180° - A + 180° - B + 180° - C < 360° \qquad (2-23)$$
整理后,得
$$180° < A + B + C < 540° \qquad (2-24)$$

(2)球面三角形两角之和减去第三角小于180°。在球面△ABC的极线△A'B'C'中,有
$$a' + b' > c' \qquad (2-25)$$
将原球面三角形与其极线三角形的边角关系代入式(2-25)后,有
$$180° - A + 180° - B > 180° - C \qquad (2-26)$$
整理后,得
$$A + B - C < 180° \qquad (2-27)$$
同理,有
$$A + C - B < 180° \qquad (2-28)$$
$$B + C - A < 180° \qquad (2-29)$$

(三)边、角间的基本性质

(1)在球面三角形中相等的边所对的角相等;相等的角所对的边相等。

①等边对等角。如图2-14所示,设球面△ABC中,$b = c$。自A点引直线与平面OBC垂直相交于D点,过直线AD作两个平面ADE和ADF分别与直线OB和OC垂直,则
$$AE \perp OB \qquad (2-30)$$
$$AF \perp OC \qquad (2-31)$$
因为
$$b = c \qquad (2-32)$$
则
$$\angle AOE = \angle AOF \qquad (2-33)$$
因此对平面直角三角形,有
$$\triangle AOE \cong \triangle AOF \qquad (2-34)$$
得

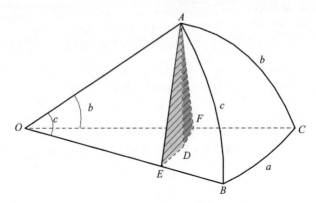

图 2-14 等边对等角

$$AE = AF \tag{2-35}$$

对平面直角三角形,有

$$\triangle ADE \cong \triangle ADF \tag{2-36}$$

得

$$\angle AED = \angle AFD \tag{2-37}$$

即

$$B = C \tag{2-38}$$

所以,当 $b = c$ 时,其所对的角 $B = C$。

②等角对等边。当 $B = C$ 时,其所对的边 $b = c$,可以通过原球面三角形与其极线三角形边角间的关系证明。

(2) 在球面三角形中大角对大边、大边对大角。如图 2-15 所示,在球面 $\triangle ABC$ 中,设 $B > A$,过 B 作球面角 $\angle ABD = A$,则 $AD = BD$,在球面 $\triangle BDC$ 中,有

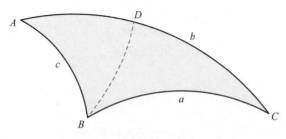

图 2-15 大角对大边、大边对大角

$$BD + DC > a \tag{2-39}$$

即

$$AD + DC = b > a \qquad (2-40)$$

所以当 $B > A$ 时,有 $b > a$。

当 $b > a$ 时,依据原球面三角形与其极线三角形的边角关系,有

$$180° - B' > 180° - A' \qquad (2-41)$$

即

$$A' > B', \quad a' > b' \qquad (2-42)$$

因此,有

$$180° - A > 180° - B \qquad (2-43)$$

即

$$B > A \qquad (2-44)$$

所以当 $b > a$ 时,有 $B > A$。

总结上述性质,得出一个球面三角形成立的条件如下。

(1) 当给定球面三角形三条边时:

①任一边应大于 $0°$、小于 $180°$;

②三边之和大于 $0°$、小于 $360°$;

③两边之和大于第三边,或两边之差小于第三边。

(2) 当给定球面三角形三个角时:

①每一角应大于 $0°$、小于 $180°$;

②三角之和大于 $180°$、小于 $540°$;

③两角之和减去第三角小于 $180°$。

(3) 当给定球面三角形两边及其夹角或给定球面三角形两角及其夹边时,球面三角形的六要素均应大于 $0°$、小于 $180°$。

第三节　球面三角形中的边角关系

与平面三角有正弦定理、余弦定理等表示平面三角形的边和角的函数关系一样,球面三角也要研究球面三角形的边和角的函数关系,并将这些关系用方程式表示出来,这些方程式称为球面三角公式。本章将研究球面任意三角形的基本公式及其相应的变化公式、球面直角和直边三角形的基本公式、球面初等三角形的基本公式。

一、球面任意三角形公式

球面三角形公式中的余弦公式、正弦公式、正余弦公式和余切公式通常称为

球面三角形的基本公式,其余的球面三角形公式均由基本公式推导出来。球面三角形基本公式在球面三角形后续内容中及航海专业中经常用到,球面三角形基本公式证明的方法有多种,下面主要介绍其中的两种。

(一) 余弦公式

1. 边的余弦公式

如图 2 – 16 所示,将球心 O 与球面 $\triangle ABC$ 的三个顶点连接,从顶点 A 作 b、c 两边的切线分别与 OC、OB 的延长线相交于 E、D 两点,连接 DE,得两个平面直角三角形 $\triangle OAD$ 和 $\triangle OAE$ 及两个平面任意三角形 $\triangle ODE$ 和 $\triangle ADE$。

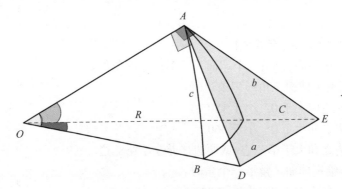

图 2 – 16 边的余弦示意图

在两个平面任意 $\triangle ODE$ 和 $\triangle ADE$ 中,依据余弦定理,有

$$DE^2 = OD^2 + OE^2 - 2OD \cdot OE \cos a \quad (2-45)$$

$$DE^2 = AD^2 + AE^2 - 2AD \cdot AE \cos A \quad (2-46)$$

则

$$OD^2 + OE^2 - 2OD \cdot OE \cos a = AD^2 + AE^2 - 2AD \cdot AE \cos A \quad (2-47)$$

$$\cos a = \frac{OD^2 - AD^2 + OE^2 - AE^2 + 2AD \cdot AE \cos A}{2OD \cdot OE} \quad (2-48)$$

由两个平面直角三角形,可得

$$OD^2 - AD^2 = OA^2 \quad (2-49)$$

$$OE^2 - AE^2 = OA^2 \quad (2-50)$$

将式(2 – 49)、式(2 – 50)代入式(2 – 48),得

$$\cos a = \frac{2OA^2 + 2AD \cdot AE \cos A}{2OD \cdot OE} = \frac{OA}{OD} \cdot \frac{OA}{OE} + \frac{AD}{OD} \cdot \frac{AE}{OE} \cos A \quad (2-51)$$

再利用两个平面直角三角形的边角关系,最后得

$$\cos a = \cos b \cos c + \sin b \sin c \cos A \quad (2-52)$$

同理,得

$$\cos b = \cos c \cos a + \sin c \sin a \cos B \qquad (2-53)$$

$$\cos c = \cos a \cos b + \sin a \sin b \cos C \qquad (2-54)$$

式(2-52)~式(2-54)称为边的余弦公式,它表示了三个边和一个角之间的关系,可用于已知两边及其夹角求第三边。

边的余弦公式用文字叙述为,球面三角形一边的余弦等于其他两边余弦之积加上这两边正弦及其夹角余弦之积。

将边的余弦公式移项,可得

$$\cos A = \frac{\cos a - \cos b \cos c}{\sin b \sin c} \qquad (2-55)$$

$$\cos B = \frac{\cos b - \cos a \cos c}{\sin a \sin c} \qquad (2-56)$$

$$\cos C = \frac{\cos c - \cos a \cos b}{\sin a \sin b} \qquad (2-57)$$

式(2-55)~式(2-57)可用于已知三边求角。

2. 角的余弦公式

设球面△ABC的极线三角形为△A'B'C',在极线△A'B'C'中,有

$$\cos a' = \cos b' \cos c' + \sin b' \sin c' \cos A'$$

由原球面三角形与其极线三角形的边角关系,进行变量代换后,有

$$\cos(180° - A) = \cos(180° - B)\cos(180° - C) + \sin(180° - B)$$
$$\sin(180° - C)\cos(180° - a) \qquad (2-58)$$

将式(2-58)整理后,可得

$$\cos A = -\cos B \cos C + \sin B \sin C \cos a \qquad (2-59)$$

同理,得

$$\cos B = -\cos A \cos C + \sin A \sin C \cos b \qquad (2-60)$$

$$\cos C = -\cos A \cos B + \sin A \sin B \cos c \qquad (2-61)$$

式(2-59)~式(2-61)称为角的余弦公式,它表示三个角和一个边之间的关系,可用于已知两角及其夹边求第三角。

角的余弦公式用文字叙述为,球面三角形一角的余弦等于负的其他两角余弦之积加上这两角正弦及其夹边余弦之积。

将角的余弦公式移项,可得

$$\cos a = \frac{\cos A + \cos B \cos C}{\sin B \sin C} \qquad (2-62)$$

$$\cos b = \frac{\cos B + \cos A \cos C}{\sin A \sin C} \qquad (2-63)$$

$$\cos c = \frac{\cos C + \cos A \cos B}{\sin A \sin B} \qquad (2-64)$$

式(2-62)~式(2-64)可用于已知三角求边。

(二) 正弦公式

由式(2-55)可得

$$\sin^2 A = 1 - \cos^2 A = 1 - \left(\frac{\cos a - \cos b \cos c}{\sin b \sin c}\right)^2$$

$$= \frac{1 - \cos^2 a - \cos^2 b - \cos^2 c + 2\cos a \cos b \cos c}{\sin^2 b \sin^2 c} \qquad (2-65)$$

现将式(2-65)写为

$$\sin A = \frac{\sqrt{1 - \cos^2 a - \cos^2 b - \cos^2 c + 2\cos a \cos b \cos c}}{\sin b \sin c} = \frac{m}{\sin b \sin c} \qquad (2-66)$$

在式(2-66)中,有

$$m = \sqrt{1 - \cos^2 a - \cos^2 b - \cos^2 c + 2\cos a \cos b \cos c} \qquad (2-67)$$

因为球面三角形的边、角都大于0°小于180°,故 $\sin A$、$\sin b$、$\sin c$ 皆为正值。同理可得

$$\sin B = \frac{m}{\sin a \sin c} \qquad (2-68)$$

$$\sin C = \frac{m}{\sin a \sin b} \qquad (2-69)$$

将式(2-67)~式(2-69)两边同时除以各角对边的正弦后,有

$$\frac{\sin A}{\sin a} = \frac{\sin B}{\sin b} = \frac{\sin C}{\sin c} = \frac{m}{\sin a \sin b \sin c} \qquad (2-70)$$

可获得正弦公式,即

$$\frac{\sin A}{\sin a} = \frac{\sin B}{\sin b} = \frac{\sin C}{\sin c} \qquad (2-71)$$

正弦公式可用于已知两边一对角求另一对角,或已知两角一对边求另一对边。

正弦公式用文字叙述为,球面三角形各角的正弦与其对边的正弦成比例。

(三) 正余弦公式(五元素公式或五联公式)

1. 边角正余弦公式

将式(2-52)代入式(2-54),可得

$$\cos c = (\cos b \cos c + \sin b \sin c \cos A)\cos b + \sin a \sin b \cos C$$

$$= \cos^2 b \cos c + \cos b \sin b \sin c \cos A + \sin a \sin b \cos C \qquad (2-72)$$

提出式(2-72)中的 $\cos c$ 后,有

$$\cos c(1-\cos^2 b) = \cos b\sin b\sin c\cos A + \sin a\sin b\cos C \quad (2-73)$$

即

$$\cos c\sin^2 b = \cos b\sin b\sin c\cos A + \sin a\sin b\cos C \quad (2-74)$$

由式(2-74)可得

$$\sin a\cos C = \sin b\cos c - \cos b\sin c\cos A \quad (2-75)$$

同理,有

$$\sin a\cos B = \sin c\cos b - \cos c\sin b\cos A \quad (2-76)$$

$$\sin b\cos A = \sin c\cos a - \cos c\sin a\cos B \quad (2-77)$$

$$\sin b\cos C = \sin a\cos c - \cos a\sin c\cos B \quad (2-78)$$

$$\sin c\cos A = \sin b\cos a - \cos b\sin a\cos C \quad (2-79)$$

$$\sin c\cos B = \sin a\cos b - \cos a\sin b\cos C \quad (2-80)$$

式(2-75)~式(2-80)称为边角正余弦公式,它们表示了球面三角形中 3 个边和 2 个角五个元素间的关系。

2. 角边正余弦公式

设球面 $\triangle ABC$ 的极线三角形为 $\triangle A'B'C'$。在极线 $\triangle A'B'C'$ 中,有

$$\sin a'\cos B' = \sin c'\cos b' - \cos c'\sin b'\cos A' \quad (2-81)$$

依据原球面三角形与其极线三角形的边角关系,进行代换后,有

$$\sin(180°-A)\cos(180°-b)$$
$$= \sin(180°-C)\cos(180°-B) - \cos(180°-C)\sin(180°-B)\cos(180°-a)$$
$$(2-82)$$

将式(2-82)整理后,可得

$$\sin A\cos b = \sin C\cos B + \cos C\sin B\cos a \quad (2-83)$$

同理,可得

$$\sin A\cos c = \sin B\cos C + \cos B\sin C\cos a \quad (2-84)$$

$$\sin B\cos a = \sin C\cos A + \cos C\sin A\cos b \quad (2-85)$$

$$\sin B\cos c = \sin A\cos C + \cos A\sin C\cos b \quad (2-86)$$

$$\sin C\cos a = \sin B\cos A + \cos B\sin A\cos c \quad (2-87)$$

$$\sin C\cos b = \sin A\cos B + \cos A\sin B\cos c \quad (2-88)$$

式(2-83)~式(2-88)称为角边正余弦公式,它表示了球面三角形 3 个角和 2 个边五个元素间的关系。

(四)余切公式(相邻四元素公式或四联公式)

将式(2-83)除以 $\sin B$,可得

$$\frac{\sin A}{\sin B}\cos b = \cot B \sin C + \cos C \cos a \tag{2-89}$$

因为有

$$\frac{\sin A}{\sin B} = \frac{\sin a}{\sin b} \tag{2-90}$$

将式(2-90)代入式(2-89),可得

$$\cot b \sin a = \cot B \sin C + \cos C \cos a \tag{2-91}$$

同理,有

$$\cot b \sin c = \cot B \sin A + \cos A \cos c \tag{2-92}$$
$$\cot a \sin b = \cot A \sin C + \cos C \cos b \tag{2-93}$$
$$\cot a \sin c = \cot A \sin B + \cos B \cos c \tag{2-94}$$
$$\cot c \sin a = \cot C \sin B + \cos B \cos a \tag{2-95}$$
$$\cot c \sin b = \cot C \sin A + \cos A \cos b \tag{2-96}$$

式(2-91)~式(2-96)称为余切公式,它表示了球面三角形相邻四元素中2个边和2个角之间的关系,可用于已知两边及其夹角求相邻的另一角或已知两角及其夹边求相邻的另一边。

(五)球面任意三角形的改化公式

球面三角形的改化公式有半角公式、半边公式、半角和半角差半边和半边差公式(又称为德朗布尔(Delambre)方程和纳比尔(Nabil)相似方程)及半正矢公式等。基本公式定值大多为正弦和余弦,在所求值接近90°、0°和180°时定值不精确。从使用计算机编程来看,上述问题已基本不必顾虑,但在快速、近似计算中,本节所给出的结果仍具有一定的意义。下面仅对半角公式加以推证,其他公式自行完成。

1. 半角正弦公式

由球面三角形的边的余弦公式,有

$$\begin{aligned}
\cos a &= \cos b \cos c + \sin b \sin c \cos A \\
&= \cos b \cos c + \sin b \sin c [1 - 2\sin^2(A/2)] \\
&= \cos b \cos c + \sin b \sin c - 2\sin b \sin c \sin^2(A/2)
\end{aligned} \tag{2-97}$$

则

$$\sin^2 \frac{A}{2} \sin b \sin c = \cos(b-c) - \cos a = \sin \frac{1}{2}(a+b-c) \sin \frac{1}{2}(a-b+c) \tag{2-98}$$

现设

$$p = (a+b+c)/2 \tag{2-99}$$

则

$$p - b = \frac{1}{2}(a + b + c) - \frac{b}{2} = \frac{1}{2}(a + c - b) \qquad (2-100)$$

同理,有

$$p - a = \frac{1}{2}(b + c - a), \quad p - c = \frac{1}{2}(a + b - c) \qquad (2-101)$$

将式(2-99)~式(2-101)代入式(2-98),可得

$$\sin \frac{A}{2} = \sqrt{\frac{\sin(p-b)\sin(p-c)}{\sin b \sin c}} \qquad (2-102)$$

同理,可得

$$\sin \frac{B}{2} = \sqrt{\frac{\sin(p-a)\sin(p-c)}{\sin a \sin c}} \qquad (2-103)$$

$$\sin \frac{C}{2} = \sqrt{\frac{\sin(p-a)\sin(p-b)}{\sin a \sin b}} \qquad (2-104)$$

式(2-102)~式(2-104)称为半角正弦公式,因球面三角形各边均大于0°小于180°,故在计算中,根号取正值。

2. 半角余弦公式

现将边的余弦公式中的 $\cos A$ 用 $2\cos^2 A/2 - 1$ 代替,采用上述方法整理并化简后,可得半角余弦公式,即

$$\cos \frac{A}{2} = \sqrt{\frac{\sin p \sin(p-a)}{\sin b \sin c}} \qquad (2-105)$$

$$\cos \frac{B}{2} = \sqrt{\frac{\sin p \sin(p-b)}{\sin a \sin c}} \qquad (2-106)$$

$$\cos \frac{C}{2} = \sqrt{\frac{\sin p \sin(p-c)}{\sin a \sin b}} \qquad (2-107)$$

3. 半角正切公式

将式(2-102)~式(2-104)除以式(2-105)~式(2-107)中相应各式,可得半角正切公式,即

$$\tan \frac{A}{2} = \sqrt{\frac{\sin(p-b)\sin(p-c)}{\sin p \sin(p-a)}} \qquad (2-108)$$

$$\tan \frac{B}{2} = \sqrt{\frac{\sin(p-a)\sin(p-c)}{\sin p \sin(p-b)}} \qquad (2-109)$$

$$\tan \frac{C}{2} = \sqrt{\frac{\sin(p-a)\sin(p-b)}{\sin p \sin(p-c)}} \qquad (2-110)$$

上述各半角公式给出了一角和三边间的关系,可用于已知球面三角形三边

求角的运算。

二、球面直角三角形公式

在球面三角形中，有一个以上的角为直角(90°)，则称此球面三角形为球面直角三角形。当三个角均为直角时，球面三角形三个边也均为90°；当有两个角为直角时，两直角的对边为90°，两直角的夹边与其对角同度。这两种球面直角三角形边角关系固定，下面要研究的是一个角为直角的球面直角三角形。

(一)球面直角三角形边角间的函数关系

设在球面直角 $\triangle ABC$ 中，$A = 90°$，则 $\sin A = 1$，$\cos A = 0$，$\cot A = 0$。代入球面任意三角形基本公式的余弦(边、角)公式、正弦公式和余切公式含有 A 的式子中，即得到 10 个包含三个要素的球面直角三角形公式，如表 2 – 1 所列。

表 2 – 1 球面直角三角形公式

序号	球面任意三角形公式	球面直角三角形公式
1	$\cos a = \cos b\cos c + \sin b\sin c\cos A$	$\cos a = \cos b\cos c$
2	$\cos A = -\cos B\cos C + \sin B\sin C\cos a$	$\cos a = \cot B\cot C$
3	$\cos B = -\cos A\cos C + \sin A\sin C\cos b$	$\cos B = \sin C\cos b$
4	$\cos C = -\cos A\cos B + \sin A\sin B\cos c$	$\cos C = \sin B\cos c$
5	$\sin a\sin B = \sin b\sin A$	$\sin b = \sin a \cdot \sin B$
6	$\sin a\sin C = \sin c\sin A$	$\sin c = \sin a \cdot \sin C$
7	$\cot a\sin b = \cot A\sin C + \cos C\cos b$	$\cos C = \cot a \cdot \tan b$
8	$\cot a\sin c = \cot A\sin B + \cos B\cos c$	$\cos B = \cot a \cdot \tan c$
9	$\cot b\sin c = \cot B\sin A + \cos C\cos c$	$\sin c = \cot B \cdot \tan b$
10	$\cot c\sin b = \cot C\sin A + \cos A\cos b$	$\sin b = \cot C \cdot \tan c$

现将表 2 – 1 中的 10 个公式，通过"合并"重新写成如下形式：

$$\cos a = \cos b \cdot \cos c = \cot B \cdot \cot C \qquad (2-111)$$

$$\sin b = \sin a \cdot \sin B = \cot C \cdot \tan c \qquad (2-112)$$

$$\sin c = \sin a \cdot \sin C = \cot B \cdot \tan b \qquad (2-113)$$

$$\cos B = \sin C \cdot \cos b = \cot a \cdot \tan c \qquad (2-114)$$
$$\cos C = \sin B \cdot \cos c = \cot a \cdot \tan b \qquad (2-115)$$

当 B 为直角或 C 为直角时,也都可以分别得到对应的 10 个公式,总共有 30 个公式。

(二)球面直角三角形的边、角特性

由球面直角三角形公式,可以得出球面直角三角形边、角具有以下三个特性。

(1)球面直角三角形中,若夹直角的两个边同时大于或小于 $90°$,则直角的对边小于 $90°$;若夹直角的两个边不同时大于或小于 $90°$,则直角的对边大于 $90°$。

设球面 $\triangle ABC$ 中,$A = 90°$,则有 $\cos a = \cos b \cos c$。若夹直角的两边 b、c 同时大于或小于 $90°$,则 $\cos a > 0$,$a < 90°$。若 b、c 不同时大于或小于 $90°$,则 $\cos a < 0$,$a > 90°$。

(2)球面直角三角形中,若另两角同时大于或小于 $90°$,则直角对边小于 $90°$;若另两角不同时大于或小于 $90°$,则直角对边大于 $90°$。这一特性可根据公式 $\cos a = \cot B \cdot \cot C$ 加以证明。

(3)球面直角三角形夹直角的两边与其对角同时大于或小于 $90°$。这一特性可根据公式 $\cos B = \sin C \cdot \cos b$ 和 $\cos C = \sin B \cdot \cos c$ 加以证明。

利用这些特性可以判断球面直角三角形的解中应为一个解还是两个解。因为球面直角三角形公式中有用正弦函数定值的,而某一正弦函数值在 $0° \sim 180°$ 中对应有两个角度值,这就需要用特性加以判断。

三、球面直边三角形公式

在球面三角形中,有一个以上的边为直边($90°$),则称此球面三角形为球面直边三角形。当三个边均为 $90°$ 时,球面三角形三个角也均为 $90°$,当有两个边为 $90°$ 时,此两边的对角也为 $90°$,两边的夹角与其对边同度。这两种球面直边三角形边角有固定关系,下面要研究的是一个边为直边的球面直边三角形。

(一)球面直边三角形边角间的函数关系

设在球面直边 $\triangle ABC$ 中,$a = 90°$,则 $\sin a = 1$,$\cos a = 0$,$\cot a = 0$。代入球面三角形基本公式的余弦(边、角)公式、正弦公式和余切公式中含有 a 的式子,即得到 10 个包含三个要素的球面直边三角形公式,如表 2-2 所列。

表 2–2　球面直边三角形公式

序号	球面任意三角形公式	球面直边三角形公式
1	$\cos a = \cos b \cos c + \sin b \sin c \cos A$	$\cos A = -\cot b \cot c$
2	$\cos b = \cos a \cos c + \sin a \sin c \cos B$	$\cos b = \sin c \cos B$
3	$\cos c = \cos a \cos b + \sin a \sin b \cos C$	$\cos c = \sin b \cos C$
4	$\cos A = -\cos B \cos C + \sin B \sin C \cos a$	$\cos A = -\cos B \cos C$
5	$\sin a \sin B = \sin b \sin A$	$\sin B = \sin b \sin A$
6	$\sin a \sin C = \sin c \sin A$	$\sin C = \sin c \sin A$
7	$\cot a \sin b = \cot A \sin C + \cos C \cos b$	$\cos b = -\cot A \tan C$
8	$\cos a \cot a \sin c = \cot A \sin b + \cos B \cos c$	$\cos c = -\cot A \tan B$
9	$\cot b \sin a = \cot B \sin C + \cos C$	$\sin C = \cot b \tan B$
10	$\cot c \sin a = \cot C \sin B + \cos B \cos a$	$\sin b = \cot c \tan C$

与前相似,现将表 2–2 中的 10 个公式,通过"合并"重新写成如下形式:

$$\cos A = -\cos B \cos C = -\cot b \cot c \qquad (2-116)$$

$$\sin B = \sin b \sin A = \cot c \tan C \qquad (2-117)$$

$$\sin C = \sin c \sin A = \cot b \tan B \qquad (2-118)$$

$$\cos b = \sin c \cos B = -\cot A \tan C \qquad (2-119)$$

$$\cos c = \sin b \cos C = -\cot A \tan B \qquad (2-120)$$

当 b 为直边或 c 为直边时,也都可以分别得到相应的 10 个计算公式,由此总共可以获得 30 个公式。

(二)球面直边三角形边、角特性

由球面直边三角形公式,可以得出球面直边三角形边、角的三个特性。

(1)球面直边三角形中,若夹直边的两角同时大于或同时小于 90°,则直边的对角大于 90°;若夹直边的两角不同时大于或小于 90°,则直边的对角小于 90°。

设球面 $\triangle ABC$ 中,$a = 90°$,则有 $\cos A = -\cos B \cos C$。若夹直边的两角 B、C 同时大于或小于 90°,则 $\cos A < 0, A > 90°$;若 B、C 不同时大于或小于 90°,则 $\cos A > 0, A < 90°$。

(2)球面直边三角形中,若另两边同时大于或小于 90°,则直边对角大于 90°;若另两边不同时大于或小于 90°,则直边对角小于 90°。这一特性可根据公

式 $cosA = -cotbcotc$ 加以证明。

(3)球面直边三角形夹直边的两角与其对边同时大于或小于90°。这一特性可根据公式 $cosb = sinccosB$ 和 $cosc = sinbcosC$ 加以证明。

利用这些特性可以判断球面直边三角形的解。

第四节　球面初等三角形公式

球面初等三角形分为球面小三角形与球面窄三角形两种。在球面初等三角形中,一些很小的边和角的三角函数将用其展开式代替,所以下面先研究边和角小到什么范围时可以用展开式代替,然后再研究球面初等三角形。

一、小角度的三角函数

将三角函数展开为幂级数,有

$$sinx = x - \frac{x^3}{3!} + \frac{x^5}{5!} + \cdots \quad (2-121)$$

$$cosx = 1 - \frac{x^2}{2!} + \frac{x^4}{4!} + \cdots \quad (2-122)$$

$$tanx = x + \frac{x^3}{3} + \frac{2x^5}{15} + \cdots \quad (2-123)$$

若设所求角度的误差 $\Delta = 0.1' = 0.0000290888$ rad,设

$$sinx \approx x \quad (2-124)$$

$$|sinx - x| < \frac{x^3}{6} = \Delta \quad (2-125)$$

得

$$x = 0.0558846 \text{rad} = 3.20195° \quad (2-126)$$

即当 x 在小于3.2°范围内,令 $sinx \approx x$ 时,其误差 $\Delta \leq 0.1'$。

同样,设

$$cosx \approx 1 \quad (2-127)$$

则

$$|cosx - 1| < \frac{x^2}{2} = \Delta \quad (2-128)$$

得

$$x = 0.007627 \text{rad} = 0.437° \quad (2-129)$$

即 x 在小于0.437°范围内取 $cosx \approx 1$,其误差 $\Delta \leq 0.1'$。

现取

$$\left|\cos x - \left(1 - \frac{x^2}{2}\right)\right| < \frac{x^4}{4!} = \Delta \qquad (2-130)$$

得

$$x = 0.162549 \text{rad} = 9.313° \qquad (2-131)$$

即 x 在小于 $9.3°$ 范围内取 $\cos x \approx 1 - \frac{x^2}{2}$，其误差 $\Delta \leq 0.1'$。

同样，设

$$\tan x = x \qquad (2-132)$$

则

$$|\tan x - x| < \frac{x^3}{3} = \Delta \qquad (2-133)$$

得

$$x = 0.04435 \text{rad} = 2.541° \qquad (2-134)$$

即 x 在小于 $2.541°$ 范围内取 $\tan x \approx x$，其误差 $\Delta \leq 0.1'$。

二、球面小三角形公式

如果球面三角形的三边与其球的半径相比都很小，则此球面三角形称为球面小三角形。从球面三角形的几何性质知道球面三角形三角之和大于 $180°$，同时也知道平面三角形三角之和等于 $180°$。两者的差值（$A+B+C-180°$）称为球面角盈（有的称为球面角超或球面剩余）。球面角盈的计算公式有多种，当球面三角形较小时，可获得近似公式为

$$E = \frac{S}{R^2 \text{arc}1''} \qquad (2-135)$$

式中：S 为球面三角形的面积，$S = \sqrt{p(p-a)(p-b)(p-c)}$，$p = \frac{1}{2}(a+b+c)$，$a$、$b$、$c$ 为球面三角形的边（球面三角形面积公式可参阅其他球面三角学）；R 为球的半径。

对面上各边边长相等的球面小三角形，按公式可以计算，当边长为 $50'$（50n mile）时，$E = 18.867''$，平均分配到各角则为 $6''$（$= 0.1'$）。故当准确性要求在 $0.1'$ 以内时，地面上的球面小三角形各边长应小于 $50'$，这里可直接按平面三角形相关公式进行计算。涉及此结论的计算公式也可以从球面三角形基本公式导出，其步骤如下。

现有

$$\frac{\sin a}{\sin A} = \frac{\sin b}{\sin B} = \frac{\sin c}{\sin C} \tag{2-136}$$

对球面三角形的边长,采用近似计算公式 $\sin x = x$,有

$$\frac{a}{\sin A} = \frac{b}{\sin B} = \frac{c}{\sin C} \tag{2-137}$$

即变化为平面三角形的正弦定理。

对

$$\cos a = \cos b \cdot \cos c + \sin b \cdot \sin c \cdot \cos A \tag{2-138}$$

采用近似计算公式 $\cos x = 1 - \frac{x^2}{2}$,则

$$1 - \frac{a^2}{2} = \left(1 - \frac{b^2}{2}\right)\left(1 - \frac{c^2}{2}\right) + b \cdot c \cdot \cos A \tag{2-139}$$

忽略 $b^2 c^2$,并整理后,可得

$$a^2 = b^2 + c^2 - 2b \cdot c \cdot \cos A \tag{2-140}$$

变化为平面三角形的余弦定理(平面直角三角形公式也可从球面直角三角形公式得到)。上述各公式中,边的单位为弧度。由于等式两端各项中边的次数相等,当以度、分、秒为单位时,上述各公式的形式不变。例如,针对正弦公式,其原型为

$$a = \frac{b \sin A}{\sin B} \tag{2-141}$$

当采用度、分、秒为单位时,有

$$a' \text{arc} 1' = \frac{b' \text{arc} 1' \sin A}{\sin B} \tag{2-142}$$

即

$$a' = \frac{b' \sin A}{\sin B} \tag{2-143}$$

上述推导表明,正弦公式在采用了以度、分、秒为单位时,公式的形式不变。其他公式的证明推导相似,不再赘述。

三、球面窄三角形公式

在球面三角形中,若一边和其球的半径相比很小的球面三角形称为球面窄三角形。在这种球面三角形中,小边所对的角很小,另外两边之差也很小,另外两角中一角与另一角的外角近似相等。如图 2-17 所示,a 边为小边,其对角 A 也很小;b、c 间的长度相差很小,即有 $b \sim c$;$B \approx C_{外}$,$C \approx B_{外}$。

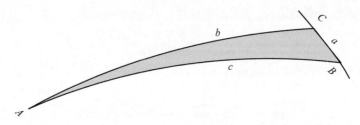

图 2-17 球面窄三角形

由于上述特点,球面三角形公式应用在球面窄三角形时,就可以简化,即可以将某些小量的三角函数取近似值,得出适应球面窄三角形的一些近似计算公式。在航海作业中,经常遇到已知小边、一长边及其夹角求另一长边和小边的对角等类似计算对象。下面参考图 2-17 来推导出两个近似公式,以便在实际工作中使用。

1. 求小边的对角 A 的近似公式

根据正弦公式,有

$$\sin A = \frac{\sin a \sin B}{\sin b} = \frac{\sin a \sin B}{\sin[c-(c-b)]} = \frac{\sin a \sin B}{\sin c \cos(c-b) - \cos c \sin(c-b)}$$

$$(2-144)$$

依前述,由于 A、a、$(c-b)$ 均很小,取其函数的近似计算公式,有

$$A = \frac{a\sin B}{\sin c - \cos c(c-b)} = \frac{a\sin B}{\sin c[1-(c-b)\cot c]} = \frac{a\sin B[1+(c-b)\cot c]}{\sin c[1-(c-b)^2\cot^2 c]}$$

$$= \frac{a\sin B}{\sin c}[1+(c-b)\cot c] = \frac{a\sin B}{\sin c} + \frac{a\sin B}{\sin c}(c-b)\cot c \qquad (2-145)$$

又因为 c 不会很小,即 $\cot c$ 不会很大,因而 $a(c-b)\cot c$ 可忽略不计,则得 A 角的第一次近似计算公式为

$$A_1 = \frac{a\sin B}{\sin c} \qquad (2-146)$$

A 角的第二次近似计算公式为

$$A_2 = A_1 + A_1(c-b)\cot c \qquad (2-147)$$

2. 求另一长边 b 的近似公式

为了求出 b 边,首先求出 $(c-b)$,然后根据 c 和 $(c-b)$ 求出 b 边。根据正余弦公式,有

$$\begin{cases} \sin a\cos B = \sin c\cos b - \cos c\sin b\cos A \\ \qquad\quad = \sin c\cos b - \cos c\sin b\left(1 - 2\sin^2\dfrac{A}{2}\right) \\ \qquad\quad = \sin(c-b) + 2\cos c\sin b\sin^2\dfrac{A}{2} \\ \sin(c-b) = \sin a\cos B - 2\cos c\sin b\sin^2\dfrac{A}{2} \end{cases} \quad (2-148)$$

由于$(c-b)$、a很小可取近似值,角A取第一次近似值A_1,且顾及$c \approx b$,得

$$(c-b) = a\cos B - 2\cos c\sin b\left(\dfrac{a\sin B}{2\sin c}\right)^2 = a\cos B - \dfrac{a^2}{2}\sin^2 B\cot c \quad (2-149)$$

对式(2-149)取第一次近似公式,得

$$(c-b)_1 = a\cos B \quad (2-150)$$

对式(2-149)取第二次近似公式,得

$$(c-b)_2 = (c-b)_1 - \dfrac{a^2}{2}\sin^2 B\cot c \quad (2-151)$$

将$(c-b)_1$代入式(2-147)中,得

$$A_2 = \dfrac{a\sin B}{\sin c} + \dfrac{a^2\sin B\cos B}{\sin c}\cot c = \dfrac{a\sin B}{\sin c} + \dfrac{a^2}{2}\sin 2B\cot c\csc c \quad (2-152)$$

球面窄三角形公式在研究球面三角形误差及求某些修正量时都将用到。

小 结

本章主要介绍球面三角形基本知识,包括球面上的基本量及其度量、球面三角形及其相互关系、球面三角形的边角关系以及球面初等三角形公式。其中,前两部分内容是基础,后两部分内容是关键,特别是余弦公式、正弦公式、余切公式及球面初等三角形公式等在航海专业课程中的广泛使用,需要引起学习者高度重视。球面任意三角形公式具有普适性,球面直角(直边)三角形、球面窄三角形公式则是特定条件下的特殊运用,学习者要充分把握知识间的逻辑联系。

习 题

1. 思考题:
(1)试述大圆弧和小圆弧的定义。
(2)试述球面角的度量方法。

(3)试述极、极距、极线的定义。

(4)球面上一点到某一大圆弧上任意两点的球面距离均为90°,则该大圆必是这一点的极线的说法是否正确?为什么?

(5)试述球面三角形的定义,以及球面三角形与球心三面角的对应关系。

(6)试述球面极线三角形的定义。

(7)试述球面三角形与其极线三角形的关系。

(8)试述球面直角三角形的基本性质。

(9)试述球面直边三角形的基本性质。

(10)试述球面初等三角形的定义和基本特征。

(11)为什么球面上的距离用角度来度量?

(12)如果一个球面角的两边均为90°,那么该球面角如何度量最合适?为什么?

(13)通过极的大圆弧与该极的极线构成怎样的球面角?为什么?

(14)已知球面三角形的三个角分别为90°、90°、30°,试求该球面三角形三边各为何值?

2. 设球面 $\triangle ABC$ 中, $a + b = 180°$。试证: $A + B = 180°$。

3. 在球面 $\triangle ABC$ 中,求证: $-90° < \frac{1}{2}(A + B - C) < +90°, 0° < \frac{1}{2}(a + b - c) < 180°$。

4. 在球面 $\triangle ABC$ 中,设 $P = \frac{1}{2}(A + B + C), p = \frac{1}{2}(a + b + c)$。试证:

(1) $\cos(P - B) > 0, \cos P < 0$;

(2) $\sin(p - a) > 0, \sin p > 0$。

5. 如图 1 所示,设大圆弧 $\widehat{AB}$ 和小圆弧 $\widehat{ab}$ 所对的圆心角相等,试求该大圆弧与小圆弧长度之间的关系式。

6. 如图 2 所示,设 P_1、P_2 分别为大圆 AA' 和 BB' 的极,试证:

(1)大圆 AA' 和 BB' 的交点 R 为过 P_1、P_2 两点的大圆的极;

(2) $\widehat{P_1P_2} = \widehat{AB}$。

7. 如图 3 所示,设 P_1、P_2 分别为大圆 AA' 和 BB' 的极,且两大圆相交于 K_1,当 P_2 移到位置 P_3 时,其极线也移到位置 CC',并与 AA' 交于 K_2。试证:

(1) K_2 为大圆 P_1P_3 的极;

(2) $\widehat{DA} = \widehat{k_1k_2}$;

(3) $\angle P_3P_1P_2 = \widehat{k_1k_2}$。

8. 如图 4 所示,设 P_1、P_2 分别为大圆 AA' 和 BB' 的极,且两大圆交于 K,在

KA 和 KB 上各取一点 M 和 N,使 $\widehat{KM} > \widehat{KN}$,并作大圆弧 P_1M 和 P_2N。试证:$\angle 1 < \angle 3 < \angle 2$。

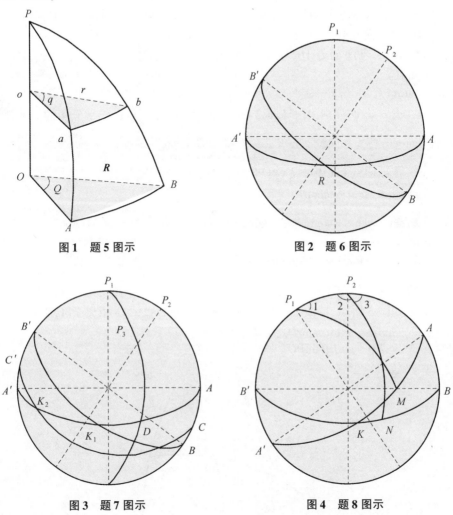

图 1　题 5 图示　　　　　　图 2　题 6 图示

图 3　题 7 图示　　　　　　图 4　题 8 图示

9. 试证球面三角形的外角小于不相邻的两内角之和而大于它们之差。

10. 设 D 为球面 $\triangle ABC$ 内的一点,自 D 用大圆弧连接某一边的两个端点,求证:该两大圆弧之和小于球面三角形其余两边之和。

11. 设 D 为球面 $\triangle ABC$ 中 AB 边的中点。求证:$\cos a + \cos b = 2\cos c/2 \cos CD$。

12. 设 D 为球面 $\triangle ABC$ 中 BC 边上的任意一点。求证:$\sin a \cos AD = \cos c \sin CD + \cos b \sin BD$。

13. 证明在球面三角形中,有 $1 - \cos a = 1 - \cos(b-c) + \sin b \sin c(1 - \cos A)$;

$1 - \cos A = 1 + \cos(B+C) + \sin B \sin C(1 - \cos a)$。

14. 设球面 $\triangle ABC$ 中，$B = C$，求证：$\cos c = \cot C \cot A/2$。

15. 证明在球面 $\triangle ABC$ 中，有 $\cos b \cos c \cos A + \sin b \sin c = \sin B \sin C - \cos B \cos C \cos a$。

16. 设球面 $\triangle ABC$ 中，$A = a$，求证：B 与 b、C 与 c 相等或相补。

17. 设 D 为球面 $\triangle ABC$ 中 AB 边的中点，$\angle BCD = x$，$\angle ACD = y$，求证：$\dfrac{\sin x}{\sin y} = \dfrac{\sin b}{\sin a}$。

18. 设 θ、φ、ψ 分别为由球面 $\triangle ABC$ 顶点 A、B、C 至对边作平分角的大圆弧，求证：$\cot\theta \cos\dfrac{1}{2}A + \cot\varphi \cos\dfrac{1}{2}B + \cot\psi \cos\dfrac{1}{2}C = \cot a + \cot b + \cot c$。

19. 在球面 $\triangle ABC$ 中，设 $C = 90°$。求证：

（1）$\tan a \cos c = \sin b \cot B$；

（2）$\sin(a - b) = \sin a \tan\dfrac{A}{2} - \sin b \tan\dfrac{B}{2}$；

（3）$\sin(c - a) = \sin b \cos a \tan\dfrac{B}{2}$；

（4）$\sin^2 A = 1 - \sin^2 B \cos^2 a$。

20. 如图 5 所示，球面上两个三角形 $\triangle PAB$ 与 $\triangle QAC$ 尽相交于 A、B、C、D 四点，求证：$\dfrac{\sin AQ}{\sin BQ} = \dfrac{\sin AC \sin PD}{\sin BD \sin PC}$。

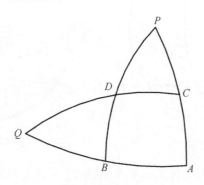

图 5　题 20 图示

21. 在球面 $\triangle ABC$ 中，设 $C = 90°$，D 为 AB 边的中点，连接 CD。求证：$4\sin^2 CD \cos^2 c/2 = \sin^2 a + \sin^2 b$。

22. 在球面 $\triangle ABC$ 中，设 $c = 90°$。求证：$\cos^2 B \sin^2 C = \dfrac{1}{4}\sin^2 b \sin^2 2C + \cos^2 B \sin^2 A$。

第 三 章

航海中球面三角形典型应用

根据球面三角形的已知要素,按已知要素和未知要素间的函数关系,将未知要素解算出来的方法称为球面三角形的解法。将球面三角形解法与航海典型运用相结合,根据实际条件明确已知要素,选择相应解法公式,进而实现航海典型运用。

第一节 球面三角形求解的一般方法

解算球面三角形是航海实践中经常要做的工作,必须严肃对待、认真细致地进行,并找准已知要素,灵活选择球面三角形公式。

一、解球面三角形的一般步骤

在球面三角形的6个要素中,必须已知3个要素的值,才能求出其他的未知要素。已知的3个要素有6种情况。
(1)已知两边一夹角,求其余一边及两角。
(2)已知两角一夹边,求其余一角及两边。
(3)已知两边一对角,求其余一边及两角。
(4)已知两角一对边,求其余一角及两边。
(5)已知三边,求三角。
(6)已知三角,求三边。
以上6种情况,在航海上遇到较多的是第一、三、五种,第六种情况则极少遇到,解的未知要素一般为1~2个。在求解球面三角形时,应关注以下主要事项。
(1)按球面三角形已知要素和所求未知要素选择适当的公式。选择公式时应注意以下两点。

①尽量利用未知要素为正切和余切的公式,因为正切、余切函数变化快,用这种函数确定未知数,其精度较高。尽量避免用接近 90°的正弦或接近 0°、180°的余弦函数确定未知数,因为在这些角度上,正弦、余弦函数变化不明显,用于确定未知数时,精度较低。

②除第三、四种情况必须用正弦函数求解外,一般尽量避免用正弦函数求解。因为正弦函数在 0°~180°范围内存在双值(一个函数值对应两个角度值),需要判断哪一个值符合所解的球面三角形。

(2)根据已知要素确定各函数的正负号及所求结果函数的正负号。

(3)有条件时应对计算结果进行验核,验核可用正弦公式。有时还必须作出球面三角形的示意图形进行验核和分析。

二、球面三角形的一般求解公式

1. 已知两边一夹角

设已知 a、b、C,求另一边用边的余弦公式,即

$$\cos c = \cos a \cos b + \sin a \sin b \cos C \quad (3-1)$$

求另外两角可用余切公式,即

$$\cot A = \cot a \sin b \csc C - \cot C \cos b \quad (3-2)$$

同样可求出 B 角,这个问题在航海上经常遇到。同时,求另一边及两角时,可用纳比尔相似方程先求出另两角,然后再求出另一边。

2. 已知两角一夹边

设已知 A、B、c 求另一角,用角的余弦公式,即

$$\cos C = -\cos A \cos B + \sin A \sin B \cos c \quad (3-3)$$

求另外两边可用余切公式,即

$$\cot a = \cot A \sin B \csc c + \cot c \cos B \quad (3-4)$$

同样可求出 b 边。同时,求另一角及两边时,可用纳比尔相似方程先求出另两边,然后再求出另一角。

3. 已知两边一对角

设已知 a、b、A,先用正弦公式求出一对角,即

$$\sin B = \frac{\sin b \sin A}{\sin a} \quad (3-5)$$

然后,再用其他公式求出另一边及另一角。

4. 已知两角一对边

设已知 A、B、a,先用正弦公式求出另一对边,即

$$\sin b = \frac{\sin B \sin a}{\sin A} \qquad (3-6)$$

然后,再用其他公式求出另一角及另一边。

5. 已知三边

设已知 a、b、c,可用边的余弦公式或半角公式分别求出三角,即

$$\cos A = \frac{\cos a - \cos b \cos c}{\sin b \sin c}, \quad \tan \frac{A}{2} = \sqrt{\frac{\sin(p-b)\sin(p-c)}{\sin p \sin(p-a)}} \qquad (3-7)$$

6. 已知三角

设已知 A、B、C,可用角的余弦公式分别求出三边,即

$$\cos a = \frac{\cos A + \cos B \cos C}{\sin B \sin C} \qquad (3-8)$$

三、解的判别

对于上述第一、二、五、六种情况,根据已知要素就可以得到一个确定的球面三角形,未知要素的解也是确定、唯一的。对于第三、四种情况,根据已知要素的不同数值,可能得到一个确定的球面三角形,也可能得到两个球面三角形,还可能一个球面三角形也得不出来。这就需要根据球面三角形大边对大角、等边对等角等边角间的性质加以判断,求出未知要素的合理的解。

设已知球面 $\triangle ABC$ 的 a、b、A,求 B。由正弦公式,有

$$\sin B = \frac{\sin b \sin A}{\sin a} \qquad (3-9)$$

从式(3-9)可知,除 $\sin B = 1$ 外,每个 $\sin B$ 都对应两个 B 值。如图 3-1 所示。设两个值为 B_1、B_2,显然 $B_1 + B_2 = 180°$。从前面图形分析可知,B_1、B_2 不能都是 B 角的解,这就需要根据边角间的性质进行判别。

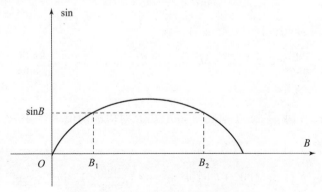

图 3-1　每个 $\sin B$ 都对应两个 B 值

设 $A<90°, b<90°$,A、b 为确定值,取 a 为不同值时,看未知要素 B 的解的情况。

(1)当 $a<b$ 时,因为 $\sin a$、$\sin b$、$\sin A$ 均为增函数,则

$$\sin b > \sin a, \quad \frac{\sin b}{\sin a} > 1 \tag{3-10}$$

将式(3-10)代入正弦公式(3-9),则

$$\sin B > \sin A \tag{3-11}$$

若

$$\sin B = \frac{\sin b}{\sin a} \sin A < 1 \tag{3-12}$$

则按大边对大角的性质,B 应大于 A,从图 3-2 中可以看出,B_1、B_2 均大于 A,因此有两个解。

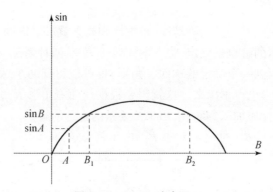

图 3-2 B_1、B_2 均大于 A

若

$$\sin B = \frac{\sin b}{\sin a} \sin A = 1 \tag{3-13}$$

这时 B 角为 $90°$,且 $B>A$,故有一解。

若 $\sin B = \frac{\sin b}{\sin a}\sin A > 1$,即 $\sin b$、$\sin A$ 一定时,$\sin a$ 减小,使 $\frac{\sin b}{\sin a}\sin A > 1$,函数 $\sin B$ 不成立,故无解。

(2)当 $a=b$ 时,$\frac{\sin a}{\sin b}=1$,$\sin B = \sin A$,$\sin B$ 对应的两值 $B_1=A$,$B_2>A$,按等边对等角的性质 B_2 不符合,故有一解。

(3)当 $a<b$ 且 $a<180°-b$ 时,$\sin a > \sin b$,$\frac{\sin b}{\sin a}<1$,$\sin B < \sin A$,$\sin B$ 对应的两值 $B_1<A$,$B_2>A$,如图 3-3 所示。因 B_2 不符合性质,故有一解。

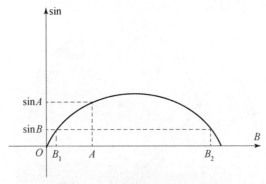

图 3-3 sin$B$ 值 $B_1 < A, B_2 > A$

(4) 当 $a > b$ 且 $a = 180° - b$ 时，$\dfrac{\sin b}{\sin a} = 1$，则 $\sin B = \sin A$，$\sin B$ 对应的两值。$B_1 = A, B_2 > A$，都不符合性质，故无解。

(5) 当 $a > b$，且 $a > 180° - b$ 时，$\dfrac{\sin b}{\sin a} > 1$，则 $\sin B > \sin A$，$\sin B$ 对应的 B_1 和 B_2 都大于 A，也都不符合性质，故无解。

第二节 球面三角形在航海中的典型应用

结合航海工作实际，本节遴选 6 方面航海典型运用问题。以问题为导向，详细介绍球面三角形公式在航海中的典型运用过程和方法步骤，该部分内容与后续航海专业课程紧密结合。

一、求两点间的大圆航向和航程

如图 3-4 所示，北极 P_n、南极 P_s、赤道 QQ'，若已知起航点 $A(\varphi_1, \lambda_1)$ 和到达点 $B(\varphi_2, \lambda_2)$，经差 $D\lambda = \lambda_2 - \lambda_1$（到达点经度 λ_2 减去起航点经度 λ_1，计算过程中，东经取"+"、西经取"-"，即有 $+D\lambda$ 为 E，$-D\lambda$ 为 W）。

由图 3-4 可知，求取两点间的大圆航程 $S = \overset{\frown}{AB}$（大圆弧）、大圆始航向 C_A 和大圆终航向 C_B，可以解算两个球面 $\triangle P_s AB$ 和球面 $\triangle P_n AB$ 中的任意一个。其计算公式在形式上相同，但注意事项有所不同。

1. 使用边的余弦公式求大圆航程 s

$$\cos s = \sin\varphi_1 \sin\varphi_2 + \cos\varphi_1 \cos\varphi_2 \cos|D\lambda| \tag{3-14}$$

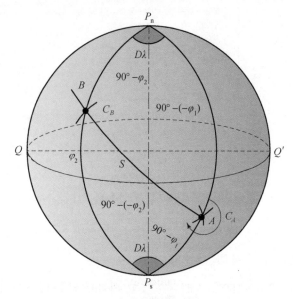

图 3-4　两点间大圆航向和航程示意图

2. 求大圆始航向 C_A

(1) 由四联公式,式(3-14)经整理后,有

$$\begin{cases} \cot\angle P_s AB = \dfrac{\tan\varphi_2\cos\varphi_1}{\sin|D\lambda|} - \dfrac{\sin\varphi_1}{\tan|D\lambda|} \\ \cot\angle P_n AB = \dfrac{\tan\varphi_2\cos\varphi_1}{\sin|D\lambda|} - \dfrac{\sin\varphi_1}{\tan|D\lambda|} \end{cases} \quad (3-15)$$

(2) 由角的余弦公式,式(3-15)经整理后,有

$$\begin{cases} \cos\angle P_s AB = \dfrac{\sin\varphi_2}{\cos\varphi_1\sin s} - \dfrac{\tan\varphi_1}{\tan s} \\ \cos\angle P_n AB = \dfrac{\sin\varphi_2}{\cos\varphi_1\sin s} - \dfrac{\tan\varphi_1}{\tan s} \end{cases} \quad (3-16)$$

3. 求大圆终航向 C_B

(1) 由四联公式,式(3-16)经整理后,有

$$\begin{cases} \cot\angle P_s BA = \dfrac{\tan\varphi_1\cos\varphi_2}{\sin|D\lambda|} - \dfrac{\sin\varphi_2}{\tan|D\lambda|} \\ \cot\angle P_n BA = \dfrac{\tan\varphi_1\cos\varphi_2}{\sin|D\lambda|} - \dfrac{\sin\varphi_2}{\tan|D\lambda|} \end{cases} \quad (3-17)$$

(2) 由角的余弦公式,式(3-17)经整理后,

第三章 航海中球面三角形典型应用

$$\begin{cases} \cos\angle P_sBA = \dfrac{\sin\varphi_1}{\cos\varphi_2 \sin s} - \dfrac{\tan\varphi_2}{\tan s} \\ \cos\angle P_nBA = \dfrac{\sin\varphi_1}{\cos\varphi_2 \sin s} - \dfrac{\tan\varphi_2}{\tan s} \end{cases} \quad (3-18)$$

方法1:解算球面$\triangle P_sAB$。

如图3-4所示,$\widehat{P_sA}=90°-\varphi_1$,计算过程中无论是北纬还是南纬,起航点纬度$\varphi_1$均取"+"。代数和$\widehat{P_sB}=90°-\varphi_2$,$\varphi_2$本身有符号,当$\varphi_2$与$\varphi_1$同名时$\varphi_2$取"+",异名时取"-"。在图3-4中$\varphi_2$为N、$\varphi_1$为S,两者互为异名,则$\varphi_2$取"-",所以,有$\widehat{P_sB}=90°-(-\varphi_2)$。使用式(3-14)~式(3-18)的注意事项如下。

(1)φ_1恒为"+"。

(2)当φ_2与φ_1同名时,φ_2取"+"、异名时取"-",即在计算中,仅φ_2有"±"。

(3)使用反函数求得的$\angle P_sAB$为半圆周角,其第一名称与φ_1同名,第二名称与$D\lambda$同名,将其换算成圆周角即是大圆始航向C_A。

(4)使用反函数求得的$\angle P_sBA$为半圆周角,其第一名称与φ_1同名,第二名称与$D\lambda$异名,将其换算成圆周角,然后求得

$$\text{终航向 } C_B = \angle P_sBA(\text{圆周角}) \pm 180° \begin{cases} D\lambda = W \\ D\lambda = E \end{cases} \quad (3-19)$$

方法2:解算球面$\triangle P_nAB$(北极P_n为几何极)。

北纬为"+",南纬为"-",经差同上。在图3-4中,φ_1为南纬,所以$\widehat{P_sA}=90°-\varphi_1$。使用式(3-14)~式(3-18)时,应注意如下事项。

(1)北纬为"+",南纬为"-",即φ_1、φ_2均有"±"。

(2)使用反函数求得的$\angle P_nBA$为半圆周角,其第一名称为"N",第二名称与$D\lambda$同名,将其换算成圆周角即是大圆始航向C_A。

(3)使用反函数求得的$\angle P_nAB$为半圆周角,其第一名称为"N",第二名称与$D\lambda$异名,再将其换算成圆周角,然后求得

$$\text{终航向 } C_B = \angle P_nBA(\text{圆周角}) \pm 180° \begin{cases} D\lambda = W \\ D\lambda = E \end{cases} \quad (3-20)$$

上述两种方法的解算公式形式是一样的,但两者对应两个球面三角形,因此解算注意事项不尽相同。方法1是以解算与起航点纬度同名的地极为一顶点所构成的球面三角形,这样就需要以φ_1来判断φ_2的符号,使用反函数求得的半圆周角需用φ_1和$D\lambda$的名称来判断。方法2定义了纬度的符号,解算北极P_n为

一顶点所构成的球面三角形,则半圆周角第一名称总是"N",且方法2较方法1少了两步判断。

如果求天体的计算高度和计算方位,则需将地球视为天球,φ_1 定义为测者纬度,φ_2 定义为天体的赤纬,$D\lambda$ 定义为天体的地方半圆时角,求得大圆航程 s 为天体的顶距,则有 $90°-s=$ 天体计算高度,求得的大圆始航向 C_A 就是天体的计算方位。

例 3-1 某船拟从 A 地($\varphi_1 35°12.6'S, \lambda_1 75°30.0'W$)航行到 B 地($\varphi_2 20°20.6'N, \lambda_2 150°42.0'W$),求 AB 两地的大圆航程 s、起航点的大圆始航向 C_A 和到达点的终航向 C_B。

解:$D\lambda = \lambda_2 - \lambda_1 = -150°42.0' - (-75°30.0') = -75°12.0' = 75°12.0'W$。本题示意图同图 3-4。

方法 1:本题到达点纬度 φ_2 与起航点纬度 φ_1 异名,所以 φ_2 为"-"。

(1) 由式(3-14)求两地大圆航程 s:

$$\cos s = \sin\varphi_1 \sin\varphi_2 + \cos\varphi_1 \cos\varphi_2 \cos|D\lambda|$$
$$= \sin 35°12.6' \sin(-20°20.6') + \cos 35°12.6' \cos(-20°20.6') \cos|75°12.0'|$$

由此,有
$$s = 5416.3'$$

(2) 由式(3-15)求起航点的大圆始航向 C_A:

$$\cot\angle P_s AB = \frac{\tan\varphi_2 \cos\varphi_1}{\sin|D\lambda|} - \frac{\sin\varphi_1}{\tan|D\lambda|} = \frac{\tan(-20°20.6')\cos 35°12.6'}{\sin|75°12.0'|} - \frac{\sin 35°12.6'}{\tan|75°12.0'|}$$

$$\angle P_s AB = -65.03° = 180° - 65.03° = 115.0°SW$$

起航点的大圆始航向:
$$C_A = 115.0°SW + 180° = 295.0°$$

(3) 由式(3-17)求到达点的大圆终航向 C_B:

$$\cot\angle P_s BA = \frac{\tan\varphi_1 \cos\varphi_2}{\sin|D\lambda|} - \frac{\sin\varphi_2}{\tan|D\lambda|} = \frac{\tan 35°12.6'\cos(-20°20.6')}{\sin|75°12.0'|} - \frac{\sin(-20°20.6')}{\tan|75°12.0'|}$$

$$\angle P_s BA = 52.2°SE = 127.8°$$

到达点的大圆终航向:
$$C_B = 127.8° + 180° = 307.8°$$

方法 2:北纬为"+",南纬为"-"。$D\lambda = \lambda_2 - \lambda_1 = 75°12.0'W$

(1) 由式(3-14)求两地大圆航程 s:

$$\cos s = \sin\varphi_1 \sin\varphi_2 + \cos\varphi_1 \cos\varphi_2 \cos|D\lambda|$$
$$= \sin(-35°12.6')\sin 20°20.6' + \cos(-35°12.6')\cos 20°20.6' \cos|75°12.0'|$$

由此,有

$$s = 5416.3'$$

(2)由式(3-15)求起航点的大圆始航向 C_A：

$$\cot\angle P_nAB = \frac{\tan\varphi_2\cos\varphi_1}{\sin|D\lambda|} - \frac{\sin\varphi_1}{\tan|D\lambda|} = \frac{\tan20°20.6'\cos(-35°12.6')}{\sin|75°12.0'|} - \frac{\sin(-35°12.6')}{\tan|75°12.0'|}$$

$$\angle P_nAB = 65.0°\text{NW}$$

起航点的大圆始航向：

$$C_A = 360° - 65.0°\text{NW} = 295.0°$$

(3)由式(3-17)求到达点的大圆终航向 C_B：

$$\cot\angle P_nBA = \frac{\tan\varphi_1\cos\varphi_2}{\sin|D\lambda|} - \frac{\sin\varphi_2}{\tan|D\lambda|} = \frac{\tan(-35°12.6')\cos20°20.6'}{\sin|75°12.0'|} - \frac{\sin20°20.6'}{\tan|75°12.0'|}$$

$$\angle P_nBA = -52.2° + 180° = 127.8°\text{NE} = 127.8°$$

到达点的大圆终航向：

$$C_B = 127.8° + 180° = 307.8°$$

二、求两点间大圆混合航线的航向和航程

在航海实践中采用大圆航线时，有时会通过高纬度海区，为了避开高纬海区恶劣的水文气象条件或岛礁等航行危险区，航海人员往往会根据航行季节及航区的自然状况设置一限制纬度 φ_L，要求航线不超过该纬度，同时又尽可能缩短航程，混合航线就是有限制纬度的最短航线。在说明该问题前先阐述大圆弧顶点的概念，大圆弧顶点是大圆弧的最高纬度点，该点处的切线就是纬度线(等纬圈)，也就是说，大圆弧在其顶点处与该处子午线(经线)垂直(成直角)。如果舰船从 A 地航行到 B 地的大圆航线的顶点附近一段航线穿过前述的航行危险区，则航海人员会根据当时的具体情况确定一个限制纬度 φ_L 得到一混合航线。如图 3-5 所示，混合航线由三段组成。

(1)第一段为大圆弧 $\overset{\frown}{AM} = s_1$（大圆航线），其顶点 M 是大圆弧与限制纬度 φ_L 的切点。因此，在点 M 处大圆弧 $\overset{\frown}{AM}$ 与该处的经线 $\overset{\frown}{P_nM}$ 垂直相交。

(2)第二段为等纬圈 $\overset{\frown}{MN} = s_2$，恒向线航线。

(3)第三段为大圆弧 $\overset{\frown}{NB} = s_3$（大圆航线），其顶点 N 是大圆弧与限制纬度 φ_L 的切点。因此，在点 N 处大圆弧 $\overset{\frown}{NB}$ 与该处的经线 $\overset{\frown}{P_nN}$ 垂直相交。

由此可见，在已知起航点和到达点的经纬度和限制纬度的前提下，确定混合航线的 M 和 N 点是关键，使用球面直角三角形定义，解决了 M 和 N 点的确定问题。

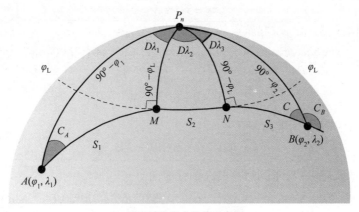

(a) 两点图的混合航线示意图

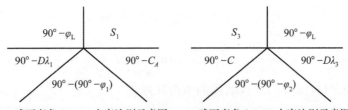

(b) 球面直角△$P_n MA$大字法则示意图　(c) 球面直角△$P_n NB$大字法则示意图

图3-5　两点图的混合航线示意图

在第一段航线$\overset{\frown}{AM}$,球面直角△$P_n MA$($\angle P_n MA = 90°$),根据大字法则,如图3-5所示,有

$$\cos D\lambda_1 = \frac{\tan\varphi_1}{\tan\varphi_L} \tag{3-21}$$

$$\lambda_M = \lambda_1 + D\lambda_1 \tag{3-22}$$

$$\cos s_1 = \frac{\sin\varphi_1}{\sin\varphi_L} \tag{3-23}$$

$$\sin C_A = \frac{\cos\varphi_L}{\cos\varphi_1} \tag{3-24}$$

在第二段航线$\overset{\frown}{MN}$,航向90°或270°(在图3-5中为90°)。由球面几何定理圆心角相等的小圆弧与大圆弧之比等于小圆纬度的余弦,得

$$s_2 = D\lambda_2 \cos\varphi_L \tag{3-25}$$

在第三段航线$\overset{\frown}{NB}$,球面直角△$P_n NB$(其中,$\angle P_n NB = 90°$),根据大字法则,如图3-5所示,有

$$\cos D\lambda_3 = \frac{\tan\varphi_2}{\tan\varphi_L} \tag{3-26}$$

$$\lambda_N = \lambda_2 + D\lambda_3 \tag{3-27}$$

$$\cos s_3 = \frac{\sin\varphi_2}{\sin\varphi_L} \tag{3-28}$$

$$\sin C = \frac{\cos\varphi_L}{\cos\varphi_2} \tag{3-29}$$

使用式(3-26)~式(3-29)时,需要注意事项如下。

(1)纬度恒为"+"。

(2)半圆周角$\angle P_n AM$的第一名称与φ_1同名,第二名称与$D\lambda = \lambda_2 - \lambda_1$同名,再将其换算成圆周角即是大圆始航向$C_A$。

(3)半圆周角$\angle P_n BN = C$第一名称与φ_1同名,第二名称与$D\lambda$异名,再将其换算成圆周角:

$$终航向\ C_B = C(圆周角) \pm 180° \begin{cases} D\lambda = W \\ D\lambda = E \end{cases} \tag{3-30}$$

例3-2 混合航线如图3-5所示。某舰船拟从A地($\varphi_1 36°12.6'$N,$\lambda_1 140°30.0'$E),走限制纬度$\varphi_L 45°$N混合航线到达B地($\varphi_2 40°30.0'$N,$\lambda_2 124°30.0'$W),求混合航线始航向、终航向、分点坐标和航程。

解:(1)求两地经差:

$$D\lambda = \lambda_2 - \lambda_1 = -124°30.0' - 140°30.0' = -265° = 95°\text{E}$$

(2)在第一段航线$\overset{\frown}{AM}$,由球面直角$\triangle P_n MA(\angle P_n MA = 90°)$,有

$$\cos D\lambda_1 = \frac{\tan\varphi_1}{\tan\varphi_L} = \frac{\tan 36°12.6'}{\tan 45°},\ D\lambda_1 = 42°55.9'\text{E}$$

$$\lambda_M = \lambda_1 + D\lambda_1 = 140°30.0'\text{E} + 42°55.9'\text{E} = 183°25.9'\text{E} = 176°34.1'\text{W}$$

$$\cos s_1 = \frac{\sin\varphi_1}{\sin\varphi_L} = \frac{\sin 36°12.6'}{\sin 45°},\ s_1 = 2000.3'$$

$$\sin C_A = \frac{\cos\varphi_L}{\cos\varphi_1} = \frac{\cos 45°}{\cos 36°12.6'},\ C_A = 61.2°\text{NE}$$

(3)第三航段$\overset{\frown}{NB}$始航向为$C_A = 061.2°$NE。在球面直角$\triangle P_n NB$中,$\angle P_n NB = 90°$,有

$$\cos D\lambda_3 = \frac{\tan\varphi_2}{\tan\varphi_L} = \frac{\tan 40°30.0'}{\tan 45°},\ D\lambda_3 = 31°20.5'\text{W}$$

$$\lambda_N = \lambda_2 + D\lambda_3 = 140°30.0'\text{W} + 31°20.5'\text{W} = 155°50.5'\text{W}$$

$$\cos s_3 = \frac{\sin\varphi_2}{\sin\varphi_L} = \frac{\sin 40°30.0'}{\sin 45°},\ s_3 = 1397.9'$$

$$\sin C = \frac{\cos\varphi_L}{\cos\varphi_2} = \frac{\cos 45°}{\cos 40°30.0'},\ C = 68.4°\text{NW} = 291.6°$$

终航向为
$$C_B = 291.6° - 180° = 111.6°$$

(4) 在第二段航线 $\overset{\frown}{MN}$，航向 90°，有
$$D\lambda_2 = \lambda_N - \lambda_M = 155°50.5'\text{W} - 176°34.1'\text{W}$$
$$= -155°50.5' + 176°34.1' = 20°43.6'\text{E} = 1243.6'\text{E}$$
$$s_2 = D\lambda_2 \cos\varphi_L = 1243.6' \times \cos 45° = 879.4'$$

(5) 混合航线总航程为
$$s = s_1 + s_2 + s_3 = 2000.3' + 879.4' + 1397.9' = 4277.6'$$

三、子午线收敛差和大圆改正量

如前所述，球面上两点间的大圆始航向 C_1 和终航向 C_2 不相等，两者之差 $\gamma = C_2 - C_1$ 称为 A、B 两点处的子午线收敛差，其产生的原因乃是因球面上各点的子午线相交于极点所致。采用称为"纳比尔相似式"的球面任意三角形公式求子午线收敛差。

如图 3-6(a) 所示，直接引用纳比尔相似式，有

$$\tan\frac{A+B}{2} = \frac{\cos[(\overset{\frown}{P_nA} - \overset{\frown}{P_nB\pi})/2]}{\cos[(\overset{\frown}{P_nA} + \overset{\frown}{P_nB})/2]} \cot\frac{D\lambda}{2} \qquad (3-31)$$

$$\cot\frac{c_2 - c_1}{2} = \frac{\cos\dfrac{\varphi_2 - \varphi_1}{2}}{\sin\dfrac{\varphi_2 + \varphi_1}{2}} \cot\frac{D\lambda}{2} \qquad (3-32)$$

$$\tan\frac{\gamma}{2} = \frac{\sin\varphi_m}{\cos\dfrac{D\varphi}{2}} \tan\frac{D\lambda}{2} \qquad (3-33)$$

设 A、B 两点间的 $D\varphi$ 和 $D\lambda$ 较小，而且 γ 为小量，有

$$\tan\frac{\gamma}{2} \approx \frac{\gamma}{2}, \cos\frac{D\varphi}{2} \approx 1, \tan\frac{D\lambda}{2} \approx \frac{D\lambda}{2} \qquad (3-34)$$

将式(3-34)代入式(3-31)~式(3-33)，得到子午线收敛差的近似计算公式为

$$\gamma = D\lambda \sin\varphi_m \qquad (3-35)$$

如图 3-6(b) 所示，在墨卡托(Mercator)海图上，大圆始航向 C_1、终航向 C_2、恒向线航向 C_{RL}，从图 3-6(b) 中，可得

$$\psi = C_{RL} - C_1 ; \psi = C_2 - C_{RL} \qquad (3-36)$$

则

$$2\psi = C_2 - C_1 = \gamma \tag{3-37}$$

即

$$\psi = \frac{C_2 - C_1}{2} = \frac{\gamma}{2} \tag{3-38}$$

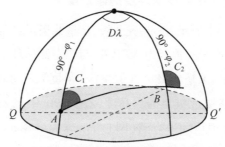

(a) 球面上两点间大圆航向航程示意图

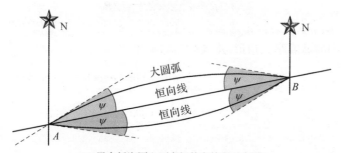

(b) 墨卡托海图上两点间航向航程示意图

图 3-6 子午线收敛差和大圆改正量示意图

大圆改正量约为子午线收敛差的一半。将式(3-35)代入式(3-38),得

$$\psi = \frac{D\lambda}{2} \sin\varphi_m \tag{3-39}$$

式中：φ_m 为 A、B 两点间的平均纬度；$D\lambda$ 为 A、B 两点间的经差。

在推导式(3-39)时,有两个假设,即 A、B 两点间的 $D\varphi$ 和 $D\lambda$ 较小;A、B 两点的大圆改正量 ψ 相等。在航海实践中,只有在大圆弧不长的情况下这种假设才能成立。因此,式(3-39)为一近似式,由此也说明用大圆改正量法走大圆航线时,两地间的距离不能太远的原因所在。如图 3-6(b)所示,设 A、B 两点间的恒向线距离为 D,则式(3-39)可改写为

$$\psi = \frac{D}{2} \sin C_{RL} \tan\varphi_m \tag{3-40}$$

需强调的是,在墨卡托海图上,大圆弧呈现为一条凸向近极的曲线(赤道、子午线除外),而恒位线是一条凹离近极的曲线。在墨卡托海图上,如果两地间

距离不远,两点间的大圆弧和恒位线以两点间的恒向线对称,且它们在该两点上的切线分别与恒向线成大圆改正量 γ 的交角,如图 3-6 所示。当 A、B 两点很近(在视界范围内)时,三条线合为一条,在墨卡托海图上为恒向线直线。

四、计算观测北极星高度求纬度的改正量 x

如天球示意图 3-7 所示,P_n 是天北极,B 是北极星在某一时刻天球上的位置,Z 是测者天顶,球面窄三角形为 $\triangle ZP_nB$(与图右侧的球面窄三角形对应),北极星极距 $p = \overparen{P_nB} < 1°$,$A$ 是北极星方位角(小角度),$t = \text{LHA}$ 是北极星地方时角,φ 是测者的纬度,h_t 是北极星的真高度,$\overparen{ZP_n} = 90° - \varphi$,$\overparen{ZB} = 90° - h_t$,图中虚线小圆是北极星周日视运动平行圈(圆心 P_n,球面半径 p),$\overparen{c'c'}$ 是高度平行圈,x 是改正量。由图 3-7,有

$$\varphi = h_t - x, \quad x = \overparen{ZP_n} - \overparen{ZB} \tag{3-41}$$

式(3-41)中,x 可以由球面窄三角形求 $c-b$ 的第二近似值的公式求得,参照图 3-7 中的球面窄三角形,由式(3-41),有

$$x = (c-b)_2 = (c-b)_1 - \frac{a^2}{2}\sin^2 B \cot c = a\cos B - \frac{a^2}{2}\sin^2 B \cot c$$

$$= p\cos t - \frac{p^2}{2}\sin^2 t \cot(90° - \varphi) = p\cos t - \frac{p^2}{2}\sin^2 t \tan\varphi \tag{3-42}$$

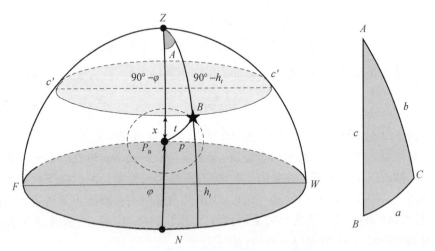

图 3-7　求北极星高度改正量 x 示意图

如果 x 和 p 的单位用角度分(′)表示,则

$$x'\text{arc}1' = p'\text{arc}1'\cos t - \frac{(p'\text{arc}1')^2}{2}\sin^2 t \tan\varphi \tag{3-43}$$

即
$$x' = p'\cos t - \frac{p'^2}{2}\sin^2 t \tan\varphi \operatorname{arc}1' \qquad (3-44)$$

由恒星计算方法天体地方时角 = 春分点地方时角 + 天体共轭赤经，则
$$t = \text{LHA}_\gamma + \text{SHA} \qquad (3-45)$$

将式(3-45)代入式(3-44)，则
$$x' = p'\cos(\text{LHA}_\gamma + \text{SHA}) - \frac{p'^2}{2}\sin^2(\text{LHA}_\gamma + \text{SHA})\tan\varphi \operatorname{arc}1' \qquad (3-46)$$

由于岁差、章动和光行差的影响，北极星的极距 p 和共轭赤经 SHA 在不断地变化，但年变化量很小，用 p_0' 和 SHA_0 表示北极星的极距和共轭赤经的年平均值，式(3-46)等号右边第二项为小量，用 p_0' 和 SHA_0 代替 p' 和 SHA，经整理得

$$\begin{aligned} x' &= p'\cos(\text{LHA}_\gamma + \text{SHA}) - \frac{p_0'^2}{2}\sin^2(\text{LHA}_\gamma + \text{SHA}_0)\tan\varphi \operatorname{arc}1' \\ &\quad + p_0'\cos(\text{LHA}_\gamma + \text{SHA}_0) - p_0'\cos(\text{LHA}_\gamma + \text{SHA}_0) \\ &= p_0'\cos(\text{LHA}_\gamma + \text{SHA}_0) - \frac{p_0'^2}{2}\sin^2(\text{LHA}_\gamma + \text{SHA}_0)\tan\varphi \operatorname{arc}1' \\ &\quad - [p_0'\cos(\text{LHA}_\gamma + \text{SHA}_0) - p'\cos(\text{LHA}_\gamma + \text{SHA})] \end{aligned} \qquad (3-47)$$

因此，由式(3-41)，有
$$\varphi = h_t - x = h_t + a_0 + a_1 + a_2 \qquad (3-48)$$

且在式(3-41)中改正量，有
$$a_0 = -p_0'\cos(\text{LHA}_\gamma + \text{SHA}_0) \qquad (3-49)$$

$$a_1 = \frac{p_0'^2}{2}\sin^2(\text{LHA}_\gamma + \text{SHA}_0)\tan\varphi \operatorname{arc}1' \qquad (3-50)$$

$$a_2 = p_0'\cos(\text{LHA}_\gamma + \text{SHA}_0) - p'\cos(\text{LHA}_\gamma + \text{SHA}) \qquad (3-51)$$

用上述公式可以编成三个北极星高度求纬度改正量表，列在《航海天文历》中，供航海人员使用。

五、求北极星的计算方位 A

如图 3-7 所示，北极星方位角可以由球面窄三角形求 A 角的第一近似值的公式求得，由式(2-146)，有

$$A_1 = \frac{a\sin B}{\sin c} = \frac{p\sin t}{\sin(90° - \varphi)} \qquad (3-52)$$

$$A°\operatorname{arc}1° = \frac{p°\operatorname{arc}1°\sin t}{\cos\varphi} \qquad (3-53)$$

$$A° = \frac{p°\sin t}{\cos\varphi} \qquad (3-54)$$

由北极星的地方时角 = 春分点地方时角 – 北极星赤经，即

$$t = \text{LHA}_r - \text{RA} \qquad (3-55)$$

又由北极星的极距 = 90° – 北极星赤纬，有

$$P = 90° - \text{Dec} \qquad (3-56)$$

考虑计算北极星方位精度的要求，式(3-56)中北极星的赤纬和赤经可取其年平均值 Dec_0 和 RA_0 代替，有

$$A° = \frac{(90° - \text{Dec}_0)\sin(\text{LHA}_r - \text{RA}_0)}{\cos\varphi} \qquad (3-57)$$

使用上述公式编成北极星方位角表，列在《航海天文历》中，供航海人员使用。

另外，在航海实践中，当北极星的方位变化小于 2° 时，可以用观测北极星高度求得的观测纬度线代替北极星舰位线，为满足该要求，测者纬度不应超过 60°N。其原理如下，即由式(3-57)可知，北极星的极距 $p < 1°$，当观测者纬度 φ 一定时，北极星的方位 A 取决于北极星的地方时角 t，由图 3-7 可知，当 $t = 90°$ 或 270° 时，A 最大，此时 $\sin t = \pm 1$，在上述条件下，将极距 $p \approx 1°$，纬度 $\varphi = 60°$。将数据代入式(3-55)，得

$$A° = \frac{p°\sin t}{\cos\varphi} = \frac{1°}{\cos 60°} = 2°$$

说明当测者纬度小于 60°N 时，可以满足用观测北极星高度求得的纬度线代替北极星舰位线所产生的方向误差小于 2° 的要求。

六、恒向线航迹计算

设地球为圆球体，如图 3-8 所示，北极为 P_n，基准大圆为赤道 $\overparen{qq'}$，在球面上，航向为常数 C 的点的轨迹称为恒向线（等角航线）。舰船在球面上沿固定航向航行，它的航迹即为恒向线。恒向线是双重曲率的球面螺旋线（除南北、东西向），趋向地极，但不能通过地极。恒向线 AB 与所有子午线的交角为航向 C，其总航程为 s。将恒向线分成 n 个无穷小段 $\overparen{Aa_1}, \overparen{a_1a_2}, \cdots, \overparen{a_{n-1}a_n}$，可以得到球面上 n 个无穷小三角形，并可将它们近似视为平面直角三角形。现由其中之一无穷小平面直角 $\triangle a_1ka_2(\angle a_1ka_2 = 90°)$，得到积分元为

$$\begin{cases} d\varphi = ds\cos C \\ dw = ds\sin C \end{cases} \qquad (3-58)$$

取式(3-58)的积分区间为 $[(\varphi_1, \varphi_2), (0, s)], [(0, W), (0, s)]$，则

$$\int_{\varphi_1}^{\varphi_2} \mathrm{d}\varphi = \int_0^s \cos C \mathrm{d}s, \; \varphi_2 - \varphi_1 = D\varphi = s\cos C \quad (3-59)$$

$$\int_0^W \mathrm{d}w = \int_0^s \mathrm{d}s \sin C, \; W = \mathrm{Dep} = s\sin C \quad (3-60)$$

式中：Dep 为东西距，即恒向线航程 s 的东西分量。

如图 3-8 所示，$\widehat{AD}$ 是 A、D 两点间的东西距，$\widehat{EB}$ 是 E、B 两点间的东西距，那么 AB 两点间的东西距（恒向线航程 s 的东西分量）应介于上述两东西距之间，如图中的 $\widehat{FG}$，则 $\widehat{FG}$ 的纬度称为中分纬度 φ_n。根据球面几何中关于圆心角相等的小圆弧与大圆弧的关系，有

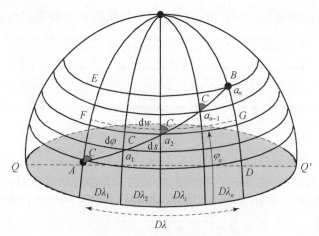

图 3-8 球面上恒向线航迹

$$D\lambda = \frac{\widehat{FG}}{\cos\varphi_n} = \frac{\mathrm{Dep}}{\cos\varphi_n} \quad (3-61)$$

将式(3-60)代入式(3-61)，得

$$D\lambda = \frac{s\sin C}{\cos\varphi_n} \quad (3-62)$$

在中低纬海区，在航程不太大时，中分纬度 φ_n 与起航点 (φ_1, λ_1) 和到达点 (φ_2, λ_2) 之间的平均纬度 φ_m 相差不大，可以用平均纬度 φ_m 代替中分纬度 φ_n，则

$$D\lambda = \frac{\mathrm{Dep}}{\cos\varphi_n} \approx \frac{\mathrm{Dep}}{\cos\varphi_m} = \frac{s\sin C}{\cos\dfrac{\varphi_1 + \varphi_2}{2}} \quad (3-63)$$

式(3-60)除以式(3-59)，得

$$\tan C = \frac{\mathrm{Dep}}{D\varphi} \approx \frac{D\lambda}{D\varphi}\cos\varphi_m \quad (3-64)$$

在上述航迹计算方法中涉及的中分纬度（平均纬度），不能用于跨赤道的航

迹计算。上述航迹计算主要解决下述问题。

(1) 已知起航点 (φ_1,λ_1) 与到达点 (φ_2,λ_2)，求两点间的恒向线航向 C 和航程 s（不跨赤道）：

$$\begin{cases} D\varphi = \varphi_2 - \varphi_1, \varphi_m = \dfrac{1}{2}(\varphi_1 + \varphi_2) = \varphi_1 + \dfrac{1}{2}D\varphi, D\lambda = \lambda_2 - \lambda_1 \\ \tan C = \dfrac{\text{Dep}}{D\varphi} \approx \left|\dfrac{D\lambda}{D\varphi}\right|\cos\varphi_m, s = \dfrac{|D\varphi|}{|\cos C|} \end{cases} \quad (3-65)$$

注：求得的航向 C 为半圆周角，第一名称与纬差 $D\varphi$ 同名，第二名称与经差 $D\lambda$ 同名。

(2) 已知起航点 (φ_1,λ_1)，恒向线航向 C 和航程 s，求到达点 (φ_2,λ_2)（不跨赤道）：

$$\begin{cases} \varphi_2 = \varphi_1 + D\varphi = \varphi_1 + s\cos C = \varphi_1 + \dfrac{s'}{60'}\cos C, \varphi_m = \dfrac{1}{2}(\varphi_1 + \varphi_2) = \varphi_1 + \dfrac{1}{2}D\varphi \\ \lambda_2 = \lambda_1 + D\lambda \approx \lambda_1 + \dfrac{s\sin C}{\cos\varphi_m} = \lambda_1 + \dfrac{s'\sin C}{60'\cos\varphi_m} \end{cases}$$

$$(3-66)$$

上述公式是在地球圆球体的前提下，用平均纬度代替中分纬度进行的近似计算，公式相对简单，便于记忆和使用，是随时估算航迹的基本方法。当需要精度较高的估算时，可使用平均纬度向中分纬度进行修正的估算方法。

例 3-3 某船拟由 $\varphi_1 42°30.0'\text{N}, \lambda_1 160°40.0'\text{E}$ 处驶往 $\varphi_2 40°10.0'\text{N}, \lambda_2 140°20.0'\text{E}$ 处，求两点间的恒向线航向 C 和航程 s。

解：$D\varphi = \varphi_2 - \varphi_1 = 40°10.0'\text{N} - 42°30.0'\text{N} = -2°20.0' = 140'\text{S}$

$\varphi_m = \varphi_1 + \dfrac{1}{2}D\varphi = 42°30.0'\text{N} + \dfrac{2°20.0'}{2}\text{S} = 42°30.0' - \dfrac{2°20.0'}{2} = 41°20.0'\text{N}$

$D\lambda = \lambda_2 - \lambda_1 = 140°20.0'\text{E} - 160°40.0'\text{E} = -20°20.0' = 1220'\text{W}$

$$\tan C \approx \left|\dfrac{D\lambda}{D\varphi}\right|\cos\varphi_m = \dfrac{|1220'|}{|140'|}\cos 41°20.0'$$

$C = 81°18'39''\text{SW} = 261°18'39'' = 261.3°, s = \dfrac{|D\varphi|}{|\cos C|} = \dfrac{|140'|}{|\cos 81°18'39''|} = 926.7'$

例 3-4 某船由 $\varphi_1 39°30.0'\text{N}, \lambda_1 60°40.0'\text{W}$ 出发，在无风流的条件下，按航向 $C = 150°$ 航行 $s = 210\text{n mile}$，求到达点的经度和纬度。

解：$D\varphi = \varphi_2 - \varphi_1 = \dfrac{s'}{60'}|\cos C| = 36°28.1'\text{N}$

$\varphi_m = \dfrac{1}{2}(\varphi_1 + \varphi_2) = \varphi_1 + \dfrac{1}{2}D\varphi = 37°59.1'\text{N}$

第三章 航海中球面三角形典型应用

$$D\lambda = \lambda_2 - \lambda_1 = \frac{s'\sin C}{\cos\varphi_m} = 58°26.8'W$$

小 结

学习球面三角形及其解法,归根结底是为了航海实践运用,本章所列两点间的大圆航向和航程、两点间大圆混合航线的航向和航程、子午线收敛差和大圆改正量、观测北极星高度求纬度和计算北极星方位、恒向线计算等典型运用问题与航海实践密不可分,必须在球面三角形解法的基础上领会解决实际问题的方法。

习 题

1. 在球面 $\triangle ABC$ 中,按下列已知要素解球面三角形。
(1) $a = 50°44.0'$, $b = 69°12.0'$, $C = 115°55.4'$,试求 c。
(2) $A = 142°18.3'$, $B = 33°33.1'$, $C = 41°17.3'$,试求 c。
(3) $A = 113°24.6'$, $B = 64°51.2'$, $a = 101°33.7'$,试求 b。
(4) $a = 114°29.2'$, $b = 69°47.7'$, $A = 134°19.3'$,试求 B。
(5) $a = 95°29.7'$, $b = 105°53.0'$, $C = 143°46.2'$,试求 A。

2. 在球面直角 $\triangle ABC$ 中,按下列已知要素解球面三角形。
(1) $A = 90°$, $C = 46°09.0'$, $a = 117°11.8'$,试求 B、b。
(2) $B = 90°$, $A = 115°48.3'$, $c = 38°50.9'$,试求 a、b。
(3) $A = 90°$, $B = 71°34.3'$, $b = 60°30.1'$,试求 a、c。

3. 在球面直边 $\triangle ABC$ 中,按下列已知要素解球面三角形。
(1) $a = 90°$, $C = 139°05.0'$, $b = 143°44.0'$,试求 B、c。
(2) $b = 90°$, $A = 120°12.4'$, $C = 75°08.5'$,试求 a、c。
(3) $c = 90°$, $B = 62°47.8'$, $a = 85°30.2'$,试求 A、b。

4. 球面 $\triangle ABC$ 为一窄球面三角形,c 比 a 与 b 小得多,其中 $A = 50°00.0'$,$b = 40°00.0'$, $c = 0°48.1'$,试求 C 和 a。

5. 按第1题(1)(2)(3)题的数据作侧视立体示意图。按第1题(4)(5)题的数据作垂直极线面投影图。

6. 在球面 $\triangle ABC$ 中,已知 $c = 90°$, $b = 47°44.5'$, $C = 72°49.6'$,试求 B。

7. 某舰船拟从 A 地($\varphi_1 35°30.0'N$, $\lambda_1 145°30.0'E$)航行到 B 地($\varphi_2 39°20.6'N$, $\lambda_2 123°42.0'W$),求 A、B 两地的大圆航程 s、起航点的大圆始航向 C_A 和到达点的终航向 C_B。

8. 某舰船拟从 A 地 ($\varphi_1 55°32.5'S, \lambda_1 75°30.0'W$) 航行到 B 地 ($\varphi_2 41°20.6'S, \lambda_2 178°42.0'E$),求 A、B 两地的大圆航程 s、起航点的大圆始航向 C_A 和到达点的终航向 C_B。

9. 某舰船拟从 A 地 ($\varphi_1 15°126'S, \lambda_1 85°30.0'W$) 航行到 B 地 ($\varphi_2 16°20.4'N, \lambda_2 150°42.0'W$),求 A、B 两地的大圆航程 s、起航点的大圆始航向 C_A 和到达点的终航向 C_B。

10. 某舰船拟从 A 地 ($\varphi_1 34°30.6'N, \lambda_1 143°30.0'E$) 出发,走限制纬度 $\varphi_L 45°N$ 的混合航线到达 B 地 ($\varphi_2 40°30.0'N, \lambda_2 124°30.0'W$),求混合航线始航向、终航向、分点坐标和航程。

11. 某舰船拟从 A 地 ($\varphi_1 35°12.6'S, \lambda_1 85°30.0'W$) 出发,走限制纬度 $\varphi_L 45°S$ 的混合航线到达 B 地 ($\varphi_2 42°30.0'S, \lambda_2 175°10.0'W$),求混合航线始航向、终航向、分点坐标和航程。

第 四 章

海图中的投影与计算

海图是地图的一种,地图是地球表面情况按一定变形规律在平面上的描绘。由于地球表面是不可展的封闭曲面,故不可能无裂隙或无皱褶地直接将它展成平面。为得到完整的地球表面平面图,采用的投影方法是将地球表面上的经、纬线投影到一个可展的曲面上。投影法解决了地球曲面与地图平面之间的转化,但投影图像不可能完全与地球表面相符,任何一种地图都不可避免地存在投影变形,即长度变形、面积变形和角度变形的情况。

本章介绍了在航海中经常使用的几种海图所涉及的投影方式和相关计算,作为学习航海相关专业课的基础。

第一节 海图投影的基本理论

地球椭圆体面或球面是一个不可展开的曲面;海图是一个平面,而且是一种无裂隙与重叠现象平平整整的平面。如果能够将地球椭圆体面或球面上的地理坐标网描绘至平面上,在平面上建立起对应的地理坐标网,那么就可以将椭圆体面或球面上各种要素转移至平面上。

海图投影的主要任务在于建立海图的数学基础,即将椭圆体面或球面上的地理坐标网(经、纬线网),根据一定的数学法则,转化为平面上的坐标系,建立经纬线网在平面上的表象。

一、地球及与其相关的坐标系

(一)地球的形状

地球表面是一个凹凸不平、形状复杂的物理面,其高低相差 20km 左右。为研究方便,假想让风平浪静的海平面向陆地延伸,则由海水平面所包围的曲面就定义为地球的形状,并将这个曲面称为大地水准面。

定义 4.1 大地水准面是一个重力等位面,其水准面的法线与重力方向一致。

定义 4.2 由大地水准面所包围的几何形体称为大地球体。

但由于地球的重力是引力和自转向心力的合力,加之地球质量的分布不均匀,太阳、月亮等天体的影响,大地球体不是一个规则的几何体。

在实际应用中,可将其近似为一个可以利用数学公式描述的几何形体,其近似程度根据实际需要来确定。

若将地球看为一个圆球体,则

$$X^2 + Y^2 + Z^2 = R^2 \tag{4-1}$$

式中:R 为地球的平均半径,$R = (6371.02 \pm 0.05)\text{km}$。

定义 4.3 将地球近似看成圆球体,常称为地球的第一近似体。

第一近似体对于要求精度不高或在较小范围内进行的导航计算而言既方便又实用,并可使实际问题大为简化。

定义 4.4 将地球看成一个旋转椭圆体,称为地球的第二近似体。

第二近似体是一种更为接近地球实际形体的近似。

定义 4.5 若将赤道和纬度圈均当作椭圆,则为地球的第三近似体,称为三轴椭圆体或地球椭圆体。

第三近似体给测量带来极大的不便,因此,除个别专门问题外,通常采用第二近似体。在大地测量中,用于代表地球的某种旋转椭圆体称为地球椭球,即旋转椭球。

第二近似体以地球的极(地)轴为旋转轴,以某一子午圈为母线,绕地轴旋转一周而成。长半轴 a 在赤道平面内,短半轴 b 在极轴上,如图 4-1 所示,其计算公式为

$$\frac{X^2}{a^2} + \frac{Y^2}{a^2} + \frac{Z^2}{b^2} = 1 \tag{4-2}$$

椭圆体参数除长半轴 a、短半轴 b 外,还有扁率(又称椭圆度)f,其计算公式为

$$f = \frac{a-b}{a}$$

由于世界各国对地球的测量所采取的方法不尽相同,在工程计算中往往采用不同的椭圆体。常见的地球参考椭圆体有 6 种,其椭圆体参数如表 4-1 所列。

第四章 海图中的投影与计算

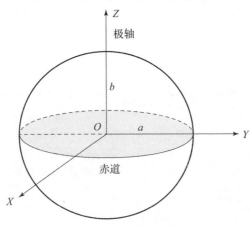

图 4-1 旋转椭圆体

表 4-1 地球椭圆体参数

椭球	长半轴 R_e/km	短半轴 R_p/km	椭圆度 f	适用地区
克拉克(1866年)	6378.206	6356.584	1/295	美国
海福特(1909年)	6378.388	6356.912	1/297	西欧
克拉索夫斯基(1938年)	6378.24500000	6356.86301877	1/298.3	俄罗斯、中国
IUGG1975椭球	6378.14000000	6356.75528816	1/298.257	
WGS-84	6378.137	6356.752	1/298.257	GPS
2000国家大地坐标系(CGS2000)				北斗系统

自1952年,我国采用克拉索夫斯基(Krasovski)椭球,直到1980年采用国际大地测量和地球物理联合会1975年推荐的椭球,简称IUGG1975椭球。

从2008年7月1日起,启用2000国家大地坐标系。2000国家大地坐标系的原点为包括海洋和大气的整个地球的质量中心,其 Z 轴由原点指向历元2000.0的地球参考极的方向,该历元的指向由国际时间局给定的历元1984.0作为初始指向来推算,定向的时间演化保证相对地壳不产生残余的全球旋转; X 轴由原点指向格林尼治参考子午线与地球赤道面(历元2000.0)的交点; Y 轴与 Z 轴、X 轴构成右手正交坐标系。2000国家大地坐标系的尺度为在引力相对论意义下局部地球框架下的尺度。2000国家大地坐标系采用的地球椭球参考数数值如表4-2所列。

表4-2 2000国家大地坐标系采用的地球椭球参考数

参数	值
长半轴	$a = 6378137\text{m}$
扁率	$f = 1/298.257222101$
地心引力常数	$GM = 3.986004418 \times 10^{14}\ \text{m}^3/\text{s}^2$
自转角速度	$\omega = 7.292115 \times 10^{-5}\ \text{rad/s}$
短半轴	$b = 6356752.31414\text{m}$
极曲率半径	$c = 6399593.62586\text{m}$
第一偏心率	$e = 0.0818191910428$
第二偏心率	$e' = 0.0820944381519$
1/4子午圈长度	$Q = 10001965.7293\text{m}$
椭球平均半径	$R_1 = 6371008.77138\text{m}$
相同表面积的球半径	$R_2 = 6371007.18092\text{m}$
相同体积的球半径	$R_3 = 6371000.78997\text{m}$
椭球的正常位	$U_0 = 62636851.7149\text{m}^2/\text{s}^2$
动力形状因子	$J_2 = 0.001082629832258$
球谐系数	$J_4 = -0.00000237091126$
球谐系数	$J_6 = 0.00000000608347$
球谐系数	$J_8 = -0.00000000001427$
赤道正常重力值	$\gamma_e = 9.7803253361\text{Gal}$
两极正常重力值	$\gamma_p = 9.8321849379\text{Gal}$
正常重力平均值	$\gamma = 9.7976432224\text{Gal}$
纬度45°的正常重力值	$\gamma_{45°} = 9.8061977695\text{Gal}$

(二)地球上的点、线、面

1. 地极

如图4-2所示,地球的自转轴 $P_N P_S$ 为地轴。地轴与地球表面相交的两点 P_N 和 P_S 为地极。其中,P_N 为地理北极,P_S 为地理南极。

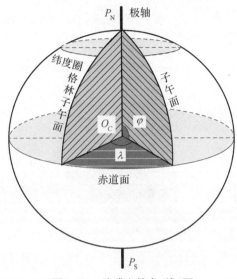

图 4-2 地球上的点、线、面

2. 赤道与纬度圈

过地心并垂直于地轴的平面为赤道面,它与地球表面的交线为赤道。赤道将地球分为两个半球,包含北极的称为北半球,包含南极的称为南半球。平行于赤道的小圆为纬度圈。

3. 子午面与子午圈

通过地球两个极点的平面为子午面,它有无数个。其中,通过英国格林尼治天文台的子午面为格林子午面,也称为本初子午面。格林子午面将地球分成东西两个半球,即东半球和西半球。子午面与地球表面的交线为子午圈。

4. 经度线与基准经度线

自地球两极子午圈的一半为经度线。规定通过格林尼治天文台的经度线为基准经度线,又称本初子午线。规定基准子午线为0°。自基准子午线向东180°为东经;自基准子午线向西180°为西经。

(三) 地球的曲率半径

当将地球近似为旋转椭圆体来研究时,需要用到椭球的曲率半径等参数。由于地球是椭圆体,在地球表面的不同位置,曲率半径是不同的,是纬度的函数。在导航中,常用到以下三种曲率半径。

1. 纬度圈半径

纬度圈是一个圆,如图 4-3 所示,过 A 点的纬度圈半径 r 为

$$r = \frac{a\cos\varphi}{\sqrt{1 - e^2\sin^2\varphi}} \tag{4-3}$$

式中：e 为椭球偏心率，$e^2 = (a^2 - b^2)/a^2$。

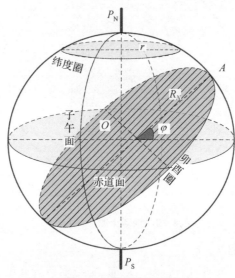

图 4-3 地球曲率半径

纬度圈半径 r 随纬度 φ 的增高而减小。在赤道上，$r = a$，在地理极点上，$r = 0$。如果将地球视为半径 R 的圆球体，则

$$r = R\cos\varphi$$

2. 子午圈曲率半径

子午圈是一个椭圆，纬度不同，弯曲度也不同。子午圈曲率半径 R_M 为

$$R_M = \frac{a(1 - e^2)}{\sqrt{(1 - e^2\sin^2\varphi)^3}} \tag{4-4}$$

子午圈曲率半径 R_M 随纬度 φ 的增高而增大，在赤道处 R_M 最小，在极点处 R_M 最大。

3. 卯酉圈曲率半径

过 A 点所作和子午面垂直的法线平面与椭球表面的交线称为卯酉圈，如图 4-3 所示，其曲率半径 R_N 为

$$R_N = \frac{a}{\sqrt{1 - e^2\sin^2\varphi}} \tag{4-5}$$

卯酉圈曲率半径 R_N 随纬度 φ 的增高而增大，在赤道处最小，$R_N = a$，即卯酉圈与赤道重合；在地理极点处 R_N 最大，即变成子午圈。

由式(4-3)和式(4-5)可知,卯酉圈曲率半径 R_N 与纬度圈半径 r 的关系为

$$r = R_N \cos\varphi$$

比较 R_M 与 R_N 两式可以看出,除在两极点 $R_M = R_N$ 外,在其他任何纬度上均有 $R_N > R_M$。同一点的 R_M、R_N 在同一条直线上,但长短不等。R_N 的端点落在地球短轴上。

(四)地球自转角速度

地球在惯性空间既绕其地轴自转,又绕太阳公转。地球自转一周为一天,公转一周为一年。在一年中,地球相对于太阳转约 $365r$,但由于有一周公转,地球相对于惯性空间即遥远的恒星实际上转了 $366r$。地球在 24h 内相对惯性空间的自转角速度为

$$\Omega = 1.0027379 r/24h = 7.2921158 \times 10^{-5} rad/s$$

如果用每小时旋转的度数来表示,则

$$\Omega = 15.041069°/h$$

地球自转角速度是一个矢量,与地轴平行,指向北极。如果在北极上空俯视地球自转的方向,为逆时针方向。

二、海图投影的分类

虽然可以通过海图投影的方法解决地球椭圆体面或球面在平面上的描绘,但由一个不可展曲面投影成平面,以经、纬线的拉伸或压缩来避免裂隙或皱褶,就一定会产生投影变形,海图投影必须考虑投影的变形性质与变形大小。如图4-4所示,位于地球不同纬度的三个相同面积的圆形区域,投影到平面上产生了极为不同的变形。

制图投影的种类很多,并有着不同的分类标志。其通常有两种:一种是根据变形性质;另一种是根据正投影中经、纬线的形状。

(一)海图投影概述

1. 等角投影

投影平面上同一点上任意两个方向线的夹角与实地一致的投影称为等角投影(正形投影)。在这类投影中,某一点上各方向线的长度比(指投影平面上某一方向线上的微小线段与实地对应的微小线段之比)是一致的,但在不同点上,长度比是不一致的。因此,在微小范围内,图上的形状与实地相似,所以也称为正形投影或相似投影。需要指出,等角投影只能使微小区域的形状保持相似,不能保持较大区域的形状相似。

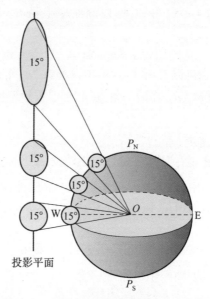

图 4-4 从地球表面到平面投影的形变

2. 等面积投影

使投影平面上某一区域的面积与实地的面积相等的投影,称为等面积投影,简称等积投影。面积的保持并不等于形状的保持,要保持面积,形状必须改变。

3. 任意投影

既不等角又不等积的投影均称为任意投影。在任意投影中,同时存在着长度、角度和面积变形。

在任意投影中,有一种常见的等距离投影。在等距离投影中,保持某一主方向上的距离与实地一致,即沿着某一主方向上的长度比为1。在经纬线正交的情况下,等距离投影中通常是使经线与实地等长,即经线方向距离保持没有变形,不能认为投影平面上所有距离都没有变形。

对于海图来说,为了在图上便于量距、量向等,一般采用等角投影。

(二) 按正投影中经纬线的形状分类

1. 圆柱投影

圆柱是一个可展曲面。使圆柱面包在椭圆体(球体)上,将椭圆体面上各要素描绘到圆柱面上后,再将圆柱沿一条柱高线切开,展成平面,这种投影方法称为圆柱投影。

在正常情况下,圆柱轴与椭圆体短轴重合,圆柱面切于椭圆体的赤道或割椭圆体于南北两对称的平行圈上,前者称为切圆柱投影,如图4-5所示;后者称为割圆柱投影,如图4-6所示。被切割处的纬线称为基准纬线,该处的平行圈半径就是圆柱的半径,长度没有变形。

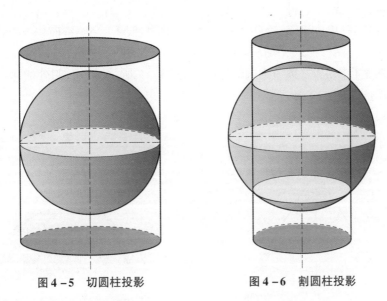

图4-5 切圆柱投影　　图4-6 割圆柱投影

在圆柱投影平面上,纬线被描绘成平行直线,经线被描绘成与纬线正交的等距离平行的直线,两经线的间隔与相应经差成正比,如图4-7所示。

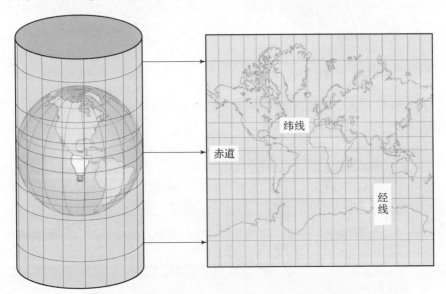

图4-7 圆柱投影平面上的经线与纬线(彩图见插页)

2. 圆锥投影

圆锥面也是一个可展曲面。将一个圆锥面罩在椭圆体(球体)上,使圆锥轴与椭圆体短轴重合,将椭圆体面上各要素描绘到这个圆锥面上后,沿一条圆锥母线将圆柱切开,展成平面,这种投影方法称为圆锥投影。当圆锥面切于椭圆体面上的某一平行圈(纬线)上时,称为切圆锥投影,如图4-8所示;圆锥面割椭圆体面于两平行圈上时,称为割圆锥投影,如图4-9所示,被切、割处的纬线称为标准纬线。

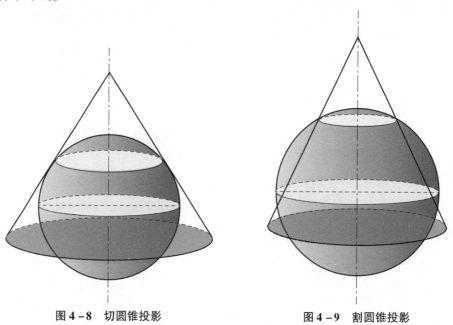

图4-8 切圆锥投影　　　　　　图4-9 割圆锥投影

纬线描绘为同心圆弧,经线描绘为同心圆圆弧的半径,两经线间的夹角与相应的经差成正比,如图4-10所示。

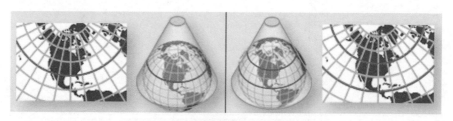

图4-10 圆锥投影特点(彩图见插页)

3. 方位投影

方位投影是先将椭圆体面上的各种要素,描绘到一个适当球半径的球面上,然后再从球面描绘到平面上,因此它是双重投影法的一种。当允许忽视椭圆体扁率时,也可将椭圆体作为球体来处理。从球面上投影至平面上的方法如图 4-11 所示。

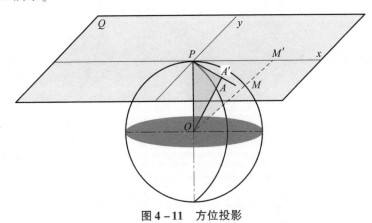

图 4-11 方位投影

平面 Q 切于球的某一点 P,P 点就作为 Q 平面上笛卡尔坐标系的原点,即投影中心。延伸通过投影中心的大圆平面(垂直圈平面)与 Q 平面相截,成为交于投影中心 P 的一束直线。此时 $\overset{\frown}{PA}$ 投射成直线 PA',$\overset{\frown}{PM}$ 投射成直线 PM',球面角 $\angle APM$ 等于平面角 $\angle A'PM'$。这种投影,自投影中心至任何点的方向与球面上相应的方向是一致的,故称为方位投影。

如表 4-3 所列以上各种投影中,因投影面与椭圆体相切的位置不同,又可分为正轴、横轴与斜轴三种。正轴投影就是正常位置下的投影,即投影面轴与椭圆体短轴重合,或投影平面与地球的两极之一相切。横轴投影是投影面的轴与赤道的某一直径重合或投影平面切于赤道上某一点。斜轴投影是投影面轴与某一大圆的直径重合或投影平面切于地球上某一点(不在两极也不在赤道上)。

(三) 比例尺

海图比例尺一般是图上任意线段与地面对应的实际长度之比,即

$$比例尺 = \frac{图上任意线段长度}{地面对应的实际长度}$$

1. 基准比例尺

绘制海图时,必须将地球椭圆体(或圆球体)面按一定比例缩小后投影到平面上,这个比例称为海图的基准比例尺或主比例尺。

由于投影存在某种变形,海图上只有某些点线保持这个比例尺,海图幅内其余位置则都不相同,或大于或小于基准比例尺,海图标题中注明的比例尺为该图的基准比例尺。

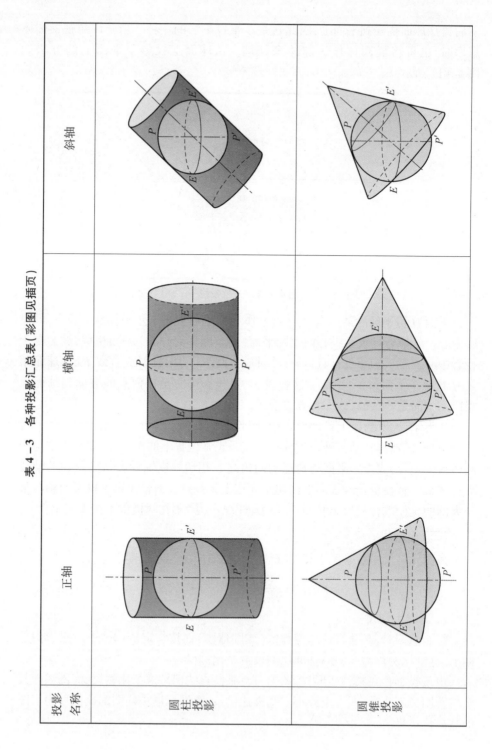

表4-3 各种投影汇总表(彩图见插页)

第四章 海图中的投影与计算

续表

投影名称	正轴	横轴	斜轴
方位投影			
三种投影示意	圆柱投影	圆锥投影	方位投影

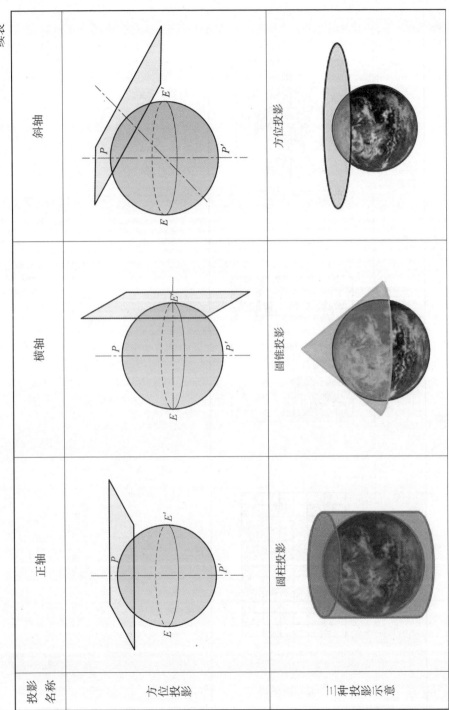

续表

投影名称	正轴	横轴	斜轴
三种投影示意			

2. 局部比例尺

地面投影必有变形,因此图上各点的比例通常是变化的,并且有些投影甚至在同一点上,各个方向的比例也是不同的。

如图 4-12 所示,设地球椭圆体表面上一点 A,沿某方向取微小线段 AB,投影到海图上为 ab,使 ab 与地面上对应线段 AB 相比,当 AB 趋近于 0 时,这个比值的极限称为 A 点在 ab 方向上的局部比例尺 μ,即

$$\mu = \lim_{AB \to 0} \frac{ab}{AB} \tag{4-6}$$

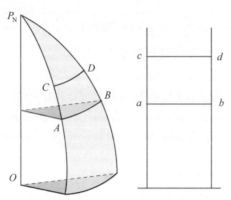

图 4-12 局部比例尺示意图

局部比例尺能表示海图投影变形的性质,其为变量。通常情况下,主要研究经线方向和纬线方向的局部比例尺。

如果要保持等角投影,必须使经线方向的局部比例尺($ac/AC = m$)与纬线方向的局部比例尺($ab/AB = n$)相等,即 $m = n$。

3. 基准比例尺与局部比例尺的关系

基准比例尺与局部比例尺有时需要进行换算。例如,在墨卡托投影中,若基准纬线 φ_0 的基准比例尺为 μ_0,某一纬线 φ 的局部比例尺为 μ,则

$$\mu_0 = \frac{a}{r_0}, \mu = \frac{a}{r} \tag{4-7}$$

式中: a 为椭圆体长轴半径; r_0 为基准纬圈半径; r 为某纬圈半径。

有

$$\mu_0 = \mu \frac{r}{r_0} \tag{4-8}$$

由式(4-3)可得

$$\mu_0 = \mu \frac{\sqrt{\cos\varphi_0(1 - e^2\sin^2\varphi)}}{\sqrt{\cos\varphi(1 - e^2\sin^2\varphi)}} \tag{4-9}$$

如将地球看成圆球体,式(4-9)为

$$\mu_0 = \mu \frac{\cos\varphi}{\cos\varphi_0} \qquad (4-10)$$

比例尺的表示方法一般有数字比例尺和线比例尺两种。数字比例尺用分数或比例式表示。如 1/100000 或 1:100000,它表示在图上基准纬线上 1mm 的长度等于地面上 100000mm。如图 4-13 所示,线比例尺为用线段的长度表示方法。比例尺上的数字用来表明图上线段所对应的地面长度。

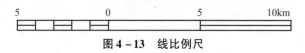

图 4-13 线比例尺

在海图上所能量出的最小实际地面长度,称为比例尺的极限精度。如果用削尖的铅笔在海图上点一点,其直径约为 0.2mm,则海图上间距小于 0.2mm 的两点将无法分辨。因此,海图上 0.2mm 所代表的距离就是比例尺的极限精度,其大小与海图的比例尺有关。例如,在比例尺为 1:200000 的海图上,比例尺的极限精度等于 200000×0.2mm = 40m。由此说明在这张海图上无法量取比 40m 更小的距离。

但应注意,在实际工作中,绘图误差要比它大得多。

三、海图投影的基本数学方法*

(一)海图投影中的主要公式

海图投影是将椭球面上的元素按照一定的数学规则归算到平面上,投影后的长度、角度和面积总会产生一些变化。椭球面元素包括地面点的大地坐标,大地线的方向和长度以及大地方位角,其中点的坐标是至关重要的,因为点的坐标一经确定,两点间大地线的方向和距离即确定。

本节将探讨椭球面上点的大地坐标 (φ,λ) 和投影平面上点的笛卡尔坐标 (x,y) 间的对应关系。

海图投影基本公式的推导目的在于建立由曲面到平面的投影表象。为此,首先要建立地球椭球面上各元素,诸如长度、面积、角度和它们在投影平面上的对应关系式。

如图 4-14 所示,在地球椭圆体面上,$ABCD$ 为由相邻两条经纬线微分线段组成的微分梯形。其间的经差为 $d\lambda$,纬差为 $d\varphi$。图中 AC 为微分梯形的对角线,以 dS 表示,由 AP 起始顺时针方向转至 AC 的角度称为方位角 α。沿经线上的微分线段 $AD = M \cdot d\varphi$,沿纬线的微分线段 $AB = rd\lambda = N\cos Bd\lambda$。对角线 AC 可表示为

$$dS^2 = M^2 d\varphi^2 + r^2 d\lambda^2 \qquad (4-11)$$

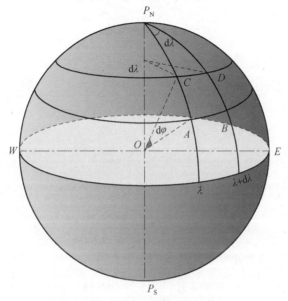

图 4 – 14 地球椭圆体面上相邻两条经纬线微分线段组成的微分梯形

在投影平面上，dS 的投影为 dS'，按平面曲线定理，可知

$$dS' = dx^2 + dy^2 \qquad (4-12)$$

为求 dx 和 dy，可参考海图投影的函数表达式为 $x = f_1(\varphi, \lambda)$，$y = f_2(\varphi, \lambda)$。现对式(4 – 12)进行全微分，得

$$\begin{cases} dx = \dfrac{\partial f_1}{\partial \varphi} d\varphi + \dfrac{\partial f_1}{\partial \lambda} d\lambda \\ dy = \dfrac{\partial f_2}{\partial \varphi} d\varphi + \dfrac{\partial f_2}{\partial \lambda} d\lambda \end{cases} \qquad (4-13)$$

将式(4 – 13)平方后代入式(4 – 12)，得

$$dS'^2 = \left(\frac{\partial f_1}{\partial \varphi} d\varphi + \frac{\partial f_1}{\partial l} d\lambda\right)^2 + \left(\frac{\partial f_2}{\partial \varphi} d\varphi + \frac{\partial f_2}{\partial \lambda} d\lambda\right)^2 = \left[\left(\frac{\partial f_1}{\partial \varphi}\right)^2 + \left(\frac{\partial f_2}{\partial \varphi}\right)^2\right] d\varphi^2$$

$$+ 2\left(\frac{\partial f_1}{\partial \varphi} \cdot \frac{\partial f_1}{\partial \lambda} + \frac{\partial f_2}{\partial \varphi} \cdot \frac{\partial f_2}{\partial \lambda}\right) d\varphi \cdot d\lambda + \left[\left(\frac{\partial f_1}{\partial \lambda}\right)^2 + \left(\frac{\partial f_2}{\partial \lambda}\right)^2\right] d\lambda^2 \qquad (4-14)$$

为使公式简化，可将式(4 – 14)中各偏导数的组合作如下记号，即

$$E = \left(\frac{\partial f_1}{\partial \varphi}\right)^2 + \left(\frac{\partial f_2}{\partial \varphi}\right)^2 \qquad (4-15)$$

$$F = \frac{\partial f_1}{\partial \varphi} \cdot \frac{\partial f_1}{\partial \lambda} + \frac{\partial f_2}{\partial \varphi} \cdot \frac{\partial f_2}{\partial \lambda} \qquad (4-16)$$

$$G = \left(\frac{\partial f_1}{\partial \lambda}\right)^2 + \left(\frac{\partial f_2}{\partial \lambda}\right)^2 \tag{4-17}$$

称 E、F、G 为一阶基本量，或称高斯(Gauss)系数。将式(4-15)~式(4-17)代入式(4-14)，有

$$dS'^2 = Ed\varphi^2 + 2Fd\varphi d\lambda + Gd\lambda^2 \tag{4-18}$$

若先后取 $d\lambda = 0°$ 和 $d\varphi = 0°$，便可获得投影平面上经、纬线微分线段的表达式为

$$\begin{cases} A'D' = dS'_M = \sqrt{E}d\varphi \\ A'B' = dS'_N = \sqrt{G}d\lambda \end{cases}$$

利用式(4-11)和式(4-18)，可以写出长度比的公式，即若 $u = \dfrac{dS'}{dS}$，则

$$u^2 = \left(\frac{dS'}{dS}\right)^2 = \frac{Ed\varphi^2 + 2Fd\varphi d\lambda + Gd\lambda^2}{M^2 d\varphi^2 + r^2 d\lambda^2} \tag{4-19}$$

若式(4-19)分子分母同除以 $d\varphi^2$，得

$$u^2 = \left[E + 2F\frac{d\lambda}{d\varphi} + G\left(\frac{d\lambda}{d\varphi}\right)^2\right] \Big/ \left\{M^2\left[1 + \frac{r^2}{M^2}\left(\frac{d\lambda}{d\varphi}\right)^2\right]\right\} \tag{4-20}$$

如图 4-15 所示，对角线 $A'C'$ 的方位角为 A，则

$$\begin{cases} \tan\alpha = \dfrac{D'C'}{A'D'} = \dfrac{r}{M} \cdot \dfrac{d\lambda}{d\varphi} \\ u^2 = m^2 = \dfrac{E}{M^2} \end{cases} \tag{4-21}$$

将式(4-21)代入式(4-20)后，得

$$u^2 = \frac{E + 2F\left(\dfrac{M}{r}\right)\tan\alpha + G\left(\dfrac{M}{r}\tan\alpha\right)^2}{M^2\left(1 + \dfrac{r^2}{M^2}\dfrac{M^2}{r^2}\tan^2\alpha\right)} = \frac{\dfrac{E}{M^2} + \dfrac{2F}{Mr}\tan\alpha + \dfrac{G}{r^2}\tan^2\alpha}{1 + \tan^2\alpha}$$

$$= \frac{E}{M^2}\cos^2\alpha + \frac{F}{Mr}\sin2\alpha + \frac{G}{r^2}\sin^2\alpha \tag{4-22}$$

式(4-22)为求一点附近任意方向上长度比公式。在实际计算中，一般只求经纬线方向(即主方向)上的长度比。现讨论两种特殊情况，即当 $\alpha = 0°$ 时，可视为经线方向上的长度比，即

$$m = \frac{\sqrt{E}}{M}$$

当 $\alpha = 90°$，即为纬线方向上的长度比，此时

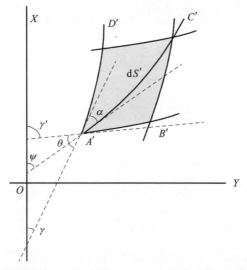

图 4-15　地球椭圆体面上微分梯形 $ABCD$ 与投影平面上的梯形 $A'B'C'D'$

$$u^2 = n^2 = \frac{G}{r^2}$$

有

$$n = \frac{\sqrt{G}}{r} \tag{4-23}$$

下面再研究面积比的公式,已知 $P = \dfrac{\mathrm{d}F'}{\mathrm{d}F}$,如设椭球体表面上微分圆的面积为 $\pi \cdot 1^2$(即为单位圈),而在投影平面上相应的变形椭圆面积为 πab,由此面积比的公式可写为

$$P = \frac{\pi ab}{\pi \cdot 1^2} = ab \tag{4-24}$$

由解析几何基础知识,有

$$P = ab = mn\sin\theta \tag{4-25}$$

式中:θ 为经、纬线投影后的夹角。

式(4-25)即为计算任一投影的面积比公式。

在计算角度变形公式时,考虑其间的角度各不相同,一般只需研究其中具有代表性的两种情况,即经纬线交角投影后的变形和过一点的某两个方向线间所产生的最大角度变形。仍以图 4-15 为例,$\angle D'A'B'$ 为经纬线交角在平面上的投影,其角值为 θ,经纬线交角应为 $90°$,投影后的变形值可以用 $\varepsilon = \theta - 90°$ 表示。过 A' 分别作经线和纬线的切线,延长后和 X 轴的夹角分别以 γ 和 γ' 表示,此时

$\theta = \gamma' - \gamma$。欲求出经纬线交角的变形值 ε,需依次求解 γ、γ' 和 θ 值。

再过 A' 点作对角线 $A'C'$ 的切线,它与 X 轴的夹角设为 ψ,经分析有 $\tan\psi = \dfrac{\mathrm{d}y}{\mathrm{d}x}$,由式(4 - 13)可得

$$\tan\psi = \frac{\dfrac{\partial f_2}{\partial \varphi}\mathrm{d}\varphi + \dfrac{\partial f_2}{\partial \lambda}\mathrm{d}\lambda}{\dfrac{\partial f_1}{\partial \varphi}\mathrm{d}\varphi + \dfrac{\partial f_1}{\partial \lambda}\mathrm{d}\lambda} \tag{4-26}$$

当 $\mathrm{d}\lambda = 0°$ 时,过 A' 点的 $A'C'$ 切线和 $A'D'$ 的切线重合,ψ 角即变为 γ 角,所以 $\tan\psi = \tan\gamma = \dfrac{\partial f_2}{\partial f_1}\Big/\dfrac{\partial f_1}{\partial \varphi}$。

当 $\mathrm{d}\varphi = 0°$ 时,过 A' 点的 $A'C'$ 切线就和 $A'B'$ 的切线重合,ψ 角即变为 γ' 角,故有 $\tan\gamma' = \dfrac{\partial f_2}{\partial \lambda}\Big/\dfrac{\partial f_1}{\partial \lambda}$。由于 $\theta = \gamma' - \gamma$,所以 $\tan(\gamma' - \gamma) = \dfrac{\tan\gamma' - \tan\gamma}{1 + \tan\gamma\tan\gamma'}$,分别将上述关系式代入式(4 - 26),可得

$$\tan\theta = \tan(\gamma' - \gamma) = \frac{\dfrac{\partial f_2}{\partial \lambda}\Big/\dfrac{\partial f_1}{\partial \lambda} - \dfrac{\partial f_2}{\partial \varphi}\Big/\dfrac{\partial f_1}{\partial \varphi}}{1 + \dfrac{\partial f_2}{\partial \lambda}\Big/\dfrac{\partial f_1}{\partial \lambda} \cdot \dfrac{\partial f_2}{\partial \varphi}\Big/\dfrac{\partial f_1}{\partial \varphi}} = \frac{\dfrac{\partial f_1}{\partial \varphi}\Big/\dfrac{\partial f_2}{\partial \lambda} - \dfrac{\partial f_2}{\partial \varphi}\Big/\dfrac{\partial f_1}{\partial \lambda}}{\dfrac{\partial f_1}{\partial B}\Big/\dfrac{\partial f_2}{\partial \lambda} + \dfrac{\partial f_2}{\partial \varphi}\Big/\dfrac{\partial f_2}{\partial \lambda}} \tag{4-27}$$

为使式(4 - 27)简化,现设有一阶基本量 H,且令

$$H = \frac{\partial f_1}{\partial \varphi} \cdot \frac{\partial f_2}{\partial \lambda} - \frac{\partial f_2}{\partial \varphi} \cdot \frac{\partial f_1}{\partial \lambda} \tag{4-28}$$

将此式(4 - 28)代入式(4 - 27)后得

$$\tan\theta = \frac{H}{F} \tag{4-29}$$

已知 $\varepsilon = \theta - 90°$,则

$$\tan\varepsilon = \tan(\theta - 90°) = -\cot\theta$$

$$\tan\varepsilon = -\frac{F}{H} \tag{4-30}$$

式(4 - 30)即为经纬线交角投影后的角度变形公式,从式(4 - 30)中可知,如需保持经纬线投影后呈正交,应使 $\varepsilon = 0°$,所以 $F = 0$ 的条件必须成立。

如图 4 - 16 所示,利用变形椭圆的理论来分析投影后的最大角度变形公式。如图所示,在此圆上任一方向线 OA 与主方向的夹角设为 α,而在变形椭圆上对应方 $O'A'$ 与投影平面上主方向线的夹角为 β,设通点 A 点和 A' 点的坐标分别为 (ξ, η) 和 (x, y),则

$$\tan\alpha = \frac{\eta}{\xi}, \quad \tan\beta = \frac{y}{x}$$

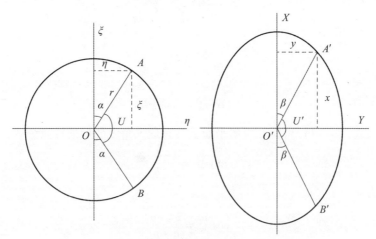

图 4-16 用变形椭圆理论分析投影后最大角度变形

根据长度比的定义可知 $a = x/\xi, b = y/\eta$，有

$$\tan\beta = \frac{b}{a} \cdot \frac{\eta}{\xi} \quad (4-31)$$

欲求 $\alpha - \beta$ 的差，则

$$\tan\alpha - \tan\beta = \tan\alpha - \frac{b}{a}\tan\alpha \text{ 或 } \tan\alpha - \tan\beta = \frac{\sin(\alpha - \beta)}{\cos\alpha\cos\beta} = \frac{a-b}{a}\tan\alpha \quad (4-32)$$

同理，可得

$$\tan\alpha + \tan\beta = \tan\alpha + \frac{b}{a}\tan\alpha \text{ 或 } \tan\alpha + \tan\beta = \frac{\sin(\alpha + \beta)}{\cos\alpha\cos\beta} = \frac{a+b}{a}\tan\alpha \quad (4-33)$$

将式(4-32)和式(4-33)相除，可得

$$\sin(\alpha - \beta) = \frac{a-b}{a+b}\sin(\alpha + \beta) \quad (4-34)$$

在式(4-34)中，只有当 $\alpha + \beta = 90°$ 时，$\alpha - \beta$ 为最大值，即

$$\sin(\alpha - \beta)_{\max} = \frac{a-b}{a+b} \quad (4-35)$$

上述为某角度的一个方向 OA 与主方向间所发生的方向上的变化，现设该角的另一方向为 OB，其投影后与主方向间所发生的方向变化也可以用式(4-34)的形式表示。现设 $\angle AOB = U, \angle A'O'B' = U'$，且

$$\Delta U = U' - U = (180° - 2\beta) - (180° - 2\alpha) = 2(\alpha - \beta) \quad (4-36)$$

因 OA、OB 为最大方向上的变形,因此式(4-36)移项后得

$$(\alpha - \beta)_{\max} = \frac{\Delta U}{2}$$

若令

$$\Delta U = \omega$$

所以,有

$$(\alpha - \beta)_{\max} = \frac{\omega}{2}$$

代入式(4-35),可得在投影平面上具有最大角度变形的计算公式,即

$$\sin\frac{\omega}{2} = \frac{a-b}{a+b}$$

也可写为

$$\cos\frac{\omega}{2} = \frac{2\sqrt{ab}}{a+b}$$

由于微分椭圆上长、短半轴分别等于 O 点上主方向的长度比,所以 $\sin\frac{\omega}{2} = \frac{m-n}{m+n}$,此式在今后各类投影的最大角度变形的计算中广为应用。

(二)等角条件、等积条件和等距离条件

在实践中欲使某种投影保持角度无变形、面积无变形或在某特定方向上(如主方向)长度无变形,可给予特定的条件加以制约,具体的运用是通过数学公式来表达的。

1. 等角条件

为了投影后保持等角,必须使角度变形为零,即 $\omega = 0$,由式 $\sin\frac{\omega}{2} = \frac{a-b}{a+b}$ 得

$$a = b \tag{4-37}$$

此即构成等角投影的必要条件。在等角投影中,变形椭圆不是椭圆而是一个圆,但此圆的大小与地面上原来圆的大小不一定相等,只要投影前后相对应的微分面积保持图形相似即可,所以有时也称它为正形投影。

由前所述,应考虑等角投影时的 $\theta = 90°$,即经纬线投影后呈正交,此时经纬线的方向就是主方向,a、b 相当于 m、n,所以式(4-37)可写为 $m = n$。现将等角条件用偏导数来表示,将式(4-22)、式(4-23)及式(4-29)代入上述条件可得

$$m = \frac{\sqrt{E}}{M}, \; n = \frac{\sqrt{G}}{r}, \; \frac{\sqrt{E}}{M} = \frac{\sqrt{G}}{r} \tag{4-38}$$

又因

第四章 海图中的投影与计算

$$\tan\theta = \frac{H}{F}$$

有

$$F = \frac{H}{\tan\theta} = \frac{H}{\tan 90°} = 0 \qquad (4-39)$$

再将式（4-15）、式（4-16）及式（4-17）代入式（4-38）和式（4-39）中，得

$$\frac{1}{M^2}\left[\left(\frac{\partial f_1}{\partial\varphi}\right)^2 + \left(\frac{\partial f_2}{\partial\varphi}\right)^2\right] = \frac{1}{r^2}\left[\left(\frac{\partial f_1}{\partial\lambda}\right)^2 + \left(\frac{\partial f_2}{\partial\lambda}\right)^2\right], \quad \frac{\partial f_1}{\partial\varphi}\cdot\frac{\partial f_1}{\partial\lambda} + \frac{\partial f_2}{\partial\varphi}\cdot\frac{\partial f_2}{\partial\lambda} = 0 \qquad (4-40)$$

式（4-40）中共含有 4 个偏导数，即 $\frac{\partial x}{\partial\varphi}$、$\frac{\partial y}{\partial\varphi}$、$\frac{\partial x}{\partial\lambda}$ 和 $\frac{\partial y}{\partial\lambda}$，在实用中是将偏导数中的两个与另外两个偏导数建立一定的关系，便可构成等角条件，现从式（4-40）中的第二式求出 $\frac{\partial y}{\partial\lambda}$ 并代入第一式经演算化简后，可得

$$\begin{cases} \dfrac{\partial f_1}{\partial\lambda} = -\dfrac{r}{M}\cdot\dfrac{\partial f_2}{\partial\varphi} \\ \dfrac{\partial f_2}{\partial\lambda} = +\dfrac{r}{M}\cdot\dfrac{\partial f_1}{\partial\varphi} \end{cases} \qquad (4-41)$$

式（4-41）称为保角变换条件，通称为柯西–黎曼（Cauchy–Riemann）条件。式中的正负号是由于式（4-40）中的偏导数开方后出现正、负两值。此外，由于 H 的几何意义实为面积元素，恒为正，故由 $H = \frac{\partial f_1}{\partial\varphi}\cdot\frac{\partial f_2}{\partial\lambda} - \frac{\partial f_2}{\partial\varphi}\cdot\frac{\partial f_1}{\partial\lambda}$ 可知，$\frac{\partial f_1}{\partial\lambda}$ 和 $\frac{\partial f_2}{\partial\lambda}$ 必须取相反的符号。

2. 等积条件

等积投影的条件就是要使面积比 $P = 1$。已知 $P = ab = 1$ 也可写为

$$P = mn\sin\theta = mn\cos\varepsilon = 1 \qquad (4-42)$$

式（4-42）为等积条件的一种形式，在投影后经纬线呈正交的投影中，等积条件的特殊形式为

$$mn = 1 \qquad (4-43)$$

若仿等角条件的方式写为 x、y 和 φ、λ 的表达式，可根据 $P = \mathrm{d}F'/\mathrm{d}F$ 的关系式求证。已知椭球面上微分梯形面积 $\mathrm{d}F = Mr\mathrm{d}\varphi\mathrm{d}\lambda$，投影平面上的微分梯形面积 $\mathrm{d}F' = \mathrm{d}S_M\mathrm{d}S_N\sin\theta$，式中，$\mathrm{d}S_M$ 和 $\mathrm{d}S_N$ 已从式（4-19）解得，现求 $\sin\theta$ 的函数值。

如图 4-17 所示，有

$$\sin\psi_m = \frac{\mathrm{d}y}{\mathrm{d}S'_M} = \frac{\frac{\partial f_2}{\partial \varphi}\cdot \mathrm{d}\varphi}{\sqrt{E}\mathrm{d}\varphi} = \frac{1}{\sqrt{E}}\cdot\frac{\partial f_2}{\partial \varphi},\ \cos\psi_m = \frac{\mathrm{d}x}{\mathrm{d}S'_M} = \frac{\frac{\partial f_1}{\partial \varphi}\cdot \mathrm{d}\varphi}{\sqrt{E}\mathrm{d}\varphi} = \frac{1}{\sqrt{E}}\cdot\frac{\partial f_1}{\partial \varphi}$$

(4-44)

$$\sin\varphi_n = \frac{\mathrm{d}y}{\mathrm{d}S'_N} = \frac{\frac{\partial f_2}{\partial \lambda}\cdot \mathrm{d}\lambda}{\sqrt{G}\mathrm{d}\lambda} = \frac{1}{\sqrt{G}}\cdot\frac{\partial f_2}{\partial \lambda},\ \cos\varphi_n = \frac{\mathrm{d}x}{\mathrm{d}S'_N} = \frac{\frac{\partial f_2}{\partial \lambda}\cdot \mathrm{d}\lambda}{\sqrt{G}\mathrm{d}\lambda} = \frac{1}{\sqrt{G}}\cdot\frac{\partial f_2}{\partial \lambda}$$

式中:φ_m 和 φ_n 分别为经纬线投影后的方向角。

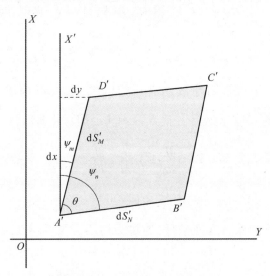

图 4-17　椭球面上微分梯形

由图 4-17 可知:$\theta' = \varphi_n - \varphi_m$,从而导出

$$\begin{cases}\sin\theta = \sin(\varphi_n - \varphi_m) = \dfrac{1}{\sqrt{EG}}\left(\dfrac{\partial f_1}{\partial \varphi}\cdot\dfrac{\partial f_2}{\partial \lambda} - \dfrac{\partial f_1}{\partial \lambda}\cdot\dfrac{\partial f_2}{\partial \varphi}\right) = \dfrac{H}{\sqrt{EG}} \\ \cos\varphi_n = \cos(\varphi_n - \varphi_m) = \dfrac{1}{\sqrt{EG}}\left(\dfrac{\partial f_1}{\partial \varphi}\cdot\dfrac{\partial f_1}{\partial \lambda} + \dfrac{\partial f_2}{\partial \lambda}\cdot\dfrac{\partial f_2}{\partial \varphi}\right) = \dfrac{H}{\sqrt{EG}}\end{cases}$$ (4-45)

根据面积比为 1 的等面积投影条件,最后可得

$$P = \frac{\mathrm{d}F'}{\mathrm{d}F} = \frac{\sqrt{EG}\mathrm{d}\varphi\mathrm{d}\lambda\cdot\dfrac{H}{\sqrt{EG}}}{Mr\mathrm{d}\varphi\mathrm{d}\lambda} = \frac{H}{Mr} = 1$$

则

$$H = Mr,\ \frac{\partial f_1}{\partial \varphi}\cdot\frac{\partial f_2}{\partial \lambda} - \frac{\partial f_1}{\partial \lambda}\cdot\frac{\partial f_2}{\partial \varphi} = Mr \qquad (4-46)$$

3. 等距离条件

等距离条件是使主方向之一上的长度比等于 1，即 $A=1$ 或 $b=1$。在经纬线为正交的投影中，常使 $m=1$，即

$$m = \frac{\sqrt{E}}{M} = 1 \qquad (4-47)$$

作为等距离条件，式(4-47)也可写为

$$E = M^2$$

即

$$\left(\frac{\partial x}{\partial B}\right)^2 + \left(\frac{\partial y}{\partial B}\right)^2 = M^2 \qquad (4-48)$$

必须注意：以上三种投影条件不可能同时应用于一种海图投影中。

第二节 墨卡托投影

航用海图必须具备两个基本条件，即恒向线在海图上是一条直线，投影的性质是等角的。1569 年，荷兰制图学家格拉德·克列密尔(Gladeek Lemir)创造了能满足航用海图要求的墨卡托投影方法(墨卡托是他的拉丁文名字)。

一、墨卡托投影的性质

墨卡托投影主要有如下 4 个特性。

(1)经线和纬线都是各自平行的直线，经线和纬线互相垂直，经线之间间隔相等。

(2)恒向线在图上是一条直线。

(3)投影的性质是等角(正形)的，即在图上任意一点量取向位和夹角均不变形。

(4)纬度渐长，即海图上同一纬度处的局部比例尺是相等的，不同纬度处的局部比例尺均不相等，经线上纬度 1′ 的线长随纬度增高而渐长。

由于墨卡托海图上恒向线被描绘成直线，便于在海图上进行航迹绘标；且墨卡托投影又是等角投影，能保持实地方位与图上方位一致，图上作业十分便利；加之墨卡托海图上的经、纬线为正交且各自平行的直线，计算简单、绘制方便，故几个世纪以来，世界各国都采用该投影制作海图。

墨卡托投影是等角正圆柱投影，用这种投影方法绘制的海图称为墨卡托海图，占目前使用海图的 95% 以上。

二、墨卡托投影的计算

(一) 墨卡托投影的坐标公式

如图 4-18 所示,墨卡托海图为正圆柱投影,即将一个圆柱罩在地球的外面,并且使圆柱的轴与地球的轴相重合。将地球上的一切投影在圆柱面上,再将圆柱面沿一条母线切开后展开成平面。经线的投影是一组相互平行的直线,它们的间隔和经差与圆柱的半径成比例。同样,任何纬线的投影也是一组相互平行的直线,且其与经线相互垂直,并以赤道为起点,具有对称性。

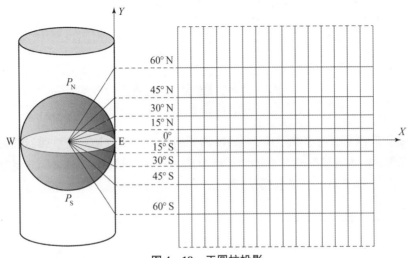

图 4-18 正圆柱投影

正圆柱投影的普遍公式为

$$x = r_0 f(\varphi), \quad y = r_0(\lambda - \lambda_0) \tag{4-49}$$

式中:r_0 为圆柱半径;λ_0 为投影坐标起算经度。

由于正圆柱投影的圆柱面上经纬线正交,如第一节所述,可以用经线和纬线上的投影长度比相等的等角条件 $m = n$,推导出墨卡托投影坐标公式。

如图 4-19 所示,设地球椭圆体面上有任一点 $B(\varphi, \lambda)$,$P_N GBE$ 为过 B 点的经线,BC 为过 B 点的纬圈,EQ 为赤道,b 为 B 点在海图的投影点。JK 为基准纬圈,它是圆柱面切(或割)于地球椭圆体处的纬圈,其纬度称为基准纬度①。

---

① 割圆柱基准纬圈为对称于赤道的两个平行圈,其半径即为圆柱半径,基准纬圈上没有投影变形。切圆柱是割圆柱的一个特例。基准纬度是墨卡托投影的投影常数,圆柱半径就是根据它计算的。基准纬度是决定海图范围或图幅大小的主要依据,图上经差单位长度和纬差间(渐长间隔)单位长度都是用它计算的。

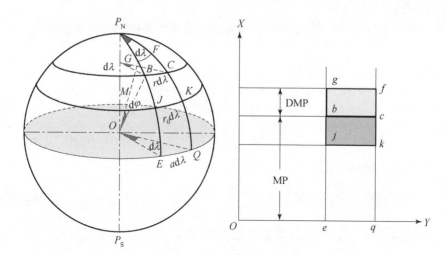

图 4-19 墨卡托海图投影原理

当 B 点的经度和纬度取无限小增量 $\mathrm{d}\lambda$、$\mathrm{d}\varphi$，并画出新的经线 $P_N FCQ$ 和新的纬圈 GF，在椭圆体面上就得到了一个微分四边形，投影到海图平面后为矩形 $bcfg$。微分四边形在地球椭圆面上微分弧长为

$$BC = r\mathrm{d}\lambda,\quad BG = M\mathrm{d}\varphi$$

式中：r 为 B 点处的纬圈半径；M 为 B 点的子午圈曲率半径。

投影到平面上，其对应的线段为

$$bg = \mathrm{d}x = \mathrm{DMP},\quad bc = eq = jk = \mathrm{d}y = r_0\mathrm{d}\lambda$$

按等角投影条件，经、纬线两方向的比例尺应相等（$m = n$），则

$$\frac{r_0\mathrm{d}\lambda}{r\mathrm{d}\lambda} = \frac{\mathrm{d}x}{M\mathrm{d}\varphi} \tag{4-50}$$

即

$$\mathrm{d}x = r_0\frac{M}{r}\mathrm{d}\varphi \tag{4-51}$$

将 $M = \dfrac{a(1-e^2)}{(1-e^2\sin^2\varphi)^{3/2}}$，$r = \dfrac{a\cos\varphi}{\sqrt{1-e^2\sin^2\varphi}}$ 代入式（4-51）并由 $0 \sim \varphi$ 进行积分，得

$$x = r_0\ln\left[\tan\left(\frac{\pi}{4} + \frac{\varphi}{2}\right)\left(\frac{1-e\sin\varphi}{1+e\sin\varphi}\right)^{\frac{e}{2}}\right] \tag{4-52}$$

式中：r_0 为基准纬圈半径（φ_0 为基准纬度），$r_0 = \dfrac{a\cos\varphi_0}{\sqrt{1-e^2\sin^2\varphi_0}}$；$e$ 为地球椭圆体

的第一偏心率，$e = \sqrt{1 - \dfrac{b^2}{a^2}}$；$a$、$b$ 分别为地球椭圆体的长轴半径和短轴半径。

令

$$U = \tan\left(\dfrac{\pi}{4} + \dfrac{\varphi}{2}\right)\left(\dfrac{1 - e\sin\varphi}{1 + e\sin\varphi}\right)^{\frac{e}{2}} \quad (4-53)$$

则

$$x = r_0 \ln U \quad (4-54)$$

所以墨卡托投影坐标公式可表示为

$$\begin{cases} x = r_0 \ln U \\ y = r_0 (\lambda - \lambda_0) \end{cases} \quad (4-55)$$

若基准纬线为赤道，则为切墨卡托投影，将 r_0 换成地球椭球长轴半径 a 即可。依上述等角投影条件，有

$$m = n = \dfrac{r_0}{r},\ P = mn = \left(\dfrac{r_0}{r}\right)^2,\ \omega = 0$$

(二) 墨卡托投影的变形规律

由于墨卡托投影是等角投影性质的投影，除角度不变外，只存在着长度变形和面积变形，并且同一点上经线方向长度比和纬线方向长度比是相等的；长度变形和面积变形可根据投影变形公式来进行精确计算和分析。表 4-4 所列为基准纬度为 ±30°，计算纬差每隔 15° 的各种变形数值；表 4-5 所列为基准纬度为 0°，计算纬差每隔 10° 的长度变形数值。

表 4-4 割墨卡托投影的变形数值

纬度	长度比 $m = n$	面积比 P
90°	∞	∞
75°	3.345	11.189
60°	1.732	3.000
45°	1.224	1.498
30°	1.000	1.000
15°	0.896	0.803
0°	0.866	0.750

表 4–5　切墨卡托投影的变形数值

纬度	0°	10°	20°	30°	40°	50°	60°	70°	80°	90°
长度比	1.000	1.0153	1.0638	1.1539	1.3036	1.5567	1.9950	2.9152	5.7400	∞

从表 4–4 和表 4–5 中可以看出,基准纬线上无变形,基准纬线附近变形较小,离基准线越远变形越大。

若是割圆柱投影,两基准纬间为负变形,赤道处变形最大;两基准纬线外为正变形。因此,基准纬度选择的好坏,直接影响投影变形的大小。

切投影用于制作沿赤道延伸地区的海图,而割投影用于制作沿纬线延伸地区的海图。我国海域位于北半球,因此海图一般都采用割墨卡托投影。

选好基准纬线非常重要,可使变形减少一半左右。但墨卡托投影在远离赤道的高纬地区变形很大,图上量测精度较低,制作纬度 75°以上高纬地区海图时,不宜采用墨卡托投影。

基准纬线的选择可分为以下三种情况。

(1)海图区域沿赤道或位于赤道附近,可选择赤道为基准纬线。

(2)海图区域离开赤道较远时,可根据区域南、北边纬的变形绝对值相等的条件确定选择基准纬线。对于具体海区,在确定基准纬线时,还要结合海区的地理位置和特点全面考虑。

现设海区北边纬度为 φ_N、南边纬度为 φ_S,则

$$n_N = \frac{r_0}{r_N} = \frac{R\cos\varphi_0}{R\cos\varphi_N} = \cos\varphi_0 \sec\varphi_N > 1, \quad n_S = \frac{r_0}{r_N} = \frac{R\cos\varphi_0}{R\cos\varphi_S} = \cos\varphi_0 \sec\varphi_S > 1$$

若要满足区域南、北边纬的变形绝对值相等的条件,则

$$n_N - 1 = 1 - n_S$$

即

$$\sec\varphi_0 = \frac{1}{2}(\sec\varphi_N + \sec\varphi_S)$$

上式即为基准纬线计算公式。

(3)海图区域跨在赤道两侧时,应使区域内最大的正变形与最大的负变形(在赤道上)绝对值相等;即使区域内最大纬度上与赤道上的变形绝对值相等。这时,有

$$\sec\varphi_0 = \frac{1}{2}(1 + \sec\varphi)$$

例如,在 $-20° \sim 40°$ 的海区,则有基准纬线为

$$\sec\varphi_0 = \frac{1}{2}(1 + \sec\varphi) = \frac{1}{2}(1 + \sec 40°) = 1.153$$

$$\varphi = 29°50'$$

(三) 纬度渐长率

从表 4-4 和表 4-5 中还可以分析出,不论基准纬度 φ_0 如何,当纬度差 $\Delta\varphi$ 相等时,墨卡托投影中纬线的间隔,自赤道起向两极随纬度的增大而逐渐伸长,至极地为无穷大,因此墨卡托投影又称为渐长图法,如图 4-20 所示。

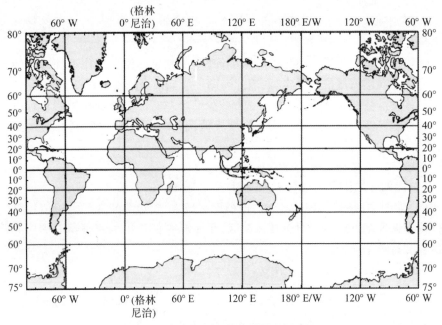

图 4-20 纬度渐长导致的海图变形

在墨卡托海图上,横坐标通常以基准纬线上经度 1′的图上长度①作为坐标单位,为了便于制图和计算,纵坐标也应取与横坐标相同的坐标单位。

在墨卡托海图上,某一纬度圈到赤道的间距与经度 1′的图上长度的比值称为该纬度的纬度渐长率,也称为渐长纬度(Meridianal Parts,MP),即

$$\text{MP} = \frac{x}{r_0 \cdot \text{arc}1'} \qquad (4-56)$$

由式(4-56),可得:

$$\text{MP} = \frac{\ln U}{\text{arc}1'} = 3437.7468\ln U \qquad (4-57)$$

将自然对数化为常用对数,即得纬度渐长率公式为

---

① 若基准纬度为赤道(切投影),则以赤道上经度 1′(1 赤道海里)的图上长度为坐标单位。

$$MP = 7915.7047' \lg U - 23.04892\sin\varphi + 0.01290\sin3\varphi \quad (4-58)$$

式中：$U = \tan\left(\dfrac{\pi}{4} + \dfrac{\varphi}{2}\right)\left(\dfrac{1 - e\sin\varphi}{1 + e\sin\varphi}\right)^{\frac{e}{2}}$。

各纬度渐长率已按式(4-58)制成纬度渐长率表列入《航海表》及《制图用表》中。它表示在墨卡托投影海图上，为了达到等角正形的要求，图上任一纬线到赤道以图上经度 1′ 的长度为单位的距离。在绘制墨卡托海图图网时，距离单位是基准纬线上经度 1′ 的图上长度，经线之间的距离等于两条经线之间经差的分数，纬线之间的距离等于这两条纬线的纬度渐长率之差（Difference of Meridian Parts, DMP）：

$$DMP = MP_2 - MP_1 \quad (4-59)$$

相反，在绘制海图图网时，只要满足上述条件，则该图就满足等角投影的要求，就是墨卡托海图图网。

由于墨卡托海图具有纬度渐长的特点，因此，在图上量取两点间的距离时，应在航行海区附近的纬度比例尺（该纬度经线上的纬度分划）上量取。

(四) 墨卡托投影图上的等角航线

如图 4-21 所示，保持航向不变的航线称为恒向线或等角航线。恒向线是一条与所有子午线相交成恒定角度的对数螺旋曲线，它趋向地极但不能到达地极。

在恒向线上两点间的距离并非最短。将地球作为圆球体时，地面上两点间的最短距离为通过该两点的大圆弧，一般大圆弧与各子午线交角均不相等。在航程不太长和纬度不太高的海区航行时，通常均采用沿着两点之间的恒向线航行。

如图 4-22 所示，在恒向线 DG 上取非常接近的两点 A 和 E，过 A 和 E 分别作子午线 P_NAP_S 和 P_NEP_S，过 E 作纬度圈 Ef 与子午线 P_NAP_S 相交于 B。若 E、A 无限接近，则可将 △ABE 当作平面直角三角形。因此，有

$$\tan C = \frac{BE}{AB} \quad (4-60)$$

因为

$$\begin{cases} BE = r\mathrm{d}\lambda \\ AB = M\mathrm{d}\varphi \end{cases} \quad (4-61)$$

式中：M 为子午线曲率半径。

所以

$$\mathrm{d}\lambda = \frac{M}{r}\tan C \mathrm{d}\varphi \quad (4-62)$$

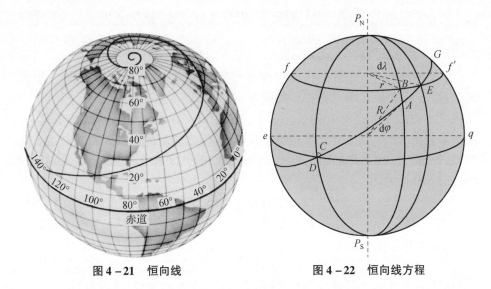

图 4-21 恒向线　　　　　图 4-22 恒向线方程

式(4-62)中,$\tan C$ 为常数,对它积分求从 $A(\varphi_1,\lambda_1)$ 到 $G(\varphi_2,\lambda_2)$ 的恒向线方程,有

$$\int_{\lambda_1}^{\lambda_2} d\lambda = \tan C \int_{\lambda_1}^{\lambda_2} \frac{M}{r} d\varphi \tag{4-63}$$

因有

$$\int \frac{M}{r} d\varphi = \ln \tan\left(45° + \frac{\varphi}{2}\right) + \frac{e}{2}\ln(1 - e\sin\varphi) - \frac{e}{2}\ln(1 + e\sin\varphi) \tag{4-64}$$

得恒向线方程为

$$\lambda_2 - \lambda_1 = \tan C \left\{ \ln\left[\left(\frac{1 - e\sin\varphi_2}{1 + e\sin\varphi_2}\right)^{\frac{e}{2}} \cdot \tan\left(45° + \frac{\varphi_2}{2}\right)\right] \right.$$

$$\left. - \ln\left[\left(\frac{1 - e\sin\varphi_1}{1 + e\sin\varphi_1}\right)^{\frac{e}{2}} \cdot \tan\left(45° + \frac{\varphi_1}{2}\right)\right] \right\} \tag{4-65}$$

令

$$\begin{cases} U_1 = \tan\left(45° + \dfrac{\varphi_1}{2}\right) \cdot \ln\left(\dfrac{1 - e\sin\varphi_1}{1 + e\sin\varphi_1}\right)^{\frac{e}{2}} \\ U_2 = \tan\left(45° + \dfrac{\varphi_2}{2}\right) \cdot \ln\left(\dfrac{1 - e\sin\varphi_2}{1 + e\sin\varphi_2}\right)^{\frac{e}{2}} \end{cases} \tag{4-66}$$

所以

$$\lambda_2 - \lambda_1 = \tan C [\ln U_2 - \ln U_1] \tag{4-67}$$

若 $e = 0$,由式(4-58)可得将地球当作球体的恒向线方程,即

$$\lambda_2 - \lambda_1 = \tan C \left\{ \ln \left[\tan \left(45° + \frac{\varphi_2}{2} \right) \right] - \ln \left[\tan \left(45° + \frac{\varphi_1}{2} \right) \right] \right\} \tag{4-68}$$

由墨卡托海图投影坐标式(4-55),得

$$y_2 - y_1 = \tan C (x_2 - x_1) \tag{4-69}$$

显然,式(4-69)为一个斜率为 $\tan C$ 的直线方程,由此可以证明等角航线在墨卡托海图上是一条直线。

三、自绘墨卡托海图*

在航海工作中,有时可能需要航海人员在空白纸上绘制海图图网。绘制海图图网的方法主要有渐长纬度法和简易绘图法两种。

(一) 渐长纬度法

渐长纬度法是用计算或查《航海表》中"纬度渐长率表"求出所绘纬线的渐长纬度,绘制纬线的制图方法。采用这种方法,必须先计算图上经度1′的长度,并将其作为海图的计算单位,称为海图单位(e)。纬度1′的长度用海图单位的倍数来表示。

如果图中两纬线之间的纬差为5′,则需从渐长纬度表中查得 $\varphi = 34°20.0′$(底边纬度)、$34°25.0′$ 的渐长纬度,分别求得纬差为5′的渐长纬差和两纬线之间的间隔,然后在图上绘制纬线网,如图4-23所示。在量取纬线间隔时,同样要注意避免误差积累。

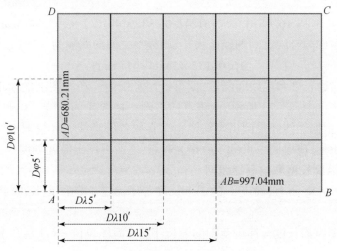

图4-23 渐长纬度法绘制墨卡托海图

由于墨卡托海图纬度渐长的特性,所以纬度1′的图上长度是随着纬度的升高而渐长的。为绘制纬度刻度的方便,可将两纬线间按纬差平分,纬度1′的图上长度用平均值来代替,但要求误差小于0.1mm,应缩小两纬线的间隔。

1. 求海图单位

地球椭圆体基准纬圈上经度1′的弧长乘以海图的基准比例尺,即得海图单位。其计算公式为

$$e = S \times C_\text{基} \quad (4-70)$$

式中:S 为地球椭圆体基准纬圈上经度1′的弧长;$C_\text{基}$为基准比例尺。

而基准纬圈上经度1′的弧长 S 可通过纬圈半径 r 求得

$$S = r \cdot \text{arc}1 = \frac{a\cos\varphi}{\sqrt{1-e^2\sin^2\varphi}} \cdot \frac{1}{3437.74677} \quad (4-71)$$

例4-1 计算基准比例尺为1:100000(基准纬线30°N)的海图单位。

按照式(4-70),可求得30°纬圈上经度1′的弧长为1608132mm,海图单位为

$$e = 1608132 \times \frac{1}{100000} = 16.08132(\text{mm})$$

2. 求横廓长度和绘制经线网

如果已经确定海图所包括的经度范围,可计算该图的横廓长度,即

$$\text{海图横廓长度} = \text{经度范围} \times \text{海图单位} = D\lambda \cdot e \quad (4-72)$$

图中经线之间的间隔可用同样的方法求得。

例4-2 例4-1中,设确定的经度范围为130°40.0′E~131°42.0′E,则横廓长度为

$$D\lambda \cdot e = 16.08132 \times (131°42.0' - 130°40.0') \approx 997.04(\text{mm})$$

如果图中两经线之间的经差为5′,则经线之间的间隔为

$$16.08132 \times 5 \approx 80.41(\text{mm})$$

求得横廓长度和经线间隔后,即可绘制经线网。在海图纸的左下角取一点 A 作为基点,如图4-23所示,由该点向右画一横线作为纬线,其长度等于横廓长度,然后根据经线间隔画出与纬线相垂直的各条经线。在量取经线间隔时为避免误差积累,应以同一点(A 点)作为起点,之后再作出经度刻度。

3. 求纵廓长度和绘制纬线网

在墨卡托海图上,经度1′的图上长度等于赤道1′的图上长度,所以海图纵廓长度为

$$\text{海图纵廓长度} = \text{纬度范围的渐长纬差} \times \text{海图单位} = (D_2 - D_1) \cdot e$$

$$(4-73)$$

图中两纬线之间的间隔可用同样的方法求得。

例 4-3 在例 4-2 中设已确定的纬度范围为 34°15.0′N ~ 34°50.0′N,求海图纵廓长度。

解:由渐长纬度表查得

$$\varphi_2 = 34°50.0′, \quad D_2 = 2218.9$$

$$\varphi_1 = 34°15.0′, \quad D_1 = 2176.6$$

$$\Delta D = D_2 - D_1 = 42.3$$

纵廓长度 $= \Delta D \cdot e = 42.3 \times 16.08132 \approx 680.2 (\text{mm})$

(二) 简易绘图法

渐长纬度法是将地球看作椭圆体、精度比较高的墨卡托图网绘制方法。在实际工作中,当对墨卡托海图图网的精度要求不是很高时,可以将地球看成球体,采用简易作图方法。

1. 基本原理

如图 4-24 所示,将地球看成球体时,纬圈半径 r 与地球半径 R 的关系为

$$r = R\cos\varphi$$

则两条经线在纬圈上所夹弧长 ΔW 与其在赤道上所夹弧长 $\Delta \lambda$ 的关系为

$$\Delta W = \Delta \lambda \cos\varphi$$

或

$$\Delta \lambda = \Delta W \sec\varphi$$

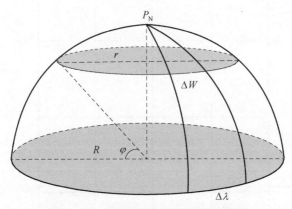

图 4-24 简易法绘制墨卡托海图原理

说明在墨卡托海图上 ΔW 是放大了 $\sec\varphi$ 倍后,才等于与它相对应的 $\Delta \lambda$ 而被画到图上的,所以图上的经线都画成相互平行的直线。根据墨卡托投影原理,图上任一点经线方向的局部比例尺与纬线方向的局部比例尺相等,因此在墨卡

托海图上经线的局部比例尺也要放大 $\sec\varphi$ 倍。但是在两条纬线间的纬度是变化的,所以各点的放大倍数也不一致,为了作图方便,采用两条纬线间的平均纬度的放大倍数 $\sec\varphi_m$,作为相邻纬线之间经线上的平均放大倍数。

如果两条纬线间的纬差不是很大、纬度也不高,则由它而引起的误差是不大的。

2. 绘制方法

用例子来说明,如图 4-25 所示。

例 4-4 绘制一张 120°E ~ 124°E、32°N ~ 36°N 范围的墨卡托海图。

解:步骤如下:

(1)按渐长纬度法求出各整度数纬线之间的间隔,并分别画出 120°E、121°E、122°E、123°E、124°E 这 5 条经线。

(2)在图的下端画出一条垂直于经线的纬线,作为 32°N 的纬线。

(3)在 A 点(32°N,120°E)处,作一与 32°N 纬线夹角为 32.5°的射线,与 121°E 经线交于 B 点,则 $AB = (121°E - 120°E)\sec 32.5°$,即 AB 等于图上经度 1°的 $\sec\varphi_m$ 倍。所以按 AB 的长度在 120°E 经线上量 $AC = AB$,过 C 即可画出 33°N 的纬线。

(4)用类似的方法,可画出其他纬线。

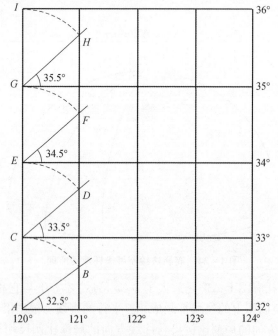

图 4-25 简易法绘制墨卡托海图

四、墨卡托投影的不足

墨卡托投影的主要缺点是高纬度地区变形太大,失去真实性。在这类地区,一般都改用其他投影方法绘制海图。

此外,墨卡托投影的另一个缺点是图上量测精度比地形图所采用的投影低,因为大地线或大圆(将椭圆体看作球体时)在图上被描绘为曲线,而图上所能量测到的距离与方向均为等角航线的距离与方向,与实地的距离、方向有出入。这些变形误差除高纬度地区或很小比例尺的海图外,在航海的实际应用上影响并不大,因为舰船在航行中随时要测定舰位,当距离不大时,大地线与等角航线可以视为重合。

第三节 高斯-克吕格投影*

高斯-克吕格投影是地球椭圆体面和平面间正形投影的一种,又称等角横切椭圆柱投影。它是德国数学家、物理学家、大地测量学家高斯于19世纪20年代提出的,后经德国大地测量学家克吕格(Kruger)于1912年对投影公式进行了补充和完善后,称为高斯-克吕格投影,简称高斯投影。

一、高斯-克吕格投影的性质

如图4-26所示,将一个圆柱面切于椭圆体的某一子午线上,圆柱轴与赤道平面的直径重合。由于子午圈呈椭圆形,因此这个圆柱是一个横向的椭圆柱。将椭圆体面上各要素用等角投影的方法描绘到这个椭圆柱面上,再将它展成平面,这种投影就是高斯-克吕格投影。被切的子午线称为中央子午线或中央经线(简称中经)。

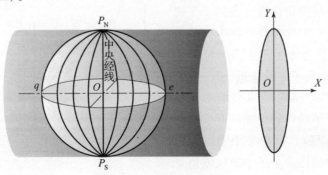

图4-26 高斯投影原理

高斯－克吕格投影是等角投影，在面积不大的范围内，投影平面上的形状基本上与实地形状一致，所以在图上量测方向与距离都比较方便。

高斯－克吕格投影具有下列性质。

(1) 中央子午线上的投影长度比是1，其他各经线的投影长度比总是大于1，而且离中央子午线越远，比值越大。投影的变形随其至中央子午线间距离的增大而增大。

(2) 如图4-27所示，投影平面上只有中央子午线与赤道被描绘为相互正交的直线，其他经纬线都被投影成正交的曲线。经线是凹向中央子午线的曲线，并以中央子午线为对称轴左右对称；纬线是凸向赤道的曲线，以赤道为对称轴南北对称。纬线的曲率比经线的曲率大。

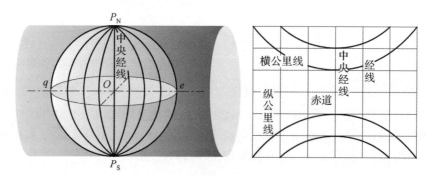

图4-27 高斯公里网图原理

(3) 投影是等角的，投影平面上小块面积的形状与实地相似，经纬线成正交。

(4) 同一条经线上(非中央子午线)高纬度处的变形比低纬度处的小。因为同一经线上纬度越低，距中央子午线越远，赤道上为最大。

(5) 如图4-28所示，投影平面上通过某一点 A 的经线的切线与通过该点的纵坐标轴的交角称为 A 点的子午线收敛角 γ。子午线收敛角在中央子午线上为零，其他地区随 A 点的位置不同而异，距中央子午线越远，子午线收敛角越大；纬度越高，子午线收敛角也越大。但子午线收敛角随纬度的变化比较缓慢，而随其至中央子午线间距离的变化却很迅速。子午线收敛角是真方位与投影平面上坐标方位之间的

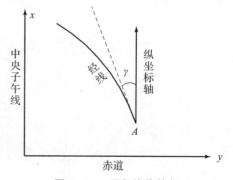

图4-28 子午线收敛角

换算数据。

(6)大地线被投影成曲线。在规定的投影带范围内,这类曲线的曲率很小,长度比也不显著,在制图作业上可以将它看作与实地等长的直线。

二、高斯-克吕格投影的计算

高斯投影是将地球椭圆体表面,按一定经差(6°或3°)分成若干经度带,将各经度带按三个投影条件,分别等角投影到平面上,中央经线投影为纵坐标轴,且其投影后长度不变。由于高斯投影没有角度变形,长度变形小,各投影带一致,量测精度高,计算简便,可以满足军事上的各种要求,被世界各国广泛采用。

如图4-27所示,用一个椭圆柱面横切于地球椭圆体面上某一经度带的中央经线上,将中央经线侧一定经差(3°或1.5°)范围内的椭圆面,等角投影到椭圆柱面上,然后将椭圆柱面沿着通过北极和南极的母线展开成投影平面。中央经线的投影为纵坐标 x 轴,赤道的投影为横坐标 y 轴,它们的交点为原点 O,构成高斯-克吕格平面直角坐系。

如图4-27所示,沿赤道向东、西距中央经线各90°处有点 e、q,过 e、q 作若干垂直于中央经线的大圆,大圆弧间隔为1000m。平行于中央经线作若干小圆,各小圆间隔也为1000m。按等角投影到椭圆柱面上并沿母线展开,即得由纵、横公里线构成的高斯公里网图。经线被投影成凹向中央经线的曲线,以中央经线为轴,东西对称。纬线为凸向赤道的曲线,以赤道为轴,南北对称。

高斯投影图的特点是,中央经线和赤道投影后成为互相垂直的直线,其余经线为凹向并对称于中央经线的曲线且交于两极,其余纬线为凸向并对称于赤道的曲线;中央经线没有长度变形,其余各经纬线都有不同程度的增长,距中央经线越远,变形越大,因此它适宜用来描绘经差小,而纬度差大的狭长地带;极区变形较小,适宜用来描绘高纬度地区的海图。

如图4-29所示。限制投影变形的最有效办法就是分带投影,即将地球椭圆体面沿子午线划分成若干个经差相等的狭窄地带分别投影。国际上统一将椭圆体面分成6°带和3°带两种。高斯投影6°带,自0°经线起,由西向东每经差6°为一带,带号依次为第1、2、3、…、60带。各带的中央经线依次为3°、9°、15°、…、357°。3°分带是在6°带的基础上划分的,从1°30′经线起,由西往东每经差3°为一带。带号依次编为3°第1、2、3、…、120带,其中央经线奇数带与6°带中央经线重合,偶数带与6°带分带经线重合。

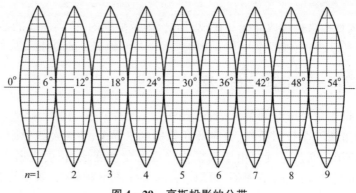

图4-29 高斯投影的分带

分带投影形成了各带独立的坐标系。相邻两带的直角坐标系互相独立,各坐标线都平行于本带的纵、横坐标轴。位于分带子午线两侧的图幅,由于分属两个不同的坐标系,使其公里网不相衔接,成相互斜交,给使用带来极大不便。为便于相邻两带接合处坐标相互转换,采用投影带重叠的方法。西边投影带向东延伸经差30′,东边投影带向西延伸经差7.5′或15′,则在分带子午线附近构成经差37.5′~45′的重叠范围。在重叠范围内,每幅图要具有相邻两带的坐标公里网,除绘上本带坐标公里网外,还在图廓线外加绘邻带坐标公里网的短线,并注记相应的公里数。相邻两带的图幅拼接后,只要规定以某一带坐标为准,并将其坐标值相同的短线连接起来(图中用虚线表示),即构成与邻带统一的坐标公里网。

设每带中央经线的投影为纵坐标 x 轴,赤道的投影为横坐标 y 轴,它们的交点为坐标原点。规定 x 坐标在赤道以北为正,以南为负;y 坐标在中央经线以东为正,以西为负。由于我国位于北半球,定义高斯坐标的 x 均为正值,y 则有正有负。如图4-30所示,为避免 y 值出现负号,规定将纵坐标轴西移500km,使投影带内所有 y 坐标值均为正,只是中央经线以东各点 y 值都大于500km,以西各点 y 值都小于500km。

在高斯公里网图上,位置是用平面直角坐标 x、y 来表示的。由于高斯公里网图采取分带投影,每带分别投影到平面上,各自有独立的

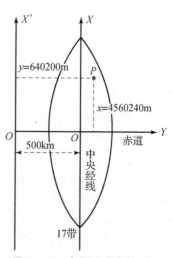

图4-30 高斯平面直角坐标

坐标系统。规定以每带中央经线的投影为 X 轴,赤道的投影为 Y 轴,两坐标轴的交点为坐标原点。X 坐标在赤道以北为正,以南为负;Y 坐标在中央经线以东为正,以西为负。我国位于北半球,故 X 坐标均为正,Y 坐标有正有负。为了使用方便,避免 Y 值出现负号,规定将纵坐标向西平移 500km,也就是将所有 Y 值加 500km,从而使投影带内所有 Y 坐标均为正值,中央经线以东各点 Y 坐标值都大于 500km,以西各点 Y 坐标值都小于 500km,如图 4-30 所示。

由于各投影带有各自独立的坐标系统,因此,各投影带中坐标相同的点并不是同一点。为了区别,规定在横坐标 Y 值前加注带号,用带号后的 6 位数值表示横坐标值(以米为单位)。

如图 4-30 所示,图上某点 P 的坐标值为 $x = 4560240, y = 17640200$,表示该点在北半球,位于第 17 带,通过该点的横坐标线与中央经线的交点沿中央经线到赤道的距离为 4560240m,沿横坐标线到中央经线的距离为 140200m。

如图 4-31 所示,高斯图上的方向是用坐标方位角表示的。某点的坐标方位角 O 是以过该点的纵坐标线北端为基准,顺时针方向至物标方位线的夹角。显然,除中央经线外,纵坐标线与真北线的方向不一致,坐标方位角与真方位的关系为

$$\mathrm{TB} = \alpha + \gamma \tag{4-74}$$

式中:TB 为真方位;α 为坐标方位角;γ 为子午线收敛角。

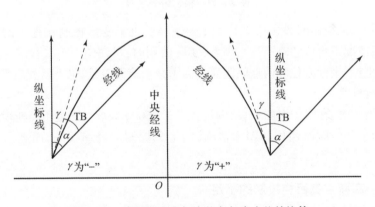

图 4-31 高斯图上坐标方位角与真方位的换算

子午线收敛角是纵坐标线与真北线之间的夹角,在北半球,在中央经线以东,γ 为正,以西为负;在南半球则相反。在同一投影带内,距中央经线和赤道越近,γ 越小,反之越大,但 γ 最大不超过 3°。

子午线收敛角的值,除可直接在高斯图上量取外,还可用近似公式计算,即

$$\gamma = D\lambda \sin\varphi \tag{4-75}$$

式中:$D\lambda$ 为某点与中央经线的经差;φ 为某点的纬度。

由于各带有独立坐标系统,各坐标线都平行于本带的纵、横坐标轴。当两带相邻图幅拼接使用时,两带的公里网不相衔接,成相互斜交,如图4-32所示,造成使用上的困难。为了解决这一问题,便于相邻两带接合处坐标的相互转换,采用投影带重叠的方法,即带的西边缘经差30′以内及东边缘经差7.5′或15′以内为重带地区,在重带地区图廓线加绘邻带坐标网短线,并注有相应的公里数。使用时只要规定以某一带坐标为准,并将其坐标值相同的短线连成直线,即可构成与邻带统一的坐标网,如图4-32所示。

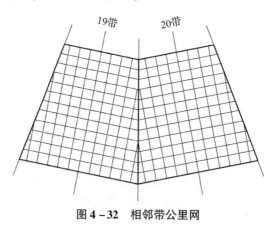

图4-32 相邻带公里网

由于高斯投影的投影带宽度只有经差6°,投影变形控制在很小的范围之内,一般情况下可以忽略不计。因此,实际使用时,可在图上直接量取某点的平面直角坐标、坐标方位和两点间距离。为了减小绘图误差,也可以利用平面三角公式进行计算。

应当注意,在我国海图中,比例尺大于1:25000的港湾图是用高斯投影绘制的,但为了便于航海使用和图面清晰,图上只绘制了经纬线网,而删去了公里线网。

三、高斯-克吕格投影的不足

高斯-克吕格投影也有不足之处,首先是分带投影在相邻两带的拼接地区,必须用重叠一部分区域的办法来解决,这不仅增加了计算工作量,给资料转绘也带来了不方便。其次是低纬度地区的变形反较高纬度地区大。因此,东西向幅员较宽的低纬度国家很少采用它。

高斯-克吕格投影不适用于制作小比例尺图,因为小比例尺图制图区域较广,超过了6°分带范围时,变形很大。所以我国小于1:500000比例尺的地形图不采用这种投影。

由于高斯－克吕格投影平面上经纬线被描绘为曲线,不是平行的直线,因而等角航线也不是直线,所以它不适用于制作海图。但对于 1:20000 或更大比例尺的图,因为它的变形很小,经纬线接近于直线,为了发挥它在图上量测精度较高的特点,在不妨碍航海使用的原则下,也可用来制作大比例尺的港湾图或江河图。

第四节　日晷投影

球面上的大圆弧是通过球心的平面与球面所截成的弧。由于球上任一大圆平面都含有球心,若以球心为视点,则其视线与任一大圆所构成的视平面均为大圆平面。扩展大圆平面与投影平面相交,这两个平面的交线必为直线。这条直线就是大圆弧的投影。因为这种投影好像利用日影测定时间的一种仪器的原理,故又称日晷投影。

一、日晷投影的性质

如图 4-33 所示,在正方位投影中,纬线被投影成同心圆,经线被投影成同心圆的半径,两经线间的夹角与实地经度差相等。现将地球视为球体,取任意点为极点,以一个平面切在地球的某一点上,以球心为视点,视线穿过球面上任何一点射影至平面上,这种投影又称为心射投影。所有的等高圈(当切点为地球南北极时,等高圈为纬线)被投影成同心圆,垂直圈被投影成同心圆的半径,两垂直圈间的夹角与实地方位角相等。

日晷投影是方位投影的一种。研究日晷投影,是为了解决远洋航行的航线问题。虽然,墨卡托投影解决了等角航线为直线这个问题,给舰船在海洋上活动提供了便利,但等角航线并不是实地上两点间的最短距离。球面上两点间的最短距离是大圆弧,称其为大圆航线。沿着等角航线航行虽然比较简便,但航程较远。这一点,在近海航行时还不显著,在远洋航行时矛盾就相当突出了。所以,舰船在作远洋航行时,就提出了沿大圆航线航行的问题。这就要求在海图上能比较简便地确定出大圆航线的位置。最简便的方法是,大圆航线在海图上均投影为直线,这样在图上任意两点间所连的直线就是大圆航线。

二、日晷投影的计算

如图 4-34 所示,平面 Q 切于球的点 P_1 上(可以设点 P_1 为地球的北极点),地球半径为 R,射线自球心 O 通过球面上一点 M 将该点投射至 Q 平面上 M' 处,M' 就是 M 点在 Q 平面上的投影点,点 M 到点 P_1 的极距为 z,大圆弧 $\overset{\frown}{P_1M}$ 投影成直线 $P_1M' = \rho$。

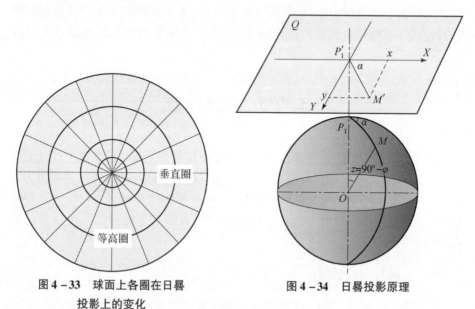

图 4-33 球面上各圈在日晷投影上的变化

图 4-34 日晷投影原理

以 z 为常量的等高圈的投影半径为

$$\rho = R\tan z \tag{4-76}$$

由方位投影性质,有

$$\begin{cases} x = R\tan z\cos\alpha \\ y = R\tan z\sin\alpha \end{cases} \tag{4-77}$$

由第三章中关于球面三角形中的边角关系,写出方程

$$\begin{cases} \sin z\cos\alpha = \sin\varphi\cos\varphi_0 - \cos\varphi\sin\varphi_0\cos(\lambda - \lambda_0) \\ \sin z\sin\alpha = \cos\varphi\sin(\lambda - \lambda_0) \\ \cos z = \sin\varphi\sin\varphi_0 + \cos\varphi\cos\varphi_0\cos(\lambda - \lambda_0) \end{cases} \tag{4-78}$$

由式(4-77)及式(4-78),得

$$\begin{cases} x = \dfrac{R[\sin\varphi\cos\varphi_0 - \cos\varphi\sin\varphi_0\cos(\lambda - \lambda_0)]}{\sin\varphi\sin\varphi_0 + \cos\varphi\cos\varphi_0\cos(\lambda - \lambda_0)} \\ y = \dfrac{R\cos\varphi\sin(\lambda - \lambda_0)}{\sin\varphi\sin\varphi_0 + \cos\varphi\cos\varphi_0\cos(\lambda - \lambda_0)} \end{cases} \tag{4-79}$$

在式(4-79)中,当 $\varphi_0 = 90°$ 时,得到正日晷投影,即

| 第四章 | 海图中的投影与计算

$$\begin{cases} x = R\cot\varphi\cos(\lambda - \lambda_0) \\ y = R\cot\varphi\sin(\lambda - \lambda_0) \end{cases} \quad (4-80)$$

当 $\varphi_0 = 0°$ 时,得到横日晷投影,即

$$\begin{cases} x = R\tan\varphi\sec(\lambda - \lambda_0) \\ y = R\tan(\lambda - \lambda_0) \end{cases} \quad (4-81)$$

综上可知,日晷投影随 z 的增大而急剧增加。由于角度变形很大,不便于直接利用日晷投影海图进行航行。在远洋航行时,通常把日晷投影图上所制定的大圆航线转绘到墨卡托投影海图上,标出大圆航线分段作等角航行,其方法详见《地文航海》。

下面讨论日晷投影的经线和纬线的形状。

(1) 由式(4-79),消去 φ 即得经线方程,即

$$y\cot\lambda + x\sin\varphi_0 = R\cos\varphi_0 \quad (4-82)$$

式(4-82)为一元一次方程,由此可知,经线在投影平面上被描写为直线,其斜率是 $-\csc\varphi_0\cot\lambda$,各经线都交于点 $(R\cot\varphi_0, 0)$ 上,此点即地球极点的投影。

① 当切点在极上时,$\varphi_0 = 90°$,斜率为 $-\cot\lambda = \tan(90° + \lambda)$,即经线间交角等于经差,各经线交于极上,呈放射状。

② 当切点在赤道上时,斜率为 $\tan 90° = \infty$,即无穷大,经线与赤道垂直,且变为平行的直线。

(2) 由式(4-79),消去 $(\lambda - \lambda_0)$ 即得纬线方程,即

$$x^2 + \frac{2xR\sin\varphi_0\cos\varphi_0}{\cos^2\varphi_0 - \sin^2\varphi} - \frac{y^2\sin^2\varphi}{\cos^2\varphi_0 - \sin^2\varphi} = \frac{R^2(\sin^2\varphi - \sin^2\varphi_0)}{\cos^2\varphi_0 - \sin^2\varphi} \quad (4-83)$$

将式(4-83)变为

$$\frac{\left(x + \dfrac{R\sin\varphi_0\cos\varphi_0}{\cos^2\varphi_0 - \sin^2\varphi}\right)^2}{\left(\dfrac{R\sin\varphi\cos\varphi}{\cos^2\varphi_0 - \sin^2\varphi}\right)^2} - \frac{y^2}{\left(\dfrac{R\cos\varphi}{\sqrt{\cos^2\varphi_0 - \sin^2\varphi}}\right)^2} = 1 \quad (4-84)$$

式(4-83)表示为双曲线,其中心点为 $\left(-\dfrac{R\sin\varphi_0\cos\varphi_0}{\cos^2\varphi_0 - \sin^2\varphi}, 0\right)$。当切点在极上时,$\varphi_0 = 90°$,由式(4-84)有

$$x^2 + y^2 = R^2\cot^2\varphi \quad (4-85)$$

式(4-85)为圆方程,即在正投影下,纬线均为圆,其圆心在极上,半径为 $R\cot\varphi$。

当切点在赤道上时,$\varphi_0 = 0°$,由式(4-84)有

$$\frac{x^2}{R^2 \tan^2\varphi} - \frac{y^2}{R^2} = 1 \qquad (4-86)$$

式(4-86)为双曲线方程,即在横投影下,双曲线的中心在赤道上,焦距为 $R\sec\varphi$。

日晷投影的主要特点是大圆被描绘为直线,而地球上两点间的最短距离是大圆距离(将地球视为球体时),因此图上两点间所连直线就是最短航线。日晷投影既不等角也不等积,属于任意投影的一种。日晷投影具有如下特点:

(1)球面上各垂直圈(所有通过切点的大圆)被描绘为放射式的直线;各等高圈(垂直于垂直圈的平行圈)被描绘为以切点为中心的同心圆,如图 4-35 所示。

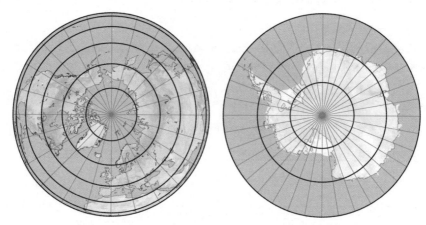

图 4-35　切点在两极时的正方位投影(彩图见插页)

(2)两垂直圈之间的夹角与投影平面上相应的两直线间的夹角相等。

(3)圆球上任何大圆都被描绘成直线。

(4)投影变形与其至切点间的距离有关,切点附近变形小,距切点越远变形越大,即切点上长度比为1,随着与切点间的距离增加,长度比也不断增大,至距切点 90°(大圆距离)以上长度比为无穷大。但与切点同一距离的等高圈上的长度比是一致的。

(5)随着切点的位置不同,经纬线的形状也不同,分为以下三种情况。

①如图 4-35 所示,当切点在两极时,即正方位投影,经线被描绘为放射式的直线,交于极点。放射中心各经线间的夹角与球面上的经差一致,所以同一纬线上的经差是相等的。纬线被描绘成以极为中心的同心圆,而各圆弧之间的距

离并不相等,距切点越远,间隔越大,至赤道为无穷大。

②如图4-36所示,当切点在赤道上时,即横方位投影,经线被描绘成平行的直线,以通过切点的子午线(中央经线)为对称轴左右对称;但平行线的间隔不等,离切点越远间隔越宽,与切点经差为90°处的间隔为无穷大。赤道被描绘成直线,因赤道在球面上是大圆。其他纬线描绘为以赤道为对称轴的双曲线。曲线间隔离切点越远越宽,至两极为无穷大。

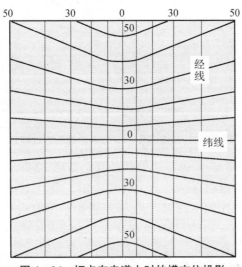

图4-36 切点在赤道上时的横方位投影

③如图4-37所示,当切点在地球面上任何一个位置(极点和赤道除外)时,即斜方位投影,经线被描绘为交于极地的一束放射式直线,各线间交角不相等。纬线除赤道被描绘为直线外,其他随位置的不同分别被描绘为双曲线、抛物线或椭圆曲线(极地附近);这些曲线之间的间隔也是随它与切点间的距离而变化,距切点越远,则曲线间隔越宽。距切点大圆距离为90°的地方变形为无穷大。

三、日晷投影的不足

日晷投影也有缺点,主要是变形急剧,引起量距、量向的复杂化。因此,航海者往往将它与其他投影的海图结合起来使用。例如,日晷投影图上在出发地与目的地之间绘一直线,量取这一条直线与经纬线各个交点的位置(经纬度),然后将这些点展入其他投影的海图上(一般是墨卡托海图),连成一条曲线,这条曲线就是其他投影的海图上的最短航线。

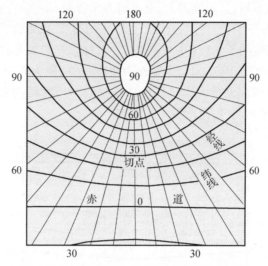

图 4-37 切点在任一个位置时的斜方位投影

对于雷达站、观通站、基地等所使用的特种海图,选择中比例尺日晷投影较为适宜。用它来定位可以得到迅速、准确的结果。因为这种投影可以把雷达站的位置放在平面与球面相切的切点上,于是投影平面上从雷达站到任何地点的方向与距离与实地完全一致,没有丝毫变形。方向无变形,这是该投影的特点,但为什么说距离也无变形呢?因为雷达测距所发射的电波是超短波,它不绕地球表面传播,而是作直线发射的,不受地球曲率的影响。它测出的距离,就是日晷投影平面上的距离,没有必要将它改正为大圆距离后再换算成投影平面上的距离。用实测距离与方位定出的位置,用图上经纬度表示,就是非常正确的位置。当实测距离是大圆距离时,用图上已绘出的公里尺量距,同样能取得迅速准确的效果。

小 结

海图和航海实践密不可分,是航海专业重要的图书资料。海图投影理论是制作航行用图的根本,依据实际使用,其又区分为墨卡托投影、高斯-克吕格投影和日晷投影,据此制作而成的海图则是墨卡托海图、高斯海图及大圆海图。本章从地球坐标系基本要素出发,详细阐述了投影基本理论,进而揭示了墨卡托海图、高斯海图及大圆海图的特性,分析了各自存在的不足,以便于学习者灵活掌握与实践运用,为后续专业学习打下良好的理论基础。

习 题

1. 海图的等角投影和等面积投影各有什么特性？
2. 平面投影可分为几种？其中日晷投影有什么特性？
3. 圆锥投影和圆柱投影(包括纵圆柱投影和横圆柱投影)各有什么特点？各用在哪些地(海)图上？
4. 墨卡托海图必须具备哪两个基本要求？它是属于什么性质的投影？
5. 恒向线在地球表面上任何航向是否都呈现螺旋曲线？
6. 子午圈的1′弧长随纬度增高而变长，与墨卡托海图上的"纬度渐长"是否为同一个概念？
7. 海图注明比例尺为1:100000(30°N)，试问纬度大于30°和小于30°的地区，其局部比例尺比1:100000大还是小？
8. 在同一张墨卡托海图上，青岛与上海哪个局部比例尺大？
9. 两张墨卡托海图比例尺均为1:100000，一张基准纬度为北纬30°，另一张基准纬度为北纬20°，试问北纬25°处，这两张墨卡托海图的局部比例尺是否相等？
10. 假设用铅笔在图上点一小点，其直径约为0.5mm，试计算1:10000、1:25000、1:100000、1:200000和1:500000这几种比例尺海图的极限精度为多少？
11. 什么是渐长纬度？什么是渐长纬差？它们是以什么单位来度量的？为什么？
12. 分别采用等角航线和大圆航线方法，计算由非洲南端的好望角到澳大利亚墨尔本的航程。
13. 设航线起始点为 $\varphi_0 = 0°$、$\lambda_0 = 0°$、航向为任意时，用等角航线的方法，作出无限推算航线的图像。

第 五 章

误差理论基础

舰船在海上航行,航海人员的主要工作之一就是确定舰船在海上的位置(简称定位),以保证舰船的航行安全。航海人员利用相关航海仪器来观测物标(陆标、天体等)的距离、方位、高度等诸多要素,通过必要的计算后,在海图上标绘出舰船位置(舰位),称为观测舰位,由观测误差引起该位置的误差称为舰位误差。

航海人员研究误差的目的并不是期望通过一系列的数据处理来进一步提高观测结果的精度,而是根据舰位误差理论确定的原则指导观测人员采用正确的观测方法,在原有精度的基础上得到最佳观测结果,并对该结果有一个正确的认识,力求简单、明了,以便在航海实践中灵活运用。

第一节 观测误差及评定

观测是解算航海定位等一系列航海问题的基础,但任何观测都不可避免地存在误差。实践证明,观测误差是遵从正态分布的连续型随机变量,学习误差理论要用到概率统计的基本概念、基本理论和许多重要的结论。

一、观测误差及其分类

（一）航海常用观测形式

航海人员要确定舰船在海上的位置,首先要进行观测,航海上常用的观测形式主要分为以下几种。

1. 按观测结果

定义 5.1 直接观测,利用相应的观测仪器直接观测被测量的相关数据。

例如,使用观测仪器通过直接比对获得目标的高度、方位、距离等数据的方式就是直接观测。

定义5.2 间接观测,根据一个或多个直接观测结果,利用一定的函数关系求得被测量。

例如,舰船定位就属于间接观测,它是通过直接观测物标的距离、方位、高度等数据,经过计算和作图等方法得到观测舰位。

2. 按观测条件

定义5.3 对某一量在相同观测条件下进行重复观测,称为等精度观测。

当采用等精度观测对观测结果进行比对时,对每一次(或每一组)观测的信赖程度均相同。例如,在同一观测环境中,同一测者,用同一个观测仪器,采用同一种方法,重复观测同一固定物标(不考虑疲劳程度),在对观测结果进行比对时,对每一次观测结果的信赖程度均相同,这一观测序列称为等精度观测。

定义5.4 对某一量在不同观测条件下进行重复观测,称为非等精度观测。

当采用非等精度观测对观测结果进行比对时,对每一次观测的信赖程度均不相同。例如,在不同观测环境中,或不同测者,或用不同观测仪器,或采用不同测量方法,重复观测同一固定物标(不考虑疲劳程度),对观测结果进行比对时,对每一次(或每一组)观测结果的信赖程度均不相同,这一观测序列称为非等精度观测。

将上述组合起来,观测可分为等精度直接观测、等精度间接观测、非等精度直接观测和非等精度间接观测。

严格地讲,航海上的观测均是非等精度观测,观测数据如果均按非等精度处理将会变得很烦琐。因此,在航海实践中,若采用适当的方法,使观测近似于等精度观测,而后采用等精度方法来处理所得到的观测数据,不但便于指导观测实践,在一定程度上,还可简化工作且使观测结果不失精度。

(二) 观测误差的分类

定义5.5 真值一般是指某量的真正大小,即精确值。

定义5.6 观测误差是指对某量进行观测,所得的观测值与该量真值的差。

设某量的真值为 a,其观测值为 l,观测误差为 Δ,则

$$\Delta = l - a \text{ 或 } \Delta = a - l \tag{5-1}$$

由式(5-1)可知,Δ 有正有负,也称为真误差。

真值在大量观测条件下相当于概率论中随机变量的数学期望。由于受各种条件的限制,许多量的真值是很难得到的。在航海实际工作中,目标真值常可按如下三种情况来处理。

(1) 理论真值:如平面三角形三内角之和的真值是 180°。

(2) 约定真值:如物理学中基本单位米、秒等的值,以标准单位作为真值。

(3)相对真值:精密仪器所得的观测结果与不太精密仪器观测同一量所得结果比较,有时以前者作为真值。

观测误差的另一种表示方法为相对误差,即取误差与其对应的观测值之比,用百分数表示,其形式是 $\frac{\Delta}{l} \times 100\%$。例如,计程仪改正率 $\Delta L = \frac{s-(L_2-L_1)}{L_2-L_1} \times 100\%$ 就是相对误差形式。

按其性质,观测误差一般可分为粗差、系统误差和随机误差三种。

1. 粗差

定义 5.7 粗差即差错或错误,也称为过失误差。

粗差在实际工作中可能出现,也可能不出现,完全无规律可循。例如,航海观测绘算中认错目标、看错读数和计算错误等都属于粗差。观测中的粗差,可以通过重复或多余观测发现和消除。例如,测定某目标方位的最小读数为 $0.5°$,而连续两次观测相差 $5.0°$,说明必有一次存在粗差,再测定一次就可以排除该粗差。在实际工作中,通常一次多余观测可以发现粗差,两次多余观测就可以排除粗差。

绘图和计算中的粗差,可以通过校核或反复检查等手段发现和排除。在下面讨论的问题中,假定是不包含粗差的。

2. 系统误差

定义 5.8 在一定条件下,其大小和符号不变或按一定规律变化的误差。

系统误差对观测结果的影响在一定条件下是积累的。例如,在一个航速和一种航行状态是定值时,计程仪改正率对航程的影响是随着航程增大而积累增加的。罗经差、六分仪指标差等都属于系统误差。

系统误差一般要消除,然后再测定剩余值,以便改正观测值。在实际航海工作中,还可以在操纵和绘算方法等方面采取措施消除系统误差的影响。

3. 随机误差

定义 5.9 在相同条件下,对某量进行多次重复观测,得到一组大小互不相同的观测值(样本),这组观测值与该量真值的差(不包含粗差和系统误差)是一组大小和符号都不相同的误差,即随机误差。

需要说明的是,随机误差是概率统计所研究的随机变量的一种具体形式,在任何观测中,随机误差都是不可避免的,也是不能消除的。而误差处理的任务则是尽量减小其影响,并从(具有随机误差的)观测结果中求得最可靠值(样本均值),同时对该值进行精度估计。

在实际工作中,系统误差与随机误差往往同时存在,在处理观测结果时,应先根据系统误差的修正量,从观测结果中消除系统误差,使其占很次要的地位,有时微小的系统误差可视为随机误差①。

4. 误差、随机误差和系统误差间的关系

由误差、随机误差和系统误差的定义可知：

误差 = 测量结果 − 真值

= (测量结果 − 总体均值) + (总体均值 − 真值) = 随机误差 + 系统误差

或

测量结果 = 真值 + 误差 = 真值 + 随机误差 + 系统误差

图 5 − 1 给出了测量结果的随机误差、系统误差和误差之间的关系。无限多次测量结果的平均值也称为总体均值。图中的曲线为被测量的概率密度分布曲线，该曲线下方与横轴之间所包含部分的面积表示测得值在该区间内出现的概率，因此纵坐标表示概率密度。注意图中表示随机误差、系统误差和误差的箭头方向，向右表示其值为正，反之则为负。

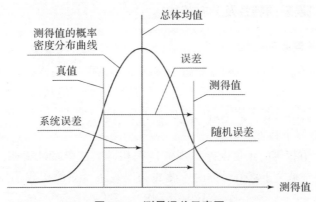

图 5 − 1　测量误差示意图

由图 5 − 1 可知，误差等于随机误差和系统误差的代数和。既然误差是一个差值，因此任何误差的合成，不论随机误差还是系统误差，都应该采用代数相加的方法。需要指出的是，真值并一定总是在总体均值附近，如图 5 − 2 所示，真值可能远离总体均值。若出现这种情况，则表明该测量存在一个较大的未知系统误差。对于系统误差而言，若已知其大小，则应对其进行修正。

无论随机误差还是系统误差，所有的误差从本质上来说均是系统性的。如果发现某一误差是非系统性的，则主要是因为产生误差的原因没有找到，或是对误差的分辨能力不足所致。因此，可以说随机误差是由不受控的随机影响量所引起的。多次测量结果的平均值常常作为估计系统误差的基础。

---

① 在本书中，若无特别说明，仅限于讨论随机误差。

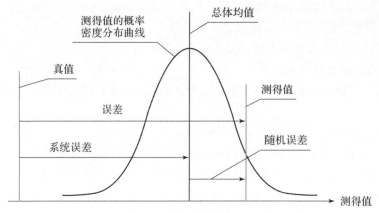

图 5-2 真值远离总体均值

二、随机误差的特性及分布规律

(一) 随机误差的特性

在等精度观测条件下,对某量进行多次重复观测,得到该量的一组误差。这些误差有大有小,有正有负,似乎没有任何规律可循。但从总体看却是有规律的,而且这种规律随着观测次数的增加会表现得更为明显。理论和实践均表明,随机误差具有以下特性。

(1) 绝对值相等的正负误差出现的概率相等。这个特性表明,误差的平均值为零,即误差是关于真值对称的。设 Δ 为误差,n 为观测次数,则

$$\lim_{n\to\infty}\frac{\Delta_1+\Delta_2+\cdots+\Delta_n}{n}=\lim_{n\to\infty}\frac{[\Delta]}{n}=0 \qquad (5-2)$$

(2) 绝对值小的误差比绝对值大的误差出现的概率大。

(3) 误差的绝对值不超过一定范围。这个特性表明,在实际工作中可以确定误差的某个范围作为极限误差,并认为误差出现在极限误差内几乎是必然事件,其概率为 1。

(二) 随机误差的分布规律

根据随机误差的特性,德国科学家高斯于 19 世纪初给出了以误差为自变量的误差分布函数和分布密度函数,称为随机误差分布定律,即高斯定律。分布函数的形式为

$$F(\Delta)=\int_{-\infty}^{\Delta}f(\Delta)\mathrm{d}\Delta \qquad (5-3)$$

而分布密度函数的形式为

$$f(\Delta) = \frac{h}{\sqrt{\pi}} e^{-h^2\Delta^2}, \ -\infty < \Delta < +\infty \qquad (5-4)$$

在式(5-3)和式(5-4)中,$F(\Delta)$为分布函数;$f(\Delta)$为分布密度函数,简称分布密度或概率密度;Δ为误差;h为精度指数。概率密度函数的图像如图5-3所示。在数学上,称具有式(5-4)形式的分布为正态分布。

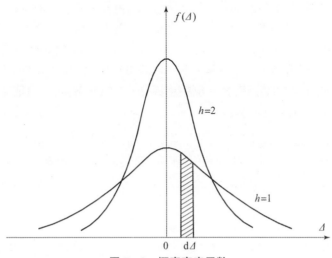

图5-3 概率密度函数

概率密度充分表明了随机误差具有以下三个特性。

(1)从函数式(5-4)可以看出,自变量平方Δ^2表明了函数$f(\Delta)$关于$\Delta=0$对称,即$f(\Delta)$为偶函数。

(2)指数是自变量平方的负值,当$\Delta=0$时,函数取得最大值$f(0)=h/\sqrt{\pi}$,Δ的绝对值增加,$f(\Delta)$减小。

(3)如果自变量的绝对值无限增加,则函数$f(\Delta)$趋于零,即以横轴为渐近线。

随机误差的分布函数和概率密度,就是概率论中的正态分布函数[①]。概率密度$f(\Delta)$表示误差Δ取个别值后所得到的纵坐标,根据连续型随机变量的概率表示方法,误差Δ在其邻域$d\Delta$内的概率为

$$P_{d\Delta} = f(\Delta)d\Delta \qquad (5-5)$$

$P_{d\Delta}$称为概率元素。如果误差$\Delta \in (-\infty, +\infty)$,则

$$F(\Delta) = \int_{-\infty}^{\Delta} f(\Delta)d\Delta = 1 \qquad (5-6)$$

---

① 在本书中,均假设随机误差是服从正态分布的随机变量。

式(5-6)的几何意义是,当在任意误差 Δ 的邻域 $d\Delta$ 时,其概率近似为图5-3中斜线部分的梯形面积;当误差 $\Delta \in (-\infty, +\infty)$ 时,其概率为以曲线为上界、坐标横轴为下界所包围的面积。由于误差出现在该区包是必然事件,所以不管曲线是陡峭(如图5-3中 $h=2$)还是平缓(如图5-3中 $h=1$),其面积均为1。

从概率密度式(5-4)和图5-3可以看出,函数 $f(\Delta)$ 的图形随 h 变化,h 值的大小,反映了观测精度,故称其为精度指数或精度指标。例如,$h=2$ 和 $h=1$,则得到图5-3中的两条曲线。$h=2$ 的曲线比 $h=1$ 的曲线陡峭,说明在相同的误差范围内,$h=2$ 的小误差比 $h=1$ 的小误差出现的概率大,大误差出现的概率则相反。因此,$h=2$ 的分布,其观测精度高;$h=1$ 的分布,其观测精度低。

(三) 随机误差的数字特征

高斯定律描述了随机误差的分布规律。而在许多实际问题中,很难求出精度指数 h 的值,但在另外一些问题中,则仅需要知道其分布就可以了,或仅用数字描述随机误差的分布特征即可,这称为数字特征。经常使用的重要的数字特征是数学期望和方差。

1. 随机误差的数学期望

数学期望是描述随机误差分布集中性的一个特征值,是概率密度分布的一阶原点矩,它是随机误差分布的中心位置。根据概率论,随机误差的数学期望为

$$E(\Delta) = \int_{-\infty}^{+\infty} \Delta f(\Delta) d\Delta \qquad (5-7)$$

将概率密度 $f(\Delta)$ 代入,得

$$E(\Delta) = \int_{-\infty}^{+\infty} \Delta \frac{h}{\sqrt{\pi}} e^{-h^2 \Delta^2} d\Delta \qquad (5-8)$$

令 $t = h\Delta$,则有 $\Delta = t/h, d\Delta = dt/h$,将其代入式(5-8),有

$$E(\Delta) = \int_{-\infty}^{+\infty} \frac{t}{h} \frac{h}{\sqrt{\pi}} e^{-t^2} \frac{1}{h} dt = \frac{1}{h\sqrt{\pi}} \int_{-\infty}^{+\infty} t e^{-t^2} dt = 0 \qquad (5-9)$$

式(5-9)说明,随机误差的数学期望为零。如果以 $\Delta = x - a$ 代入概率密度,则得观测值 x 的数学期望为

$$E(x) = \int_{-\infty}^{+\infty} x \frac{h}{\sqrt{\pi}} e^{-h^2(x-a)^2} dx \qquad (5-10)$$

令 $t = h(x-a)$,则有 $x = t/h + a, dx = dt/h$,将其代入式(5-10),有

$$E(x) = \int_{-\infty}^{+\infty} \left(\frac{t}{h} + a\right) \frac{h}{\sqrt{\pi}} e^{-t^2} \frac{1}{h} dt = \frac{1}{h\sqrt{\pi}} \int_{-\infty}^{+\infty} t e^{-t^2} dt + \frac{a}{\sqrt{\pi}} \int_{-\infty}^{+\infty} e^{-t^2} dt$$

$$(5-11)$$

式(5-11)中右端第一项积分为零,第二项称为普阿松(Poisson)积分,于是有

$$E(x) = \frac{a}{\sqrt{\pi}}\sqrt{\pi} = a \qquad (5-12)$$

由式(5-12)可以说明,观测值的数学期望为真值。在这里需要说明的是,这个结论是建立在大量观测值的基础上的,即积分区间为$(-\infty, +\infty)$。在航海实践中,通常用算术平均值近似代替数学期望①。

2. 方差

数学期望是描述随机误差中心位置的特征值,而"方差"则是描述随机误差在数学期望周围离散性的特征值。或者说,方差决定了随机误差分布曲线的形状。根据概率论,随机误差的均方差为

$$D(\Delta) = E(\Delta^2) = \int_{-\infty}^{+\infty} \Delta^2 f(\Delta) d\Delta = \frac{h}{\sqrt{\pi}} \int_{-\infty}^{+\infty} \Delta^2 e^{-h^2\Delta^2} d\Delta \qquad (5-13)$$

令 $t = h\Delta$,则有 $\Delta = t/h, d\Delta = dt/h$,将其代入式(5-13),得

$$D(\Delta) = \frac{h}{\sqrt{\pi}} \int_{-\infty}^{+\infty} \frac{t^2}{h^2} e^{-t^2} \frac{1}{h} dt = \frac{1}{h^2\sqrt{\pi}} \int_{-\infty}^{+\infty} t^2 e^{-t^2} dt \qquad (5-14)$$

则

$$D(\Delta) = \int_{-\infty}^{+\infty} t^2 e^{-t^2} dt = \int_{-\infty}^{+\infty} -\frac{1}{2} t d(e^{-t^2}) = -\frac{1}{2} t e^{-t^2} \Big|_{-\infty}^{+\infty} + \int_{-\infty}^{+\infty} \frac{1}{2} e^{-t^2} dt \qquad (5-15)$$

于是,有

$$D(\Delta) = \frac{1}{h^2\sqrt{\pi}} \frac{\sqrt{\pi}}{2} = \frac{1}{2h^2} = \sigma^2 \qquad (5-16)$$

由式(5-16),得 σ 与 h 的关系为

$$\sigma = \frac{1}{h\sqrt{2}} \quad \text{或} \quad h = \frac{1}{\sigma\sqrt{2}} \qquad (5-17)$$

σ 是方差的平方根,在概率论中称为标准偏差,是概率密度分布的二阶原点矩。

从式(5-17)可以看出,σ 与 h 成反比。它们都反映了观测精度,但其意义相反。σ 小观测精度高,σ 大观测精度低。经证明,在 $\Delta = \sigma = \pm 1/(\sqrt{2}h)$ 处是误差分布曲线的拐点,或者说,标准偏差 σ 正好是误差分布曲线拐点的横坐标。

---

① 在本书后文中,有时称其为最或然值。

将式(5-17)代入式(5-4),并以 σ 代换 h,得到概率密度的另一形式,即

$$f(\Delta) = \frac{1}{\sigma\sqrt{2\pi}}e^{-\frac{1}{2}\left(\frac{\Delta}{\sigma}\right)^2} \qquad (5-18)$$

在式(5-18)中,如令 $\sigma=1$,则可得到标准正态概率密度,即

$$f(\Delta) = \frac{1}{\sqrt{2\pi}}e^{-\frac{1}{2}\Delta^2}$$

将其记为 $N(0,1)$,表示其自变量是误差 Δ,其数学期望为 0。将 $\Delta = x - a$ 代入式(5-18),可以得到观测值 x 的概率密度,即

$$f(x) = \frac{1}{\sigma\sqrt{2\pi}}e^{-\frac{1}{2}\left(\frac{x-a}{\sigma}\right)^2} \qquad (5-19)$$

显然式(5-19)是正态分布的一般式,将其记为 $N(a,\sigma^2)$。它的自变量是 x,数学期望为 a(真值)。由式(5-18)和式(5-19)可以看出,观测值及其随机误差的分布都服从于正态分布,它们具有相同的标准偏差 σ,但其数学期望不同。随机误差的数学期望为零,而观测值的数学期真值为 a。

如图 5-4 所示,如果固定 σ,改变 a 的值,则分布曲线形状不变。图中,如以观测值为横轴,以 a 为原点得 $\sigma=1$ 和 $\sigma=2$ 两条曲线,如改变 a 值,则得相同的两条曲线。可见,a 的值只决定分布曲线原点的位置而不影响分布曲线的形状,如果固定 a,改变 σ 值,由于最大值 $f(x) = 1/(\sqrt{2}\sigma)$,当 σ 越小,观测值的分布曲线越陡,观测精度高;相反,分布曲线越平坦,观测精度低。由此可见,分布曲线的形状完全由 σ 决定,即 σ 反映了观测精度的高或低。所以,σ 也

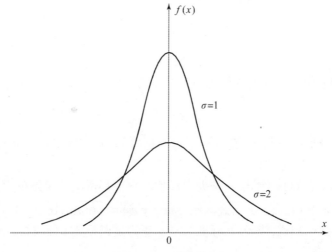

图 5-4 σ 可以作为衡量观测精度的指标

可以作为衡量观测精度的指标,但需要注意的是,其大小与精度成反比关系。

综上所述,a 和 σ 两个参数完全确定了观测值及其随机误差的分布规律,在后续的内容中将针对实际观测,探讨如何求出 a 和 σ 两个参数。

3. 标准偏差的概率

如图 5-5 所示,根据概率论中关于正态分布随机变量落在区间上的概率计算方法,根据计算,如果随机误差取值界限为 1 倍标准偏差($-\sigma \leq \Delta \leq \sigma$),其置信概率 $P_1(|\Delta| \leq \sigma) = 0.6826$;如果取值界限为 2 倍标准偏差($-2\sigma \leq \Delta \leq 2\sigma$),其置信概率式 $P_2(|\Delta| \leq 2\sigma) = 0.9544$;如果取值界限为 3 倍标准偏差($-3\sigma \leq \Delta \leq 3\sigma$),其置信概率 $P_3(|\Delta| \leq 3\sigma) = 0.99740$。

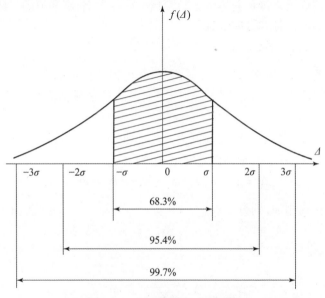

图 5-5 标准偏差分布示意图

误差落在 1、2、3 倍标准偏差内的置信概率是定值,它与标准偏差的值毫无关系。置信概率的几何意义是函数 $f(\Delta)$ 与横轴所围的曲边梯形面积。例如,1 倍标准偏差的置信概率就是图 5-5 中斜线部分的面积。

一般来说,随机误差落在(-3σ, $+3\sigma$)区间内几乎是必然的。因为落在该区间外的概率只有 0.0027,大约 1000 次观测中只出现 2~3 次。在少量几次观测中,可以认为是不会出现的。航海上往往用 $\pm 3\sigma$ 作为随机误差的限值,也称为极限误差。实际上,误差出现在(-2σ, $+2\sigma$)之外的概率已经很小,所以有时以 $\pm 2\sigma$ 作为随机误差的极限误差。同理,对观测值的限值为 $x_i \pm 3\sigma$,即真值落在($x_i - 3\sigma$, $x_i + 3\sigma$)区间内几乎是必然的,对算术平均值的限值为 $X_0 \pm 3\sigma$,即真

值落在 $(X_0-3\sigma, X_0+3\sigma)$ 区间内几乎是必然的。

本节所述观测值的算术平均值和观测值的标准偏差,实际上就是数理统计中参数估计的点估计,而标准偏差的概率,实质就是参数估计当中对算术平均值的区间估计[①]。

三、观测值的估计

前述观测值及其随机误差的数字特征为数学期望和方差,是其总体的分布参数。在实际航海观测中,这些参数均为未知常数。因此,就需要采用数理统计方法,从有限次观测的样本中,求出样本的分布参数(算术平均值和均方差),用样本参数去估计被观测量总体的分布参数。在数学上,观测值的参数估计,就是数理统计中的点估计和区间估计。

(一)观测值的算术平均值

在相同条件下,对某量进行一观测序列,可得到该量的算术平均值[②]。在实际航海数据观测中,几乎都是用一观测序列值的算术平均值去估计被观测量的真值。

设某量总体的数学期望或真值为 a,在相同条件下,对该量观测 n 次,得到 n 个观测值 $x_1, x_2, \cdots, x_n$,根据误差的定义,则有

$$\Delta_1 = x_1 - a, \Delta_2 = x_2 - a, \cdots, \Delta_n = x_n - a$$

将以上各式相加,则有

$$\Delta_1 + \Delta_2 + \cdots + \Delta_n = (x_1 + x_2 + \cdots + x_n) - na \quad (5-20)$$

即

$$\sum_{i=1}^{n} \Delta_i = \sum_{i=1}^{n} x_i - na \quad (5-21)$$

或者

$$a = \frac{\sum_{i=1}^{n} \Delta_i}{n} + \frac{\sum_{i=1}^{n} x_i}{n} \quad (5-22)$$

根据大数定理或前述随机误差的第一个特性,当 $n \to \infty$ 时,式(5-22)左端为零,则有

---

① 此处仅结合航海的实际需要,并没有给出严密的数学论证。
② 航海实践中,习惯将算术平均值称为最或然值,有时也称为最可能值或最概率值。

$$\lim_{n\to\infty}\frac{\sum_{i=1}^{n}x_i}{n} = a \tag{5-23}$$

式(5-23)说明,当观测次数 $n\to\infty$ 时,该量的算术平均值即真值。或者说,当 $n\to\infty$ 时,该量的算术平均值,依概率收敛于数学期望。对有限次观测,以 X_0 表示算术平均值,则有

$$X_0 = \frac{\sum_{i=1}^{n}x_i}{n} \tag{5-24}$$

算术平均值与观测值的差称为随机误差[①]。在同一个样本中,随机误差随观测值而异,所以它也是随机变量,也具有随机误差的特性。以 v 表示随机误差,即有

$$v_i = x_i - X_0, i = 1,2,3,\cdots,n \tag{5-25}$$

随机误差有一个重要的特性,即随机误差的和恒等于零。设一个 n 次观测的样本,其随机误差为

$$v_1 = x_1 - X_0, v_2 = x_2 - X_0, \cdots, v_n = x_n - X_0 \tag{5-26}$$

两端求和,有

$$\sum_{i=1}^{n} v_i = \sum_{i=1}^{n} x_i - nX_0 \tag{5-27}$$

将 $X_0 = \sum_{i=1}^{n} x_i / n$ 代入式(5-27),即得

$$\sum_{i=1}^{n} v_i = 0 \tag{5-28}$$

设已知总体方差 σ^2 根据数理统计知识,算术平均值 X_0 的方差 $m_{L_0}^2$ 为

$$m_{L_0}^2 = \frac{1}{n}\sigma^2 \tag{5-29}$$

或者,有

$$m_{L_0} = \frac{\sigma}{\sqrt{n}} \tag{5-30}$$

式(5-30)说明,算术平均值 X_0 的标准偏差 m_{X0} 为每个观测值的标准偏差 σ 的 $\frac{1}{\sqrt{n}}$。所以或然值比每一个观测值精度都高,它接近真值的概率最大,是真值的最近似值,同时也是误差分布的中心位置。

[①] 航海实践中,习惯将算术平均值与观测值的差称为最或然误差。

(二) 观测值的均方误差

根据概率论,对某量进行大量等精度重复观测所得观测值总体的标准偏差为

$$\sigma = \sqrt{D(x-a)} = \sqrt{D(\Delta)} = \sqrt{E(\Delta^2)}$$

$$= \lim_{n \to \infty} \sqrt{\frac{1}{n}(\Delta_1^2 + \Delta_2^2 + \cdots + \Delta_n^2)} = \lim_{n \to \infty} \sqrt{\frac{\sum_{i=1}^{n} \Delta_i^2}{n}} \quad (5-31)$$

当观测次数有限时,其标准偏差 m 为

$$m = \sqrt{\frac{\sum_{i=1}^{n} \Delta_i^2}{n}} \quad (5-32)$$

在航海上,仍习惯将标准偏差称为均方误差或均方差。根据前述,均方误差是误差平方和的平均值的平方根。值得注意的是,σ 与 m 的意义不一样,前者是随机变量总体的分布参数,而后者是随机变量样本的分布参数,或者说前者是由总体决定的,后者是由样本决定的。在实际工作中,都是用样本的 m 去估计总体的 σ。

(三) 计算均方误差的方法

按式(5-32)计算均方误差 m,必须知道真值,在实际工作中真值一般是不知道的,故通常采用以下两种方法计算均方误差。

1. 用贝塞尔公式计算均方误差

计算均方误差的贝塞尔(Bessel)公式的形式为

$$m = \sqrt{\frac{\sum_{i=1}^{n} (x_i - X_0)^2}{n-1}} = \sqrt{\frac{\sum_{i=1}^{n} V_i^2}{n-1}} \quad (5-33)$$

式(5-33)中各变量的意义同前文所述。由于该式是在航海实用中计算均方误差的公式,有必要给出证明。已知:

$$\Delta_i = x_i - a, i = 1,2,3,\cdots,n \quad (5-34)$$

算术平均值 X_0 的误差 Δ_0 为

$$\Delta_0 = X_0 - a \quad (5-35)$$

对于 n 次抽样观测则有

$$\Delta_i = x_i - a = x_i - X_0 + X_0 - a \quad (5-36)$$

即

$$\Delta_i = V_i + \Delta_0 \quad (5-37)$$

式(5-37)两端平方求和,有

$$\sum_{i=1}^{n}\Delta_i^2 = \sum_{i=1}^{n}V_i^2 + 2\Delta_0\sum_{i=1}^{n}V_i + n\Delta_0^2 \qquad (5-38)$$

因为式(5-38)右端第二项 $\sum_{i=1}^{n}V_i = 0$,所以有

$$\sum_{i=1}^{n}\Delta_i^2 = \sum_{i=1}^{n}V_i^2 + n\Delta_0^2 \qquad (5-39)$$

两端除以 n,则有

$$\frac{\sum_{i=1}^{n}\Delta_i^2}{n} = \frac{\sum_{i=1}^{n}V_i^2}{n} + \Delta_0^2 \qquad (5-40)$$

式(5-40)中算术平均值的误差 Δ_0,可近似用其均方误差 $m_{L_0} = \sigma/\sqrt{n} = m/\sqrt{n}$ 代替,得

$$m^2 = \frac{\sum_{i=1}^{n}V_i^2}{n} + \frac{m^2}{n}$$

于是,有

$$m = \sqrt{\frac{\sum_{i=1}^{n}V_i^2}{n-1}} \qquad (5-41)$$

需要进一步说明的是,式(5-41)是针对观测序列中任一次观测值的标准偏差,但当用算术平均值 X_0 作为测量结果时,X_0 的标准偏差为

$$m_{L_0} = \frac{m}{\sqrt{n}} \qquad (5-42)$$

2. 用极差计算均方误差

设某量观测值为 $x_i, i = 0,1,2,\cdots,n$,其中最大值为 $x_{\max}$,最小值为 $x_{\min}$,则将它们的差值称为极差 R,即

$$R = x_{\max} - x_{\min} \qquad (5-43)$$

若用极差 R 计算 m,有

$$m = \frac{R}{d_n} \qquad (5-44)$$

式(5-44)中,d_n 为与测量次数有关的系数,其表达式与有关证明,此处略去。d_n 可从数理统计用表中查到,使用式(5-44)计算均方差时,观测次数应小于12,否则误差较大。如表5-1所示,现将部分 d_n 值表摘引如下。

表 5-1　部分 d_n 值

n	d_n	n	d_n
1		6	2.534
2	1.128	7	2.704
3	1.693	8	2.847
4	2.059	9	2.970
5	2.326	10	3.078

例 5-1　停泊观测某天体高度 7 次,修正到同一时间的观测值如表 5-2 所列。

表 5-2　天体观测值

序号	天体高度	序号	天体高度	序号	天体高度	序号	天体高度
1	$h_1 = 57°45.2'$	3	$h_3 = 57°45.5'$	5	$h_5 = 57°45.0'$	7	$h_7 = 57°45.0'$
2	$h_2 = 57°45.6'$	4	$h_4 = 57°45.2'$	6	$h_6 = 57°45.8'$		

解:现求取平均高度 h_0 和该组观测的均方误差 m,即有:平均高度 $h_0 = 57°45.3'$;均方误差 $m = \pm 0.3'$。

由式(5-44)得:$R = 0.8'$,$d_n = 2.704$,$m = \pm 0.3'$。

均方误差是通过一观测序列值(样本)得到的,它是这个样本的数字特征。因为样本中的各观测值是同分布的,它表明了每个观测值的精度,所以是单个观测值的均方误差。均方误差的写法往往跟在观测值之后,如观测方位 $120.0° \pm 0.6°$,表示观测值为 $120.0°$,该观测值的均方误差为 $\pm 0.6°$。

3. 粗差的剔除[①]

在均方误差确定前,应将所有的离群值剔除。离群值就是含粗差(粗大误差、疏失误差)的数据,粗差是明显超出规定条件下预期的误差。

在剔除离群值时,要确定显著水平 α。α 越大,剔除的数据越多。这里,α 与附录 C 表中的置信概率 p 的关系为

$$\alpha = 1 - p \tag{5-45}$$

在确定标准偏差 m 后,计算

$$\tau_i = \frac{x_i - a}{m}, m = \sqrt{\frac{\sum_{i=1}^{n}(x_i - a)^2}{n-1}} \tag{5-46}$$

---

① 本书介绍的粗差剔除方法是格拉布斯(Grabus)准则,其他准则的学习或使用请参阅相关书籍。

式中：a 为观测值的平均值；x_i 为观测值的第 i 次测量结果，$i=1,2,\cdots,n$；m 为标准偏差；n 为观测值的总测量次数。计算统计量 t_i' 的公式为

$$t_i' = \frac{\tau_i \sqrt{n-2}}{\sqrt{n-1-\tau_i^2}} \tag{5-47}$$

若 $|t_i'| > t_{(n-2,\alpha)}$，则 x_i 被剔除，否则保留。这里，$t_{(n-2,\alpha)}$ 为学生氏 t 分布分位点，可根据自由度 $n-2$ 和显著水平 α 从学生氏 t 分布表中查得或从附录 C 表中查得。离群值可能不止一个，应重复使用同一个判断准则进行检验，直至不能查出离群值。

离群值的个数相对整个观测的数据个数不能太大，否则将视整个观测过程为不合格。

四、均方误差传播定律

在航海工作中，若观测值就是所要求的量，称为直接观测，此时观测值的均方误差即所求量的均方误差。例如，观测陆标的方位或观测天体的高度均为直接观测，若观测值与待求的量间存在函数关系，则需要通过观测值按函数关系计算待求量，待求量就称为观测值的函数。

一般来说，观测值与观测值函数之间的函数关系与它们间的均方差间的函数关系是不同的。

定义 5.10 因观测值的误差导致观测值函数产生误差称为误差传播。

现讨论已知观测值的均方误差，以及如何求观测值函数的均方误差，即均方误差传播定律。设有函数

$$Z = f(x) = f(x_1, x_2, \cdots, x_n) \tag{5-48}$$

在式 (5-48) 中，$X = (x_1, x_2, \cdots, x_n)$ 为观测值且是相互独立的，已知其均方误差为 $m_{x_1}, m_{x_2}, \cdots, m_{xn}$。求函数 Z，即 $Z = (z_1, z_2, \cdots, z_n)$ 的均方误差，就是均方误差传播定律要解决的问题。

均方误差传播定律是研究观测值均方误差与函数值均方误差关系的规律，这些规律实质上就是概率论中关于方差的性质及其具体运用。

在式 (5-48) 中，$X = (x_1, x_2, \cdots, x_n)$ 为观测值，函数 $Z = (z_1, z_2, \cdots, z_n)$。其误差关系式为

$$Z + \Delta Z = f(x_1 + \Delta x_1, x_2 + \Delta x_2, \cdots, x_n + \Delta x_n)$$

由于误差一般不大，可将上式按泰勒级数展开，并略去二次及其以上的乘幂项后，得

$$Z + \Delta Z = f(x_1, x_2, \cdots, x_n) + \frac{\partial f}{\partial x_1}\Delta x_1 + \frac{\partial f}{\partial x_2}\Delta x_2 + \cdots + \frac{\partial f}{\partial x_n}\Delta x_n \tag{5-49}$$

将式(5-49)与原式(5-48)相减后,得

$$\Delta Z = \frac{\partial f}{\partial x_1}\Delta x_1 + \frac{\partial f}{\partial x_2}\Delta x_2 + \cdots + \frac{\partial f}{\partial x_n}\Delta x_n \tag{5-50}$$

式中:$\frac{\partial f}{\partial x_1}, \frac{\partial f}{\partial x_2}, \cdots, \frac{\partial f}{\partial x_n}$ 为以观测值 $x_1, x_2, \cdots, x_n$ 计算的偏导数值,是常数。对 $x_1, x_2, \cdots, x_n$ 分别同时观测 n 次,则有

$$\begin{cases} \Delta Z_1 = \frac{\partial f}{\partial x_1}\Delta x_{11} + \frac{\partial f}{\partial x_2}\Delta x_{12} + \cdots + \frac{\partial f}{\partial x_n}\Delta x_{1n} \\ \cdots\cdots \\ \Delta Z_n = \frac{\partial f}{\partial x_1}\Delta x_{n1} + \frac{\partial f}{\partial x_2}\Delta x_{n2} + \cdots + \frac{\partial f}{\partial x_n}\Delta x_{nn} \end{cases}$$

两端平方后求和并除以 n,有

$$\frac{\sum_{i=1}^{n}\Delta Z_i^2}{n} = \left(\frac{\partial f}{\partial x_1}\right)^2 \frac{\sum_{i=1}^{n}\Delta x_{1i}^2}{n} + \left(\frac{\partial f}{\partial x_2}\right)^2 \frac{\sum_{i=1}^{n}\Delta x_{2i}^2}{n} + \cdots \pm \frac{\partial f}{\partial x_i}\frac{\partial f}{\partial x_j}\frac{\sum_{i=1}^{n}2\Delta x_i \Delta x_j}{n} \tag{5-51}$$

则由观测值相互独立条件及式(5-32)和式(5-42),得

$$m_Z^2 = \left(\frac{\partial f}{\partial x_1}\right)^2 m_{x1}^2 + \left(\frac{\partial f}{\partial x_2}\right)^2 m_{x2}^2 + \cdots + \left(\frac{\partial f}{\partial x_n}\right)^2 m_{xn}^2 \tag{5-52}$$

使用式(5-52)应注意,当误差较大时,该式仅应视为近似式。为了便于讨论,按函数形式还可分为以下几种情况来分别讨论。

1. 倍数函数

设函数

$$Z = KX \tag{5-53}$$

式中:K 为常数;X 为观测值,即 $X = (x_1, x_2, \cdots, x_n)$;$Z$ 为 X 的函数,且有形式 $Z = (Z_1, Z_2, \cdots, Z_n)$。

根据式(5-52),有

$$m_Z^2 = k^2 m_X^2 \tag{5-54}$$

或写成

$$m_Z = k m_X \tag{5-55}$$

式(5-54)和式(5-55)中,m_Z 和 m_X 分别为 Z 和 X 的均方误差。

例 5-2 在 1:50000 的海图上,量得两点的图上长度 $S = 23.4$ mm,量图上长度的均方差为 $m_S = \pm 0.2$ mm,求该两点对应的实地长度及其均方误差 m_D。

解:在海图上,长度与实地距离间的函数形式可表达为

$$D = CS$$

式中:C 为比例尺分母,即 $C = 50000$。
故有
$$m_D = Cm_S$$
依题意,有
$$D = 50000 \times 23.4 = 1170(\text{m}), m_D = Cm_S = 50000 \times (\pm 0.2) = \pm 10(\text{m})$$
即实地距离 $D = (1170 \pm 10)\text{m}$。

2. 和或差函数

设函数
$$Z = X \pm Y (\text{式中 } X \text{、} Y \text{ 为独立变量}) \tag{5-56}$$

式中:X 为观测值,即 $X = (x_1, x_2, \cdots, x_n)$;$Y$ 为观测值,即 $Y = (y_1, y_2, \cdots, y_n)$;$Z$ 为 X、Y 的函数,且有 $Z = (Z_1, Z_2, \cdots, Z_n)$。

根据式(5-52),有
$$m_Z^2 = m_X^2 + m_Y^2 \tag{5-57}$$

若函数为 n 个独立观测值的代数和,并设各观测值的均方误差为 $m_X = (m_{x1}, m_{x2}, \cdots, m_{xn})$,即有
$$m_X^2 = m_{x1}^2 + m_{x2}^2 + \cdots + m_{xn}^2 \tag{5-58}$$

例 5-3 用电罗经观测某目标方位,观测方位的均方误差 $m_{CB} = \pm 0.7°$,罗经差的均方误差 $m_{\Delta G} = \pm 0.5°$,求真方位的均方误差 m_{TB}。

解:因真方位等于罗方位与罗经差之和,即
$$TB = CB + \Delta G, m_{TB} = \pm \sqrt{m_{CB}^2 + m_{\Delta G}^2} = \pm \sqrt{0.7^2 + 0.5^2} \approx \pm 0.86(°)$$

3. 线性函数

设函数
$$Z = K_1 X_1 \pm K_2 X_2 \pm \cdots \pm K_n X_n \tag{5-59}$$

式中:K 为常数;X 为观测值,即 $X = (x_1, x_2, \cdots, x_n)$;$Z$ 为 X 的函数,且有 $Z = (Z_1, Z_2, \cdots, Z_n)$。

根据式(5-52),可以导出
$$m_Z^2 = k_1^2 m_{x1}^2 + k_2^2 m_{x2}^2 + \cdots + k_n^2 m_{xn}^2 \tag{5-60}$$

例 5-4 求 n 次等精度观测样本的算术平均值的均方误差,设各观测值的均方误差为 m,算术平均值的均方误差为 m_{X0}。

解:已知
$$X_0 = \frac{\sum_{i=1}^{n} x_i}{n} = \frac{x_1 + x_2 + \cdots + x_n}{n}$$

则有

$$m_{L_0}^2 = \frac{m^2}{n^2} + \frac{m^2}{n^2} + \cdots + \frac{m^2}{n^2}, m_{L_0} = \pm\sqrt{\frac{nm^2}{n^2}} = \pm\frac{m}{\sqrt{n}}$$

例 5 – 5 用六分仪观测目标垂直角求距离 D，按公式 $D = H\cot\alpha$ 计算，式中 H 为目标高度，α 为目标垂直角。现设目标高的均方误差为 m，垂直角的均方误差为 m_x。请给出距离的均方误差 m_D。

解：根据式(5 – 50)，有

$$m_D = \pm\sqrt{\left(\frac{\partial D}{\partial H}\right)^2 m_H^2 + \left(\frac{\partial D}{\partial \alpha}\right)^2 m_\alpha^2}$$

因有

$$\frac{\partial D}{\partial H} = \cot\alpha, \frac{\partial D}{\partial \alpha} = -\frac{H}{\sin^2\alpha}$$

则

$$m_D = \pm\sqrt{\cot^2\alpha m_l^2 + \frac{H^2}{\sin^4\alpha}m_\alpha^2}$$

现若设 $H = 500\mathrm{m}, \alpha = 4°00.0', m_H = \pm 2\mathrm{m}, m_\alpha = \pm 1'$，则有

$$m_D = \pm\sqrt{\cot^2 4 \times 2^2 + \frac{500^2}{\sin^4 4}(\mathrm{arc}1')^2} \approx \pm 41.1(\mathrm{m})$$

例 5 – 6 在测速场测定某舰船航速(如标校计程仪)，按 $v = s/t$ 计算，式中 s 为测速单程长度，t 为测速单程时间。现设测速单程长度 s 的均方误差为 m_s，记时的均方误差为 m_t。请给出航速的均方误差 m_v。

解：根据式(5 – 50)，因有

$$\frac{\partial v}{\partial s} = \frac{1}{t}, \frac{\partial v}{\partial t} = -\frac{s}{t^2}$$

则

$$m_v = \pm\sqrt{\frac{1}{t^2}m_s^2 + \frac{s^2}{t^4}m_t^2} = \pm\frac{1}{t}\sqrt{m_s^2 + v^2 m_t^2}$$

设 $s = 2.0', t = 5\mathrm{min}, m_s = \pm 7\mathrm{m}, m = \pm 0.5\mathrm{s}$，则有

$$m_v = \pm\frac{12}{1852}\sqrt{49 + (24\times 1852)^2 \times \left(\frac{0.5}{3600}\right)^2} = \pm 0.06(\mathrm{kn})$$

如果用相对误差表示，则有

$$m_v\% = \frac{m_v}{v}\times 100\% = \frac{\pm 0.06}{24}\times 100\% = \pm 0.25\%$$

第二节 直接观测平差

上一节介绍了系统误差、随机误差和粗差的基本概念和简单的处理方法,即在对观测数据处理中,一般应首先剔除粗差,其次消除系统误差,最后对随机误差进行处理。

在本节中,对观测过程中产生的随机误差进行处理,专业上称为"平差"。

舰船在海上航行,通过观测物标来确定舰船在海上的位置,严格地讲,这些观测均为非等精度观测,但在航海实践中,在满足定位精度的前提下,考虑一定的限制条件,大多数观测可以看成等精度观测,这样做的目的是使数据处理的方法简单、可行。

定义 5.11 简单地说,在有多余观测的条件下,从具有矛盾的观测结果中,求出算术平均值并对该值进行精度估计的计算就称为平差。

平差是测绘中的概念。因为任何观测都不可避免地存在随机误差,为了减小随机误差的影响,提高观测精度和求得最可靠的结果,一般都要进行多余观测,而多余观测往往出现互相不一致的观测结果。例如,测定某目标的方位,重复测定 9 次,其结果一般不会是一致的。再如,用多条舰位线定位,每两条舰位线就交出一个舰位,因此,常常得到多个舰位。

从互相不一致的观测结果中,求出最可靠的结果,并对该值进行精度估计,就要进行平差。

平差的任务有两项,即求观测值的算术平均值和对该值进行精度估计。

算术平均值是真值的最近似值,它接近真值的概率比任何单个观测值都大。对算术平均值的精度估计就是求出它的均方误差。因为以均方误差为单位的误差区间的概率为定值,所以,均方误差还相当于对算术平均值进行区间估计。

一、等精度直接观测平差

(一)等精度直接观测算术平均值

对于一个未知量进行 n 次等精度观测,若 $x_i(i=1,2,\cdots,n)$ 为观测值,x 为算术平均值,$v_i(i=1,2,\cdots,n)$ 为观测误差。根据最小二乘法原理,写出观测方程为

$$x_i + v_i = x, i = 1,2,\cdots,n \tag{5-61}$$

将观测方程改写成以随机误差为未知数的形式,即

$$v_i = x - x_i, i = 1,2,\cdots,n \tag{5-62}$$

则称式(5-62)为误差方程组,在该方程组中,未知数为 $n+1$ 个(v_i 与 x)。因此,不能用一般代数方法求解,而是要按最小二乘法原理求取,即令

$$\sum_{i=1}^{n} v_i^2 = v_1^2 + v_2^2 + \cdots + v_n^2 = \min \tag{5-63}$$

为此,将式(5-62)中各方程式两端平方并求和,即有

$$\sum_{i=1}^{n} v_i^2 = (x-x_1)^2 + (x-x_2)^2 + \cdots + (x-x_n)^2 \tag{5-64}$$

对式(5-64)关于 x 求极值,即令

$$\frac{\mathrm{d}\sum_{i=1}^{n} v_i^2}{\mathrm{d}x} = 0 \tag{5-65}$$

即有

$$2(x-x_1) + 2(x-x_2) + \cdots + 2(x-x_n) = 0 \tag{5-66}$$

由此,得

$$nx - \sum_{i=1}^{n} x_i = 0 \tag{5-67}$$

则称式(5-67)为法方程,显然此方程仅含未知数 x。由式(5-67)可得

$$x = \frac{\sum_{i=1}^{n} x_i}{n} = X_0 \tag{5-68}$$

式(5-68)说明,按最小二乘法原理,将得到未知量的算术平均值 X_0。此结论与式(5-24)完全一样。

(二)算术平均值的精度估计

根据式(5-30),算术平均值的均方误差 m_{X0} 为

$$m_{X_0} = \frac{m}{\sqrt{n}} \tag{5-69}$$

式(5-69)说明,m_{X0} 为 m 的 $\frac{1}{\sqrt{n}}$。因此,观测次数越多,算术平均值的均方误差越小,其精度越高。

为说明 m_{X0} 与 n 的关系,建立以 n 为横轴,以 $m_{X0} = 1/\sqrt{n}$ ($m=1$) 为纵轴的坐标系,则得 m_{X0} 与 n 的对应关系,如表5-3和图5-6所示。可以看出,观测次数在16次以内,m_{X0} 随 n 的增加变化迅速,而观测次数大于16次,m_{X0} 随 n 的增加变化越来越不明显。

实际工作中,过分地增加观测次数以提高算术平均值的精度并不可取。当

然,如果观测次数太少,算术平均值的精度将受到较大的影响,一般取 10~20 次即可。

表 5-3 m_{X_0} 与 n 的对应关系

n	1	4	9	16	25	36	49	64	81	100
m_{X_0}	1	0.5	0.33	0.25	0.2	0.17	0.14	0.13	0.11	0.1

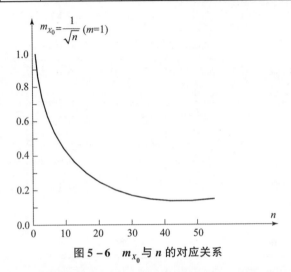

图 5-6 m_{X_0} 与 n 的对应关系

例 5-7 对某角度重复观测 5 次,求该角度的算术平均值和均方误差 m_{X_0}。通过列表完成计算,结果如表 5-4 所示。

表 5-4 例 5-7 计算结果

算术平均值					均方误差	
n	x	$\Delta x = x - X$	$v = \Delta x_0 - \Delta x$	v^2	m 及 m_{X_0}	
1	50°42.9′	+0.9′	-0.84′	0.7056		
2	50°41.3′	-0.7′	+0.76′	0.5776	$m = \pm\sqrt{\dfrac{2.732}{4}} \approx \pm 0.83′$	
3	50°41.2′	-0.8′	+0.86′	0.7396		
4	50°42.0′	0.0′	+0.06′	0.0036	$m_{X_0} = \pm\dfrac{0.83′}{\sqrt{5}} \approx \pm 0.37′$	
5	50°42.9′	+0.9′	-0.84′	0.7056		
$X = 50°42.0′, X_0 = X + \Delta x_0 = 50°42.06′$						
$\sum_{i=1}^{n}\Delta x_i = +0.3′, \Delta x_0 = \dfrac{\sum_{i=1}^{n}\Delta x_i}{n} = +0.06′$					$\sum_{i=1}^{n} v_i = 0, \sum_{i=1}^{n} v_i^2 = 2.732$	

例 5-8 某舰船抛锚时用雷达测定某目标的距离 8 次,求该目标距离的算术平均值(最或然距离)及其均方误差。通过列表完成计算,结果如表 5-5 所示。

表 5-5 例 5-8 计算结果

	算术平均值			均方误差		
n	x	$\Delta x = x - X$	$v = \Delta x_0 - \Delta x$	v^2	m 及 m_{X_0}	
1	57.3 Cab	-0.2	0.17	0.0289		
2	57.5 Cab	0.0	-0.03	0.0009		
3	57.1 Cab	-0.4	0.37	0.1369	$m = \pm\sqrt{\dfrac{0.5552}{7}}$	
4	57.8 Cab	+0.3	-0.33	0.1089	$\approx \pm 0.28$	
5	57.2 Cab	-0.3	0.27	0.0729	$m_{X_0} = \pm\dfrac{0.28}{\sqrt{8}}$	
6	57.9 Cab	+0.4	-0.43	0.1849	$\approx \pm 0.099$	
7	57.6 Cab	+0.1	-0.13	0.0169		
8	57.4 Cab	-0.1	0.07	0.0049		
$X = 57.5, X_0 = X + \Delta x_0 = 57.47$ $\sum_{i=1}^{n}\Delta x_i = -0.2, \Delta x_0 = \dfrac{\sum_{i=1}^{n}\Delta x_i}{n} = -0.03$			$\sum_{i=1}^{n}v_i = -0.04, \sum_{i=1}^{n}v_i^2 = 0.5552$			

在例 5-8 中,$\sum v_i$ 应等于零但实际并不为零,其原因是计算 Δx_0 时进行了凑整[①]。如果准确计算不存在凑整,则 $\sum v_i$ 肯定为零,如例 5-7。因此,通常可用 $\sum v_i = 0$ 来校核 v 值的计算是否存在粗差。

计算算术平均值的均方误差 m_{X_0},就意味着知道真值出现在算术平均值某个区间的概率。以例 5-8 的数据为例,真值为 57.47 ± 0.09 的概率为 68.3%;为 57.47 ± 0.19 的概率为 95.4%。这实质上就是数理统计中对算术平均值的区间估计。

[①] "凑整"是一个旧概念,其方法在本书中没有介绍,可参考 GB/T 8170—2008《数值修约规则与极限数值的表示和判定》。

二、非等精度直接观测平差

非等精度观测是指在不同条件下所进行的观测。例如,数人或一人使用不同仪器观测同一个量即非等精度观测。显然,非等精度观测结果应具有不同的分布,因而各观测值具有不同的数字特征。因此,非等精度观测平差需要用"权"的概念。权一般不考虑单位,并且为正值。

定义 5.12 权是与观测值的均方误差平方成反比的一个数。

本节就是在说明"权"的基础上,描述非等精度直接观测平差。

(一)观测值的权和单位权

观测值的权是以数字表示的对该值的相对信任程度,是与其他观测值比较下该值的可靠程度。权大则可靠性大,权小则可靠性小。例如,真值与错误的观测值比较,前者的权无穷大,后者的权为零;用高精度的仪器与用低精度的仪器观测同一量,前者的权大于后者;一观测序列的算术平均值与该序列任一观测值比较,前者的权大于后者等。所以权可以作为估计观测精度的一种尺度。在非等精度观测条件下,只有通过权才能进行平差。

设一观测序列,其观测值分别为 $x_1, x_2, \cdots, x_n$,各观测值的均方误差分别为 $m_1, m_2, \cdots, m_n$,其对应的权分别为 $p_1, p_2, \cdots, p_n$,则有

$$p_1 = \frac{\mu^2}{m_1^2}, p_2 = \frac{\mu^2}{m_2^2}, \cdots, p_n = \frac{\mu^2}{m_n^2} \tag{5-70}$$

或写为

$$p_1 m_1^2 = \mu^2, p_2 m_2^2 = \mu^2, \cdots, p_n m_n^2 = \mu^2 \tag{5-71}$$

在式(5-71)中,μ 是比例常数,也称为单位权均方误差,在许多情况下它的值可以任意选择。但 μ 值一经确定,各 p 值就随之确定。对于同一组 p 值,只能用同一 μ 值,否则权之间的比例关系就破坏了。由此可以看出,权的相对性是其重要的特性,离开权的相对性,比较其绝对大小是无意义的,而这却是权与均方误差的根本区别所在,如下举例说明权及单位权的意义。设对同一个陆标进行三次非等精度观测,观测值分别为 x_1, x_2, x_3,其均方误差分别为 $m_1 = \pm 1.0'$,$m_2 = \pm 2.0'$,$m_3 = \pm 3.0'$,求相应的权。由权的定义式(5-70),有

$$p_1 = \frac{\mu^2}{(\pm 1)^2}, p_2 = \frac{\mu^2}{(\pm 2)^2}, p_3 = \frac{\mu^2}{(\pm 3)^2}$$

因 μ 可任意选定,以 $\mu = 1, \mu = 2, \mu = 3$ 和 $\mu = 6$ 几种情形,分别计算其权值并构成表 5-6。

表 5-6 列举权值的几种情况

μ	p_1	p_2	p_3
1	1	1/4	1/9
2	4	1	4/9
3	9	9/4	1
6	36	9	4

表 5-6 所给出的数据,已经很好地解释了前文所述与分析,且表 5-6 也是在已知均方误差 m_i 来确定权的例子,可从这个例子引出单位权的概念。p 在该组观测中,体现了 x 所占的"比例"。在 $\mu = 1 = m_1$ 的情况, $p_1 = 1$, 相当于用 x_1 的权为比例单位。在 $\mu = m_2$ 的情况, $p_2 = 1$, 相当于用 x_2、x_3 的权为比例单位。通常称等于 1 的权为单位权观测,该观测值的均方误差称为单位权均方误差。权为 1 的观测值,其均方误差等于 μ。因此,以后都用 μ 表示单位权均方误差。在 μ、m_i、$p_i(i=1,2,\cdots,n)$ 三者关系中,只要任知其中的两个,就能求出另一个,即它们间的关系为

$$p = \frac{\mu^2}{m^2}; m_i = \frac{\mu}{\sqrt{p_i}}; \mu = \sqrt{p_i} m_i \tag{5-72}$$

需要说明的是,因 m_i 为样本标准偏差,由此计算的单位权和权,均为样本的单位权和权。

(二) 权倒数传播定律

由于权与均方误差存在着密切的关系,根据均方误差的传播定律,可以导出观测值函数的权,也称为权倒数传播定律。设直接观测值为 $x_1, x_2, \cdots, x_n$, 有

$$Z = f(x_1, x_2, \cdots, x_n) \tag{5-73}$$

各观测值的均方误差分别为 $m_1, m_2, \cdots, m_n$, 函数的均方误差 m_Z, 则有

$$m_Z^2 = \left(\frac{\partial f}{\partial x_1}\right)^2 m_1^2 + \left(\frac{\partial f}{\partial x_2}\right)^2 m_2^2 + \cdots + \left(\frac{\partial f}{\partial x_n}\right)^2 m_n^2 \tag{5-74}$$

以 $p_1, p_2, \cdots, p_n$ 和 p_Z 分别表示各观测值和函数的权,并以 $m^2 = \mu^2/p_i(i=1,2,\cdots,n)$ 代入式(5-74)后,有

$$\frac{\mu^2}{p_Z} = \left(\frac{\partial f}{\partial x_1}\right)^2 \frac{\mu^2}{p_1} + \left(\frac{\partial f}{\partial x_2}\right)^2 \frac{\mu^2}{p_2} + \cdots + \left(\frac{\partial f}{\partial x_n}\right)^2 \frac{\mu^2}{p_n} \tag{5-75}$$

消去 μ^2, 即

$$\frac{1}{p} = \left(\frac{\partial f}{\partial x_1}\right)^2 \frac{1}{p_1} + \left(\frac{\partial f}{\partial x_2}\right)^2 \frac{1}{p_2} + \cdots + \left(\frac{\partial f}{\partial x_n}\right)^2 \frac{1}{p_n} \tag{5-76}$$

式(5-76)就是权倒数传播定律,根据此式可以导出基于其他任意形式函

数的权倒数传播公式。

需要注意的是,函数与组成该函数的各观测值的单位权均方误差 μ 是相同的。下面举例说明式(5-76)的实际使用方法。

例 5-9 设观测值权分别为 $p_1 = 1, p_2 = 1/3, p_3 = 2$。求函数 $Z = x_1/2 + x_2/3 + x_3/5$ 的权 p_Z。

解:

$$\frac{1}{p_Z} = \left(\frac{\partial z}{\partial x_1}\right)^2 + 3\left(\frac{\partial z}{\partial x_2}\right)^2 + \frac{1}{2}\left(\frac{\partial z}{\partial x_3}\right)^2 = \frac{1}{4} + 3 \times \frac{1}{9} + \frac{1}{2} \times \frac{1}{25} \approx 0.60333$$

则 $p_Z = 1.66$。

例 5-10 已知观测值为分别 $x_1, x_2, \cdots, x_n$,其相应的权分别为 $p_1, p_2, \cdots, p_n$,求函数 $y_1 = \sqrt{p_1}x_1, y_2 = \sqrt{p_2}x_2, \cdots, y_n = \sqrt{p_n}x_n$ 的权 $p_{x_1}, p_{x_2}, \cdots, p_{x_n}$。

解: 因

$$\begin{cases} y_1 = \sqrt{p_1}x_1, \text{故有} \dfrac{1}{p_{x_1}} = (\sqrt{p_1})^2 \dfrac{1}{p_1} = 1, p_{x_1} = 1 \\ y_2 = \sqrt{p_2}x_2, \text{故有} \dfrac{1}{p_{x_2}} = (\sqrt{p_2})^2 \dfrac{1}{p_2} = 1, p_{x_2} = 1 \\ \cdots\cdots \\ y_n = \sqrt{p_n}x_n, \text{故有} \dfrac{1}{p_{x_n}} = (\sqrt{p_n})^2 \dfrac{1}{p_n} = 1, p_{x_n} = 1 \end{cases} \quad (5-77)$$

即

$$p_{x_1} = p_{x_2} = \cdots = p_{x_n} = 1 \quad (5-78)$$

例 5-11 已知等精度观测的算术平均值为 $X_0 = \sum_{i=1}^{n} x_i \Big/ n$,求算术平均值的权。

解:

$$X_0 = \frac{\sum_{i=1}^{n} x_i}{n} = \frac{1}{n}x_1 + \frac{1}{n}x_2 + \cdots + \frac{1}{n}x_n$$

各观测值的权为 $p_1 = p_2 = \cdots = p_n = p$。

根据权倒数传播定律 L_0 的权为 p,则

$$\frac{1}{p_0} = \left(\frac{1}{n}\right)^2 \frac{1}{p} + \left(\frac{1}{n}\right)^2 \frac{1}{p} + \cdots + \left(\frac{1}{n}\right)^2 \frac{1}{p} = \frac{1}{n^2} \cdot \frac{n}{p} = \frac{1}{np}$$

即

$$p = np = n, p = 1$$

例 5-11 说明,等精度观测算术平均值的权 p 等于观测次数 n,即一组等精

度观测值的算术平均值的精度比其中任一观测值的精度都要高 n 倍。

例 5-12 设非等精度观测值为 $x_i(i=1,2,\cdots,n)$，相应的权为 $p_i(i=1,2,\cdots,n)$，并设加权算术平均值为 $X_0 = \sum_{i=1}^{n} p_i x_i \Big/ \sum_{i=1}^{n} p_i$，求 X_0 的权 p。

解：因

$$X_0 = \frac{\sum_{i=1}^{n} p_i x_i}{\sum_{i=1}^{n} p_i} = \frac{p_1}{\sum_{i=1}^{n} p_i} x_1 + \frac{p_2}{\sum_{i=1}^{n} p_i} x_2 + \cdots + \frac{p_n}{\sum_{i=1}^{n} p_i} x_n$$

根据权倒数传播定律：

$$\frac{1}{p} = \left(\frac{p_1}{\sum_{i=1}^{n} p_i}\right)^2 \frac{1}{p_1} + \left(\frac{p_2}{\sum_{i=1}^{n} p_i}\right)^2 \frac{1}{p_2} + \cdots + \left(\frac{p_n}{\sum_{i=1}^{n} p_i}\right)^2 \frac{1}{p_n} = \frac{\sum_{i=1}^{n} p_i}{\left(\sum_{i=1}^{n} p_i\right)^2} = \frac{1}{\sum_{i=1}^{n} p_i}$$

所以

$$p = [p] = (p_1 + p_2 + \cdots + p_n) \tag{5-79}$$

这里需要说明的是，虽然式(5-77)~式(5-79)是通过例题得到的结论，但在以后的平差计算中可直接作为实用公式直接使用。

(三) 非等精度直接观测的算术平均值及其均方误差

非等精度直接观测平差要解决的问题与等精度直接观测平差一样，也是要求出一观测序列值的算术平均值及其均方误差。

1. 非等精度直接观测的加权平均值

设一组非等精度观测值分别为 $x_1, x_2, \cdots, x_n$，其相应的权分别为 $p_1, p_2, \cdots, p_n$。并设算术平均值为 x，随机误差为 $v_1, v_2, \cdots, v_n$，则可得观测方程为

$$x_i + v_i = x \quad (\text{权为 } p_i) \tag{5-80}$$

其误差方程为

$$v_i = x - x_i \quad (\text{权为 } p_i) \tag{5-81}$$

同样，非等精度最小二乘法原理为

$$\sum_{i=1}^{n} p_i v_i^2 = \min \tag{5-82}$$

现对误差方程(5-81)两端平方、乘以 p_i 并求和，有

$$\sum_{i=1}^{n} p_i v_i^2 = p_1 (x - x_1)^2 + p_2 (x - x_2)^2 + \cdots + p_n (x - x_n)^2 \tag{5-83}$$

欲使 $[pv^2]$ 最小，求式(5-83)对 x 求一阶导数并令其为零，即

$$\frac{\mathrm{d}\sum_{i=1}^{n} p_i v_i^2}{\mathrm{d}x} = 2p_1(x-x_1) + 2p_2(x-x_2) + \cdots + 2p_n(x-x_n) = 0$$

(5-84)

整理后,得

$$x\sum_{i=1}^{n} p_i + \sum_{i=1}^{n} p_i x_i = 0 \qquad (5-85)$$

式(5-85)称为法方程,其只含有未知数 x,从中可解得

$$x = X_0 = \sum_{i=1}^{n} p_i x_i \Big/ \sum_{i=1}^{n} p_i \qquad (5-86)$$

式(5-86)就是非等精度直接观测求算术平均值的主要公式,由其所求或然值 X_0 加权平均值也称为广义算术平均值。且该式说明各观测值在计算算术平均值中所占的"权重"是不同的,而单位权就是这个权重的单位。加权平均值同样也有一个重要特征,即

$$\sum_{i=1}^{n} p_i v_i = 0 \qquad (5-87)$$

为了证明这个特性,只要将误差方程两端分别乘以 p_i 并求和得

$$\sum_{i=1}^{n} p_i v_i = \sum_{i=1}^{n} [p_i(x-x_i)] = x\sum_{i=1}^{n} p_i - \sum_{i=1}^{n} p_i x_i = 0 \qquad (5-88)$$

2. 加权平均值的均方误差

根据式(5-79),加权平均值的权 p_{X_0} 为

$$p_{X_0} = p_1 + p_2 + \cdots + p_n = \sum_{i=1}^{n} p_i \qquad (5-89)$$

若已知单位权均方误差 μ,由式(5-72)或按权定义,加权平均值的均方误差 m_{X_0} 为

$$m_{X_0} = \pm \mu \big/ \sqrt{p_{X_0}} = \pm \mu \Big/ \sqrt{\sum_{i=1}^{n} p_i} \qquad (5-90)$$

例 5-13 现有三人测定同一角度,将其观测值与均方误差列入表 5-7,求算术平均值及其均方误差。

该角度的算术平均值 $X_0 = 5°15.78'$。算术平均值的均方误差 $m_{X_0} = \pm 0.53'$。

在例 5-13 中,根据已知均方误差确定权,是以 $\mu' = \pm 2.0'$ 作为单位权均方误差。而以此计算各观测值的权后,再计算单位权均方误差则得 $\mu = \pm 1.29'$,两

者相差较大,但对计算或然值及其均方误差没有任何影响。

表 5-7 例 5-13 计算结果

n	x	m	p	Δx	$p\Delta x$	v	pv^2	μ 及 m_{X_0}
1	5°15.0′	2.0′	1	0	0	+0.78′	0.6084	$\mu = \pm\sqrt{\dfrac{3.3284}{2}}$ $\approx \pm 1.29'$ $m_{X_0} = \pm\dfrac{1.29}{\sqrt{6}}$ $\approx \pm 0.53'$
2	5°16.3′	1.0′	4	+1.3′	+5.2′	-0.52′	1.0816	
3	5°14.5′	2.0′	1	-0.5′	-0.5′	+1.28′	1.6384	

$X = 5°15.0'$, $X_0 = X + \Delta x_0 = 5°15.78'$,
$[p] = 6, [p\Delta x] = +4.7'$
$\Delta x_0 = \dfrac{4.7'}{6} = 0.78'$, $[pv] = 3.3284$

例 5-14 5人观测同一角度,其结果如表 5-8 所示,m_i'表示每人观测值的均方误差,x_i表示每人观测相应次数的算术平均值。

表 5-8 观测结果

观测者 n	观测次数	观测算术平均值 x_i	观测值均方误差 m_i'
1	18	60°25.0′	±3.0′
2	12	60°26.0′	±2.0′
3	36	60°29.0′	±6.0′
4	12	60°25.0′	±2.0′
5	8	60°27.0′	±2.0′

解: 设 m_i 表示每人观测值算术平均值 x_i 的均方误差,则有

$$m_1 = \pm\frac{3'}{\sqrt{18}} = \pm\frac{1'}{\sqrt{2}}, m_2 = \pm\frac{2'}{\sqrt{12}} = \pm\frac{1'}{\sqrt{3}}, m_3 = \pm\frac{6'}{\sqrt{36}} = \pm 1.0',$$

$$m_4 = \pm\frac{2'}{\sqrt{12}} = \pm\frac{1'}{\sqrt{3}}, m_5 = \pm\frac{2'}{\sqrt{8}} = \pm\frac{1'}{\sqrt{2}}$$

设第三个观测者观测结果的权为1,测得

$$p_3 = 1, \quad p_1 = p_5 = 2, \quad p_2 = p_4 = 3$$

列表计算如表 5-9 所示。该角的算术平均值 $X_0 = 60°26.0'$;算术平均值的均方误差 $m_{X_0} = \pm 0.6'$。

表5-9 例5-14计算结果

n	x	m	p	Δx	$p\Delta x$	v	pv^2	μ 及 m_{X_0}
1	60°25.0′	$1/\sqrt{2}$	2	0	0	+1	+2	$\mu = \pm\sqrt{\dfrac{16}{4}}$
2	26.0′	$1/\sqrt{3}$	3	±1.0′	+3	0	0	$\approx \pm 2.0′$
3	29.0′	1	1	±4.0′	+4	-3	+9	$m_{X_0} = \pm\dfrac{2}{\sqrt{11}}$
4	25.0′	$1/\sqrt{3}$	3	0	0	+1	+3	
5	27.0′	$1/\sqrt{2}$	2	±2.0′	+4	-1	+2	$\approx \pm 0.6′$

$X = 60°25.0′, X_0 = 60°25.0′ + 1.0′ = 60°26.0′, [p] = 11, \Delta l_0 = \dfrac{[p\Delta x]}{[p]} = \dfrac{11}{11} = 1.0′, [pv^2] = 16$

第三节 等值线与舰位线平差

等值线与舰位线是航海定位的基础。本节主要讨论等值线及其梯度、平面上等值线的种类及舰位线方程等内容,从逻辑上是环环相扣、逐级递进的。

一、等值线及其种类

在航海中,将对目标进行测量(或计算)所得的观测(或计算)值可视为点的函数,将符合函数值的点进行连接后形成的轨迹称为等值线,即保持函数值恒定的点的轨迹就是等值线。通常在平面直角坐标(x,y)、地理坐标(φ,λ)和纬度东西距(φ,ω)三种坐标系中,等值线最一般的表达式为

$$\begin{cases} l = f(x,y) = c \\ l = f(\varphi,\lambda) = c \\ l = f(\varphi,\omega) = c \end{cases} \tag{5-91}$$

式中:l 或 c 为观测或计算得到的函数值,一般为已知常数;(x,y),(φ,λ),(φ,ω) 为符合函数值 l 的点的坐标。

一般来讲,等值线就是舰船观测目标时的位置线。更准确地说,靠近推算舰位附近的一段等值线才是观测时刻舰船的位置线,这一段等值线又称为舰位线,有时用该线上某点的切(割)线来代替。舰船在海上航行时,如果能同时获得两条或两条以上的舰位线,则其交点称为观测舰位。如图5-7所示,观测M_1、M_2两目标的方位而得到的两标方位舰位。

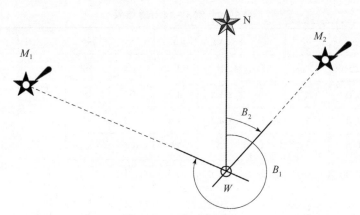

图 5-7 两标方位舰位

舰船在海上航行,当使用视觉观测器材测定各种观测值时,由于其作用距离较近,可以将一部分地球表面当作平面看待,经常使用的等值线有以下几种。

(一)方位等值线为直线

舰船在海上观测某目标方位,在近距离得到等角方位 B,自目标 M 作方位 $B'(B' = B \pm 180°)$,得直线 MW 即方位等值线。如图 5-8 所示,在以目标为原点的纬度东西距坐标系中,方位等值线表达式为

$$B' = \arctan \frac{D_\omega}{D_\varphi} \tag{5-92}$$

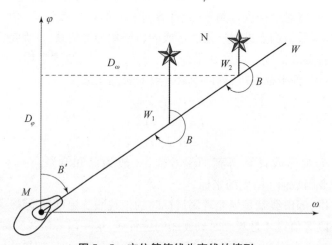

图 5-8 方位等值线为直线的情形

从图 5-8 和式(5-92)可以看出,当观测目标 M 的真方位为 B 时,舰船一定位于 MW 线上某一点,如 W_1,W_2 等点。

(二)距离等值线为圆

如图 5-9 所示,距离等值线是以目标为圆心,以观测距离 D 为半径的圆。在纬度东西距坐标系中,距离等值线的表达式为

$$D = \sqrt{D_\omega^2 + D_\varphi^2} \tag{5-93}$$

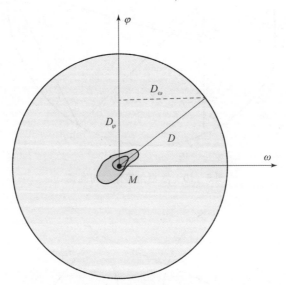

图 5-9 距离等值线为圆的情形

从图 5-9 和式(5-93)可以看出,当观测目标距离为 D 时,舰船一定位于以目标为圆心、以 D 为半径的圆上。

(三)水平角等值线为圆弧

当观测两个目标的水平夹角为 α 时,根据"同弧所对圆周角相等"的原理,可得水平角 α 的等值线为一圆弧,如图 5-10 中的 $M_1W_1W_2M_2$ 弧。

水平角可视为两个方位之差,因此水平角等值线表达式为

$$\alpha = B_2 - B_1 \tag{5-94}$$

(四)距离差等值线为双曲线

由解析几何知识可知,与两定点距离之差相等的各点的连线是两条对称的双曲线。所以距离差等值线是两个目标 A、B 为焦点的双曲线,如图 5-11 所示。观测值距离差 ΔD,可用到两个目标的距离之差表示,距离差等值线的表达式为

$$\Delta D = D_B - D_A \tag{5-95}$$

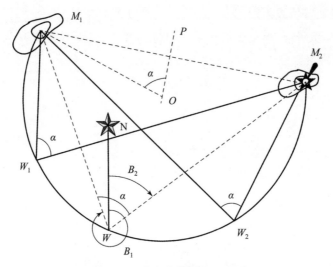

图 5-10 水平角等值线为圆弧

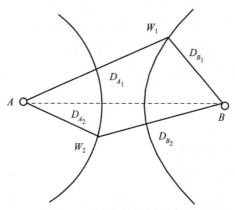

图 5-11 距离差等值线为双曲线

上述 4 种等值线,是在航海定位中使用比较广泛的。当然,若从几何方面考虑,还可以有其他形式的等值线,如在球面上测定远距离目标的方位得到大圆方位等值线;测定到两定点的距离之和得到椭圆等值线等。

只有位于水平角等值线 $M_1W_1W_2M_2$ 上的点,如 W_1、W_2 点,才符合观测值为 α。

对于上述等值线及其表达式进一步说明如下:

(1)方位、距离和水平角等值线的表达式,只适用于将一部分地球表面当作平面的假设,即用视觉器材定位的情况。距离差等值线表达式适用于任何定位条件。

(2) 表达式是以目标为坐标原点,水平角和距离差等值线,可用任一目标作为原点。

(3) 表达式是指等值线的整体,即包括所有符合各种表达式形式的点的轨迹。从定位角度考虑,有时只用到等值线的一部分,即只用舰位线。

(4) 已知等值线的形式,可以根据一个已知点的坐标,计算等值线的函数值。在实际定位中,一般是用推算舰位的坐标计算所用等值线的函数值。

二、等值线的梯度

(一) 梯度的意义和作用

等值线或函数的梯度是一个数学概念,它是一个矢量。由附录 A 可知,梯度的意义是函数在既定点上某一特定方向的导数,且该方向导数与该点其余方向导数相比具有最大值。

对应某一计算(函数)值 u 和观测值 $u = u_1 + \Delta u$ 的两条等值线,每条等值线上的点的函数值均为定值。当从一条等值线到另一条等值线时,函数值才发生变化。对于计算等值线上的某一点,如推算舰位,这种变化在不同方向上是不同的,即具有不同的方向导数。当 Δu 为定值时,两条等值线靠得最近的点间距离最小,函数在此处的变化率最大,即该处具有最大的方向导数,这个方向导数就是等值线(函数)在该点的梯度。其方向在等值线的法线方向,并指向函数值 u_1 增加的方向,它的模等于函数的导数,以 g 表示,如图 5-12 所示。

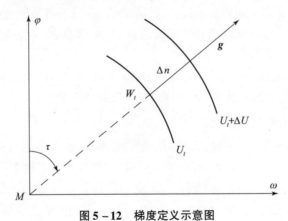

图 5-12 梯度定义示意图

设

$$u = u_1 + \Delta u = f(\varphi, \omega) \tag{5-96}$$

则有

$$g = \lim_{\Delta n \to 0} \frac{\Delta u}{\Delta n} = \frac{du}{dn} = \sqrt{\left(\frac{\partial f}{\partial \varphi}\right)_t^2 + \left(\frac{\partial f}{\partial \omega}\right)_t^2} \qquad (5-97)$$

其方向为

$$\tau = \arctan \frac{\left(\frac{\partial f}{\partial \omega}\right)_t}{\left(\frac{\partial f}{\partial \varphi}\right)_t} \qquad (5-98)$$

航海上在小范围内考虑和计算问题时,常常不用准确公式计算梯度,而用近似式,即

$$g = \frac{\Delta u}{\Delta n} \qquad (5-99)$$

式中:g 为梯度的模,其方向 τ 垂直于等值线并指向函数值增加的方向;Δu 为函数增量,在航海上表示观测值与计算值的差或表示观测值的误差;Δn 为对应 Δu 的等值线位移或表示观测误差所对应的等值线(舰位线)误差。

航海上常用的等值线梯度,不但可以通过简单直观的几何方法较快地求解,还可以根据函数形式计算,即 g 总是可以知道的。由此,当 Δu 已知时,计算 Δn,即

$$\Delta n = \frac{\Delta u}{g} \qquad (5-100)$$

式(5-100)是在航海上经常使用的一个表达式,主要用于以下两种场合:

(1) 当将 Δu 作为观测值的误差时,所得的 Δn 就是等值线或舰位线的误差。

(2) 当将 Δu 作为观测值和计算值的差时,所得的 Δn 就是舰位线的垂直位移,又称为截距。

在某些航海作业中,利用截距绘画舰位线是很方便的。使用关系式(5-100)解决航海问题的具体内容,将在后续的内容中进行详细讨论。

(二)平面上等值线的梯度

航海上在两种条件下使用的等值线梯度,即将地球表面当作平面,或将地球表面当作球面或椭圆(球)面。前一种情况适用于近距离定位,后一种情况适用于远距离定位。但在实践中,远距离定位通常使用距离差等值线时,其梯度定义在平面和球面上是一样的。所以,平面上等值线梯度基本能满足航海的需求。

1. 距离等值线梯度

如图 5-13 所示,设推算舰位 W_t 至目标的距离为 D_t,观测距离为 D,两者的差值即距离增量 $\Delta D = D - D_t$。对应 ΔD 的等值线位移 $\Delta n = \Delta D$,则距离等值线

梯度的模为

$$g = \frac{\Delta u}{\Delta n} = 1, \tau = B_t + 180° = \arctan\frac{D_\omega}{D_\varphi} \qquad (5-101)$$

式中：B_t 为推算舰位看目标的方位。

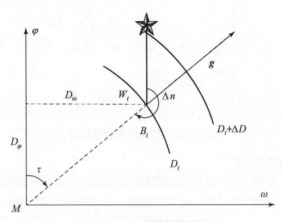

图 5 – 13　距离等值线梯度

由图 5 – 13 中可看出,梯度方向背向目标。如果根据距离等值线的表达式(5 – 93),按梯度的准确公式计算,也得以上结果。

2. 距离差等值线梯度

如图 5 – 14 所示,根据梯度的矢量和差定理,到两个目标 A、B 的距离差的梯度就是两个距离梯度 g_A 和 g_B 的差,即有

$$g_{\Delta D} = g_B - g_A \qquad (5-102)$$

由于

$$g_A = g_B = 1 \qquad (5-103)$$

如图 5 – 14 所示,图中的 △abW_t 是等腰三角形,故有

$$g_{\Delta D} = 2\sin\frac{\alpha}{2}, \tau = \frac{1}{2}(B_A + B_B) \pm 90° \qquad (5-104)$$

依图 5 – 14 及式(5 – 104),AB 的中垂线 PG 上各点距 A、B 两点的距离差为零；α 为两个目标方位的差,即 $\alpha = B_B - B_A$；α 的分角线为平均方位且等于$(B_A + B_B)/2$；梯度方向始终垂直于分角线方向。其中,关于 α 正负号的确定,则按推算舰位距 A、B 两点的距离差增加的方向而定。越远离中线距离差越大,而梯度方向始终指向近目标方向。如图 5 – 14 所示,推算舰位在 W_t 点,用" + "号,推算舰位在 W_t' 点,用" – "号。

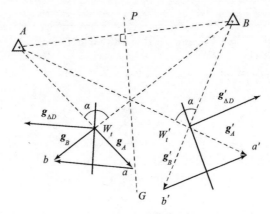

图 5-14 距离差等值线梯度

3. 方位等值线梯度

如图 5-15 所示,推算舰位 W_t 观测目标的方位为 B_t,至目标的距离为 D_t,若方位增量为 ΔB,等值线的位移为 Δn,其梯度为 g_B,由图 5-15,可得

$$g_B = \frac{\Delta B}{\Delta n} \tag{5-105}$$

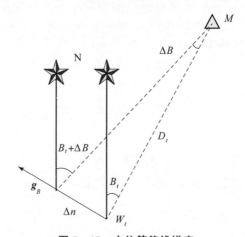

图 5-15 方位等值线梯度

若采用弧度为单位,则有

$$\Delta n = \Delta B \cdot D_t \tag{5-106}$$

将式(5-106)代入式(5-105),有

$$g_B = \frac{\Delta B}{\Delta B \cdot D_t} = \frac{1}{D_t} \tag{5-107}$$

若 ΔB 采用度为单位①,则式(5-107)可写为

$$g_B = 57.3° \times \frac{\Delta B}{\Delta B \cdot D_t} = \frac{57.3°}{D_t}(°/海里), \quad \tau = B_t - 90° \quad (5-108)$$

4. 水平角等值线梯度

如图 5-16 所示,水平角 α 为两个目标方位的差,由此将水平角等值线的梯度定义为两个方位等值线梯度的矢量差。g_A、g_B 分别为 A、B 两目标的方位等值线梯度,g_α 为水平角等值线梯度,则有

$$g_\alpha = g_A - g_B \quad (5-109)$$

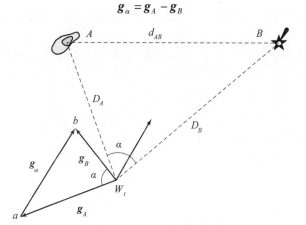

图 5-16 水平角等值线梯度

由于 $\triangle ABW_t \backsim \triangle abW_t$(相似三角形),而在 $\triangle abW_t$ 中,有

$$g_\alpha^2 = g_A^2 + g_B^2 - 2g_A g_B \cos\alpha \quad (5-110)$$

将方位等值线的梯度值表达式(5-108)代入式(5-110),并整理后,有

$$g_\alpha = 57.3°\sqrt{\frac{1}{D_A^2} + \frac{1}{D_B^2} - 2\frac{1}{D_A D_B}\cos\alpha} = \frac{57.3°}{D_A D_B}\sqrt{D_A^2 + D_B^2 - 2D_A D_B \cos\alpha}$$

$$(5-111)$$

在 $\triangle ABW_t$ 中,有

$$d_{AB} = \sqrt{D_A^2 + D_B^2 - 2D_A D_B \cos\alpha} \quad (5-112)$$

因此,有

$$g_\alpha = \frac{57.3°}{D_A D_B}d_{AB}(°/\text{n mile}) \text{ 或 } g_\alpha = \frac{3438'}{D_A D_B}d_{AB}('/\text{n mile}) \quad (5-113)$$

梯度方向指向为通过 ABW_t 三点的圆弧的圆心。

---

① $57.3° = 180°/\pi$。

三、舰位线方程的求取

如前所述,舰位线是靠近推算舰位附近的一段等值线,这段等值线通常用其切线或割线代替。在推算舰位附近的小范围内,舰位线是以推算舰位为原点的平面或球面坐标系中的直线。建立舰位线方程通常有以下几种方法。

(一)截距法

如图 5 – 17 所示,推算函数值 $u(t)$ 和观测值 u 所对应的两条等值线的垂距,是等值线在推算舰位沿梯度方向的位移,即截距 Δn。从图 5 – 17 中,可得

$$\Delta n = D_\varphi \cos\tau + D_\omega \sin\tau \qquad (5-114)$$

式中:D_φ、D_ω 为等值线上一点 K 与推算舰位 W_t 的坐标差;τ 为等值线在推算舰位的梯度方向。

式(5 – 114)即为截距法舰位线方程。

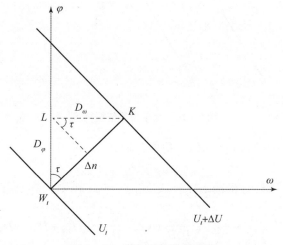

图 5 – 17 截距式舰位线方程

(二)线性函数的舰位线方程

根据式(5 – 99),有

$$\Delta u = u - u_t = g\Delta n = gD_\varphi \cos\tau + gD_\omega \sin\tau \qquad (5-115)$$

式(5 – 115)即为以观测值与推算值的差值 Δu 为函数的舰位线方程。由于推算值相当于直接观测平差中的近似值,所以 Δu 是由观测值决定的,因此将式(5 – 115)称为观测值为线性函数的舰位线方程,其实质是等值线方程。

由舰位线方程式(5 – 114)和式(5 – 115)可知,D_φ 和 D_ω 为未知变量,而 Δn、Δu、g、τ 等为已知量。若让 $a = \cos\tau$,$b = \sin\tau$,$A = g\cos\tau$,$B = g\sin\tau$,则有

$$\Delta u = aD_\varphi + bD_\omega, \Delta u = AD_\varphi + BD_\omega \tag{5-116}$$

式(5-116)实际上给出了两种不同形式的线性方程。在实际应用中,只要知道其中一种形式的两个方程,就可以从中解出未知变量 D_φ 和 D_ω。然后有

$$\begin{cases} \varphi = \varphi_t + D_\varphi \\ \lambda = \lambda_t + D_\omega \sec\varphi, \varphi = \dfrac{1}{2}(\varphi + \varphi_t) \end{cases} \tag{5-117}$$

即可计算观测舰位的地理坐标 φ、λ,这就是定位计算的数学基础。如果知道 Δn 和 τ,可参照图 5-17,画出两条舰位线,其交点即观测舰位。天文定位作图实际上采用的就是这种标绘方法。

以图 5-17 为例,可以直接写出方位和距离舰位线方程,即

$$\Delta B = B - B_t - \boldsymbol{g} D_\varphi \cos\tau + \boldsymbol{g} D_\omega \sin\tau \text{ 或 } \Delta n = \frac{\Delta B}{\boldsymbol{g}} = D_\varphi \cos\tau + D_\omega \sin\tau \tag{5-118}$$

$$\Delta n = \Delta D = D_B - D_A = D_\varphi \cos\tau + D_\omega \sin\tau \tag{5-119}$$

(三)非线性函数的舰位线方程[*]

一般情况下,等值线不是线性函数,需要将非线性函数线性化,才能得到舰位线方程式。

在本节中,将非线性函数的线性化采用的是级数展开等方法,即仅取级数展开式的一次项,也就是其线性部分,并忽略由此产生的误差。现设有推算函数值方程为

$$u_t = f(\varphi_t, \omega_t) \tag{5-120}$$

观测函数值方程为

$$u = f(\varphi, \omega) = f(\varphi_t + D\varphi_t, \omega_t + D\omega_t) \tag{5-121}$$

将观测函数值方程 u 按泰勒级数展开,且只取一次项,有

$$u = f(\varphi_t, \omega_t) + \left(\frac{\partial f}{\partial \varphi}\right)_t D\varphi + \left(\frac{\partial f}{\partial \omega}\right)_t D\omega \tag{5-122}$$

式(5-122)中的偏导数是常数,它是函数在推算舰位的梯度分别在 φ 轴和 ω 轴上的投影。因此,有

$$\left(\frac{\partial f}{\partial \varphi}\right)_t = \boldsymbol{g}\cos\tau = A, \left(\frac{\partial f}{\partial \omega}\right)_t = \boldsymbol{g}\sin\tau = B \tag{5-123}$$

若将方位等值线式(5-92)和距离等值线式(5-95),按式(5-122)展开后,可得到如式(5-118)和式(5-119)的方位和距离舰位线方程。

四、舰位线的平差

由前述可知,一个观测值决定一条舰位线,舰位线就是观测值的函数。由

此,舰位线的平差就是对观测值函数的平差。根据式(5-100),有

$$\Delta n = \frac{\Delta u}{g} \quad (5-124)$$

由式(5-124)可以看作观测值与舰位线垂直位移的误差关系式。Δu 为观测值的误差,Δn 为舰位线的垂直位移,即舰位线误差,g 为常数。若以 m 表示观测值的均方误差,以 E' 表示舰位线的均方误差,根据均方误差传播定律,则有

$$E'^2 = \frac{1}{g^2}m^2 \quad (5-125)$$

由此,有

$$E' = \frac{1}{g}m \quad (5-126)$$

若以 m_{X_0} 表示观测值算术平均值的均方误差,E_{X_0} 表示最或然舰位线的均方误差,则有

$$E_{X_0} = \frac{1}{g}m_{X_0} \quad (5-127)$$

根据均方误差的概率,真舰位线落在以最或然舰位线为中心的 $E \pm E_{X_0}$ 范围内的概率为 68.3%;落在 $\pm 2E_{X_0}$ 范围内的概率为 95.4%;落在 $\pm 3E_{X_0}$ 范围内的概率为 99.7%。由式(5-127)可以看出,最或然舰位线的误差,是由观测值的误差决定的。在前文中,已经介绍了观测值的平差计算方法,在此则介绍计算舰位线的均方误差计算方法。

(一)方位舰位线的均方误差

根据式(5-127)、式(5-108)和方位等值线的梯度定义,可以直接得到方位舰位线的均方误差 E_{X_0},即为

$$E_{X_0} = \frac{m_{X_0}}{g_B}(弧度) = \frac{m_{X_0}}{57.3°}D_t(度) \quad (5-128)$$

例 5-15 若观测方位均方误差为 $m_B = \pm 1.0°$,在舰船停泊状态下,对某目标观测了 10 次至目标的距离为 $D_t = 90$Cab,求该方位舰位线的均方误差 E_{X_0}。

解:因

$$m_{X_0} = \pm \frac{m_B}{\sqrt{n}} = \pm \frac{1.0°}{\sqrt{10}} = \pm 0.32°$$

所以,有

$$E_{X_0} = \pm \frac{0.32}{57.3} \times 90 = \pm 0.5(\text{Cab})$$

(二) 距离舰位线的均方误差

根据式(5-127)和距离舰位线的梯度,距离舰位线均方误差 E_{X_0} 为

$$E_{X_0} = \pm m_{X_0} \tag{5-129}$$

(三) 水平角舰位线的均方误差

根据式(5-127)、式(5-108)和水平角等值线的梯度定义,水平角舰位线的均方误差 E_{X_0} 为

$$E_{X_0} = \pm \frac{m_{X_0}}{3438} \cdot \frac{D_A D_B}{d_{AB}} \tag{5-130}$$

例 5-16 某航海长在舰船停泊状态下,共观测某水平角 6 次,其观测水平角均方误差为 $m_a = \pm 2.0'$, $D_A = 90\text{Cab}$, $D_B = 80\text{Cab}$, $d_{AB} = 50\text{Cab}$,求 E_{X_0}。

解:因

$$m_{X_0} = \pm \frac{2.0'}{\sqrt{6}} \approx \pm 0.82'$$

所以,有

$$E_{X_0} = \pm \frac{0.82 \times 90 \times 80}{3438 \times 50} \approx \pm 0.034 (\text{Cab})$$

(四) 距离差舰位线的均方误差

根据式(5-127)和距离差等值线的梯度,距离差舰位线的均方误差 $E_{\Delta D}$ 为

$$E_{\Delta D} = \frac{M_{\Delta D}}{2\sin\frac{\alpha}{2}} \tag{5-131}$$

如以时间差(单位为 μs)表示距离差, $E_{\Delta D}$ 以海里为单位,则有

$$E_{\Delta D} = \pm \frac{300 \times M_{\Delta t}}{2 \times 1852 \times \sin\frac{\alpha}{2}} = \pm 0.081 \times \frac{M_{\Delta t}}{\sin\frac{\alpha}{2}} \tag{5-132}$$

例 5-17 某航海长在码头上共观测某台对时差 8 次,观测时差(地波)的均方误差值 $m_{\Delta t} = \pm 2\mu s$,台对夹角 $\alpha = 60°$,求 $E_{\Delta D}$。

解:因

$$m_{\Delta t} = \pm \frac{2}{\sqrt{8}} \approx \pm 0.71 (\mu s)$$

所以,有

$$E_{\Delta D} = \pm 0.081 \times \frac{0.71}{\sin 30°} \approx \pm 0.12(')$$

若以相位差表示距离差,$E_{\Delta D}$以米为单位,其计算方法为

$$E_{\Delta D} = \pm \frac{0.5\lambda M_{\Delta\varphi}}{\sin\frac{\alpha}{2}} \tag{5-133}$$

式中:λ 为波长(m);$M_{\Delta\varphi}$为最或然相位差。

(五)舰位线的权

在非等精度观测条件下,当获得有多条舰位线时,若已知每条舰位线的均方误差为 E_i,根据权的定义,则可以得到舰位线的权 P_i 的计算公式为

$$P_i = \frac{\mu^2}{E_i^2} = \frac{\mu^2}{\left(\frac{m_{X_{0i}}}{g_i}\right)^2} = \frac{\mu^2 g_i^2}{m_{X_{0i}}^2}, \quad i=1,2,\cdots,n \tag{5-134}$$

如前文所述,式(5-134)中的 μ 可以任意选定。若 $\mu=1$,则有

$$P_i = \frac{g_i^2}{m_{X_{0i}}^2}, \quad i=1,2,\cdots,n \tag{5-135}$$

式(5-135)用在基于多条非等精度舰位线定位时,确定每条舰位线的权的计算,此时只要知道多条舰位线的梯度 g 即可。

如果多条舰位线在定位时,使用同一类等值线,且观测值又是等精度的,可以令 $m_i=1$,此时如果每条舰位线观测次数相同,即 $m_{X_{01}} = m_{X_{02}} = \cdots = m_{X_{0n}}$,则可令 $m_{X_{0i}}=1$,得

$$P_i = g_i^2, \quad i=1,2,\cdots,n \tag{5-136}$$

按式(5-136)确定舰位线的权,给多条舰位线定位的平差计算带来很大方便。

小 结

本章主要介绍了误差理论相关基础知识,涉及概率统计的基本概念、基本理论和重要结果。从航海定位的实际工作出发,运用最小二乘法基本知识,阐述航海定位平差理论、方法及过程。

本章所阐述的问题紧密结合航海实际,掌握这些内容,将为具体解决各种航海定位平差创造条件,特别是等值线梯度、舰位线方程和舰位线平差是后续顺利实践的根基,要引起学习者高度重视,相关的数学推导过程是非常必要的。

习 题

1. 试述航海上观测的定义和分类。
2. 什么是算术平均值?
3. 试述绝对误差的定义和表示方法。
4. 试述相对误差的定义和表示方法。航海上何种被测量的误差通常用相对误差来描述?
5. 试述精度和误差的关系。
6. 试述产生观测误差的原因。
7. 试述误差的分类和注意事项。
8. 试述误差处理的顺序。
9. 什么是随机误差?试述其基本成因和基本处理方法。
10. 什么是系统误差?试述其基本成因和基本处理方法。
11. 什么是粗差?试述其基本成因和基本处理方法。
12. 试述随机误差的统计特征。
13. 试述利用标准偏差 σ 作为随机误差衡量标准的优点。
14. 什么是随机不确定度?
15. 什么是概率误差?试述其与标准偏差的关系。
16. 利用正态概率密度说明随机误差的统计特征。
17. 如何利用标准正态分布函数求随机误差落在对称区间内的概率(数学表达式)?
18. 试述算术平均值的应用条件。
19. 什么是最小二乘法?
20. 什么性质误差的传播可以用误差传播定律表述?举例说明。
21. 什么是平差?试述平差的目的。
22. 在等精度无系统误差的直接观测中,试述单一观测标准偏差、算术平均值标准偏差,以及两者之间的关系。
23. 试述在等精度直接观测平差中判断观测值中存在粗差的依据。
24. 在等精度直接观测平差中如何表述观测结果以及真值落在观测结果中的概率?
25. 试述等精度直接观测平差步骤。
26. 试述等精度线性函数间接观测平差的步骤。
27. 试述在航海上观测 n 条($n>2$)等精度线性舰位线求最或然舰位的步

骤。已知真方位 TB = CB + Var + Dev，其中罗方位 CB 的标准偏差为 σ_{CB}，磁差 Var 的标准偏差为 σ_{Var}，自差 Dev 的标准偏差为 σ_{Dev}，求真方位 TB 的标准偏差 σ_{TB}。

28. 已知 $w = x\sin30° - y\cos60° + 6$，其中 x 的标准偏差为 σ_x，y 的标准偏差为 σ_y，求 w 的标准偏差 σ_w。

29. 对某一基线进行测量结果如下：

53.20m，53.34m，53.27m，53.18m，53.23m，53.39m，53.29m，53.33m，53.65m。

(1) 求单一观测标准偏差和算术平均值的标准偏差。

(2) 求观测结果。

(3) 求真值落在观测结果之内的概率。

30. 对某一物标方位进行两组观测，观测数据如下：

甲组：1220.0，1210.5，1220.0，1230.0，1220.5，1210.0，1200.5；

乙组：1220.5，1210.0，1210.5。

(1) 求两组的算术平均值、单一观测标准偏差、算术平均值标准偏差和观测结果。

(2) 哪组观测的精度高？

(3) 哪组观测结果的精度高？

31. 航海上观测太阳测定六分仪指标差 i 的计算公式为 $i = -(m_1 + m_2)/2$，观测数据如下：

m_1：-32.4′，-32.6′，-32.8′、-32.1′，-32.3′；

m_2：30.8′，30.4′，30.6′，30.5′，30.7′。

(1) 求指标差 i 的算术平均值；

(2) 求指标差算术平均值的标准偏差。

32. 在利用解析法求最或然舰位中，试述利用平面解析法求得的 x、y 可以直接修正推算舰位 (φ_c, λ_c) 的依据。

第 六 章

航海中误差理论典型应用

航海人员每观测一个物标就可得到一条舰位线,若同时观测两个或两个以上物标,则得到的舰位线交点即是观测舰位。由于观测存在误差,将导致舰位线产生误差,所确定的舰位点也必定存在误差。本章将分析产生舰位误差的原因,提出可采取的适当观测手段,获取最佳观测结果,并对该结果进行评估。

第一节 两条舰位线定位及舰位误差

在航海中,观测通常是指同一测者,其使用同一观测仪器,采用同一种观测方法,同时观测一个以上的物标。要做到"同时"观测一般是不可能的,在本书中仅分析"同时"观测时产生的误差,而对"异时"观测误差将在其他航海专业课中讨论分析。同时观测所得两条舰位线的交点 p 即是观测舰位,其误差既含有系统误差又含有随机误差。在此先分析系统误差的影响,再分析随机误差的影响,最后合并给出综合分析。

一、两条舰位线定位系统误差的估计

如图 6-1 所示,设舰位线 $I'-I'$ 和 $II'-II'$ 含有同号系统误差 $+E_{\varepsilon_1}$ 和 $+E_{\varepsilon_2}$,其交点 p 则为含有系统误差的舰位,两舰位线梯度夹角为 θ;舰位线 $I-I$ 和 $II-II$ 是消除了系统误差的舰位线,其交点 p_1 即是消除了同号舰位线系统误差 E_ε 的舰位,则线段 pp_1 即为舰位点 p 的系统误差,或称其为同号舰位系统误差。如图 6-2 所示,当两条舰位线含有 $-E_{\varepsilon_1}$ 和 $+E_{\varepsilon_2}$ 两条消除了系统误差的舰位线 $I-I$ 和 $II-II$ 的交点 p_2 即是消除了异号舰位线系统误差的舰位,则线段 pp_2 即是舰位点 p_2 的系统误差,或称其为异号舰位系统误差。

在图 6-1 和图 6-2 中,若设 v_1、v_2 为舰位线误差的矢量模,则有

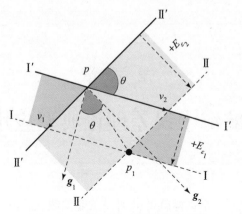

图 6-1 同号舰位系统误差示意图

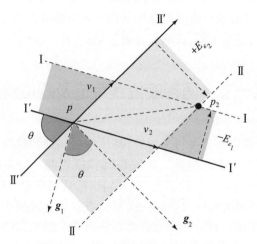

图 6-2 异号舰位系统误差示意图

$$v_1 = \frac{E_{\varepsilon_1}}{\sin\theta}, v_2 = \frac{E_{\varepsilon_2}}{\sin\theta} \qquad (6-1)$$

可得同号舰位系统误差为

$$\gamma_1 = \sqrt{v_1^2 + v_2^2 - 2v_1 v_2 \cos\theta} \qquad (6-2)$$

异号舰位系统误差为

$$\gamma_2 = \sqrt{v_1^2 + v_2^2 + 2v_1 v_2 \cos\theta} \qquad (6-3)$$

现以同号舰位系统误差为例进行分析。若将式(6-1)代入式(6-2)后,有

$$\gamma_1 = \frac{1}{\sin\theta}\sqrt{E_{\varepsilon_1}^2 + E_{\varepsilon_2}^2 - 2E_{\varepsilon_1}E_{\varepsilon_2}\cos\theta} \qquad (6-4)$$

由于在航海实践中,通常是由同一测者、使用同一观测仪器、采用同一种方

法进行观测的,其所得到的舰位线系统误差的大小和符号均应相同①,即当两条舰位线系统误差相等 $E_{\varepsilon_1} = E_{\varepsilon_2} = E_\varepsilon$ 时,代入式(6-4)得

$$\gamma_1 = \frac{E_\varepsilon \sqrt{2(1-\cos\theta)}}{\sin\theta} = E_\varepsilon \sec\frac{\theta}{2} \tag{6-5}$$

由式(6-5)可知,当 $\theta < 90°$ 时,$\cos\theta$ 为"+",γ_1 较小;当 $\theta > 90°$ 时,$\cos\theta$ 为"-",γ_1 较大;当 θ 趋于 $0°$ 时,舰位系统误差最小,趋于 $180°$ 时舰位系统误差最大,如图6-3所示。

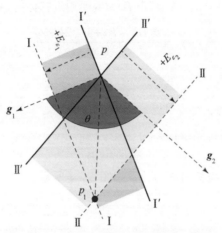

图 6-3 $\theta > 90°$ 时舰位系统误差示意图

在采用两舰位线定位,观测条件一定时,若仅考虑舰位线系统误差的影响,则两舰位线交角应小于 $90°$,即尽可能选测两物标间方位差角小于 $90°$ 的两物标。从处理随机误差的要求出发,两舰位线的交角不能小于 $30°$。实际工作中,θ 趋近 $0°$ 或 $180°$ 是不可取的。

在实际航海工作中,距离舰位线的系统误差与目标距离 D 有关。若同时观测两目标距离,则距离舰位线的系统误差为 $E_{\varepsilon_{D_1}} = \varepsilon_D D_1$ 和 $E_{\varepsilon_{D_2}} = \varepsilon_D D_2$,现将其代入式(6-4),可得到两距离定位舰位系统误差,即有

$$\gamma_1 = \frac{\varepsilon_D \sqrt{D_1^2 + D_2^2 - 2D_1 D_2 \cos\theta}}{\sin\theta} \tag{6-6}$$

而两条方位舰位线观测误差为

$$\varepsilon_{B_1} = \varepsilon_{B_2} = \varepsilon_B \tag{6-7}$$

则两条方位舰位线的系统误差分别为

---

① 在本书中,若无特别说明,消除了系统误差的舰位均指消除了同号舰位线系统误差的舰位。

$$E_{\varepsilon B_1} = \frac{\varepsilon_B}{57.3°}D_1, E_{\varepsilon B_2} = \frac{\varepsilon_B}{57.3°}D_2 (度) \quad (6-8)$$

现将式(6-8)代入式(6-4),可得两方位定位舰位系统误差,即为

$$\gamma_1 = \frac{\varepsilon_B \sqrt{D_1^2 + D_2^2 - 2D_1 D_2 \cos\theta}}{57.3°\sin\theta} \quad (6-9)$$

式(6-6)和式(6-9)在形式上具有相似性,并由此可见,两条舰位线定位,其舰位系统误差与观测误差($\varepsilon_D, \varepsilon_B$)、两舰位线交角 θ 和舰船到两物标的距离(D_1, D_2)有关。现让 $k = D_1/D_2$,其中 D_1 为舰船距近物标的距离,则由式(6-6),有

$$\gamma_1 = \frac{\varepsilon_D D_2 \sqrt{k^2 + 1 - 2k\cos\theta}}{\sin\theta} \quad (6-10)$$

又设系数

$$c = \frac{\sqrt{k^2 + 1 - 2k\cos\theta}}{\sin\theta} \quad (6-11)$$

则两距离定位舰位系统误差为

$$\gamma_1 = c\varepsilon_D D_2 \quad (6-12)$$

系数 c 与两舰位线交角 θ 的关系如图6-4所示。

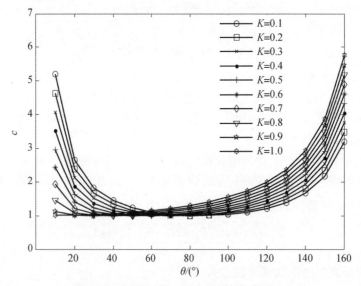

图6-4 系数 c 与两舰位线交角 θ 的关系

两方位定位舰位系统误差为

$$\gamma_1 = c\frac{\varepsilon_B}{57.3°}D_2 \quad (6-13)$$

由上,当观测误差 ε_D、ε_B 和系数 c 一定时,舰位系统误差仅与距离 D_2 有关,距离越近,舰位系统误差越小。当 k 一定,$\theta>90°$时,随着 θ 值的增加,c 值快速增大,也就是舰位系统误差快速增大;当 $\theta<30°$时,随着 θ 值的减小,c 值急速增大,且 k 越小,越应避免选择;当 $30°<\theta<90°$且 $0.5<k<1$ 时,系数 c 变化不大,两条舰位线的误差可近似按等精度处理;当 $40°<\theta<90°$且 $0.1<k<1$ 时,系数 c 变化不大,$\theta=60°$时,c 最小,所选择两物标距离为同一数量级,两条舰位线的误差可近似按等精度处理。

为减小舰位系统误差,观测两物标距离在同一数量级之内($0.5<k<1$),方位差角为 $30°<\theta<150°$,且以 $60°<\theta<90°$最佳。

二、两条舰位线定位随机误差的估计

现讨论采用两舰位线定位且消除了舰位系统误差后,如何处理舰位随机误差的问题。与讨论舰位系统误差相似,一条舰位线的随机误差同样可以用误差带表述。用两条含有随机误差的舰位线定位,则舰位随机误差可以采用由两条误差带构成的几何图形来表述,并由此讨论用概率表述真实舰位落在舰位误差几何图形内的舰位随机误差。

定义 6.1 若只考虑随机误差的影响,两条舰位线的交点称为最或然舰位。

实践中,描述最或然舰位的随机误差主要有舰位误差四边形、舰位误差椭圆和舰位误差圆三种几何图形方式,即真实舰位落在所做几何图形内的概率最大。

(一) 舰位误差四边形

如图 6-5 所示,舰位线的随机误差可以用误差带表述,其宽度为舰位线标准偏差 $E_{\sigma i}(i=1,2)$ 的 $2c$ 倍,且两条舰位线的随机误差相互独立。两条舰位线的交点 p 为最概率舰位,其必落在由两条边长为 $2c$ 倍舰位误差带构成的四边形内,将此四边形称为舰位误差四边形。由概率论可知,真实舰位落在 c 倍舰位误差四边形内的概率可用两条舰位线随机误差的概率乘法求得[①]。

当 $c=1$ 时,真实舰位落在舰位误差四边形内的概率为 $P=68.3\%\times68.3\%\approx46.6\%$;当 $c=2$ 时,真实舰位落在舰位误差四边形内的概率为 $P=95.4\%\times95.4\%\approx91.0\%$;当 $c=3$ 时,真实舰位落在舰位误差四边形内的概率为 $P=99.7\%\times99.7\%\approx99.4\%$。

---

① 对于平均值为 $\bar{x}$、标准偏差为 s 的正态分布随机变量 x 而言,置信概率 $P=68.27\%$、95.45%、99.73%,分别对应于区间 $\bar{x}-s\leqslant x\leqslant\bar{x}+s$、$\bar{x}-2s\leqslant x\leqslant\bar{x}+2s$、$\bar{x}-3s\leqslant x\leqslant\bar{x}+3s$。

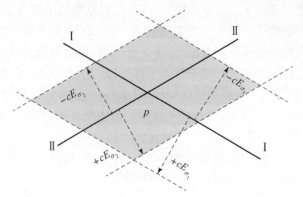

图 6-5 舰位误差四边形示意图

(二)舰位误差椭圆

两条舰位线定位,舰位随机误差也可以用舰位误差椭圆来描述。

如图 6-6 所示,设两条舰位线 Ⅰ-Ⅰ 和 Ⅱ-Ⅱ 的标准偏差分别为 E_{σ_1} 和 E_{σ_2},其交点 p 为最或然舰位,两舰位线梯度夹角为 θ。现以舰位线 Ⅰ-Ⅰ 为 x 轴,Ⅱ-Ⅱ 为 y 轴建立斜坐标系,并设真实舰位点为 $N(x,y)$,且点 $N(x,y)$ 到 Ⅰ-Ⅰ 和 Ⅱ-Ⅱ 的距离分别为 u、w。显然,舰位线 Ⅰ-Ⅰ 和 Ⅱ-Ⅱ 的误差即为 u、w。

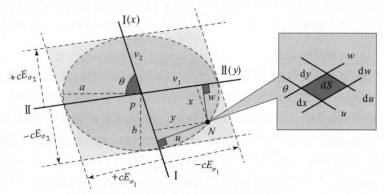

图 6-6 舰位误差椭圆示意图

则 N 点的坐标 x、y 可表述为

$$x = \frac{w}{\sin\theta}, y = \frac{u}{\sin\theta} \tag{6-14}$$

若误差 u 和 w 均服从正态分布,真实舰位点 N 落在无穷小带 $(u, u+\mathrm{d}u)$ 内的概率为

$$dp_u = \frac{1}{E_{\sigma_1}\sqrt{2\pi}} e^{-\frac{u^2}{2E_{\sigma_1}^2}} du \qquad (6-15)$$

落在 $(w, w+dw)$ 内的概率为

$$dp_w = \frac{1}{E_{\sigma_2}\sqrt{2\pi}} e^{-\frac{w^2}{2E_{\sigma_2}^2}} dw \qquad (6-16)$$

因 u、w 相互独立,则真实舰位点 N 落在 $(u, u+du, w, w+dw)$ 内的概率为

$$dp_u dp_w = \frac{1}{2\pi E_{\sigma_1} E_{\sigma_2}} e^{-\frac{1}{2}\left(\frac{u^2}{E_{\sigma_1}^2} + \frac{w^2}{E_{\sigma_2}^2}\right)} du dw \qquad (6-17)$$

N 处无穷小四边形面积为 $dS = dxdy\sin\theta$,由式 $(6-14)$ 得

$$dx = \frac{dw}{\sin\theta}, dy = \frac{du}{\sin\theta} \qquad (6-18)$$

则

$$dS = dxdy\sin\theta = \frac{dudw}{\sin\theta} \qquad (6-19)$$

用式 $(6-17)$ 除以式 $(6-19)$,可得真实舰位落在 N 点(无穷小区间内)的概率密度为

$$f(N) = \frac{dp_u dp_w}{dS} = \frac{\sin\theta}{2\pi E_{\sigma_1} E_{\sigma_2}} e^{-\frac{1}{2}\left(\frac{u^2}{E_{\sigma_1}^2} + \frac{w^2}{E_{\sigma_2}^2}\right)} \qquad (6-20)$$

若 $f(N) = $ 常数,则 N 点沿 $f(N)$ 的运动轨迹就是等概率密度曲线。现给出证明,真实舰位点 N 在等概率密度条件下移动的轨迹是一椭圆。令 $f(N) = c$,即有

$$\frac{u^2}{E_{\sigma_1}^2} + \frac{w^2}{E_{\sigma_2}^2} = c^2 \qquad (6-21)$$

由式 $(6-14)$ 可知 $u = y\sin\theta, w = x\sin\theta$,代入式 $(6-21)$,经整理后,有

$$\frac{x^2}{\left(\frac{cE_{\sigma_1}}{\sin\theta}\right)^2} + \frac{y^2}{\left(\frac{cE_{\sigma_2}}{\sin\theta}\right)^2} = 1 \qquad (6-22)$$

设 v_1、v_2 为椭圆的共轭半轴,即

$$v_1 = \frac{cE_{\sigma_1}}{\sin\theta}, \quad v_2 = \frac{cE_{\sigma_2}}{\sin\theta} \qquad (6-23)$$

则有

$$\frac{x^2}{v_1^2} + \frac{y^2}{v_2^2} = 1 \qquad (6-24)$$

式 $(6-24)$ 为斜坐标下的舰位误差椭圆方程,v_1、v_2 为共轭半轴。由解析几

何知识可知,若 a、b 分别为椭圆长、短半轴,即椭圆主半轴,则共轭半轴与主半轴之间存在有如下关系:

$$a - b = \sqrt{v_1^2 + v_2^2 - 2v_1 v_2 \sin\theta} \tag{6-25}$$

$$a + b = \sqrt{v_1^2 + v_2^2 + 2v_1 v_2 \sin\theta} \tag{6-26}$$

在等精度条件下,有 $E_{\sigma_1} = E_{\sigma_2} = E_\sigma$,即 $v_1 = v_2 = v$,则有

$$a - b = v\sqrt{2(1 - \sin\theta)} \tag{6-27}$$

$$a + b = v\sqrt{2(1 + \sin\theta)} \tag{6-28}$$

经整理,误差椭圆主半轴为

$$a = \frac{cE_\sigma}{\sqrt{2}\sin\frac{\theta}{2}}, \quad b = \frac{cE_\sigma}{\sqrt{2}\cos\frac{\theta}{2}} \tag{6-29}$$

在等精度条件下,当 $\theta < 90°$ 时 a 为长轴,b 为短轴;当 $\theta > 90°$ 时相反,即 a、b 互为长短半轴。在表述两条舰位线定位舰位误差椭圆时,θ 总是取两条舰位线交角的锐角。显然,真实舰位点落在最或然舰位附近等概率密度的点的轨迹应是一椭圆族,长轴方向舰位随机误差大,短轴方向舰位随机误差小。

现给出真实舰位落在舰位误差椭圆内的概率计算方法。由式(6-20),在等精度 $E_{\sigma_1} = E_{\sigma_2} = E_\sigma$ 条件下,舰位误差椭圆内任意点 p_1,其概率密度为

$$f(N) = \frac{\mathrm{d}p_u \mathrm{d}p_w}{\mathrm{d}S} = \frac{\sin\theta}{2\pi E_\sigma^2} \mathrm{e}^{-\frac{1}{2}\left(\frac{u^2}{E_\sigma^2} + \frac{w^2}{E_\sigma^2}\right)} \tag{6-30}$$

由式(6-21)得

$$f(N) = \frac{\sin\theta}{2\pi E_\sigma^2} \mathrm{e}^{-\frac{c^2}{2}} \tag{6-31}$$

舰位误差椭圆面积为

$$S = \frac{\pi c^2 E_\sigma^2}{\sin\theta} \tag{6-32}$$

对自变量 c 求导,则有

$$\mathrm{d}S = \frac{2\pi c E_\sigma^2}{\sin\theta} \mathrm{d}c \tag{6-33}$$

真实舰位落在舰位误差椭圆内的概率为

$$\sqrt{a^2 + b^2} = \sqrt{v_1^2 + v_2^2} = \frac{c}{\sin\theta}\sqrt{E_{\sigma_1}^2 + E_{\sigma_2}^2} \tag{6-34}$$

如前,对式(6-34)进行计算后可知,当 $c = 1$ 时,真实舰位落在 1 倍标准舰位误差椭圆内的概率为 $P = 39.35\%$;当 $c = 2$ 时,真实舰位落在 2 倍标准舰位误差椭圆内的概率为 $P = 86.47\%$;当 $c = 3$ 时,真实舰位落在 3 倍标准舰位误差椭

圆内的概率为 $P = 98.89\%$。

(三) 舰位误差圆

两条舰位线定位,舰位随机误差还可以用舰位误差圆来描述。

由解析几何知识,椭圆长半轴 a、短半轴 b 的平方和等于该椭圆任意一对共轭半轴 v_1、v_2 的平方和,即

$$\sqrt{a^2 + b^2} = \sqrt{v_1^2 + v_2^2} = \frac{c}{\sin\theta}\sqrt{E_{\sigma_1}^2 + E_{\sigma_2}^2} \quad (6-35)$$

式(6-35)表明,由任意两条独立观测的舰位线确定的最或然舰位,其在任意两个垂直方向上的标准偏差的平方根为常数 R,即有

$$R = \sqrt{a^2 + b^2} = \sqrt{v_1^2 + v_2^2} \quad (6-36)$$

其数学意义为,以最或然舰位为圆心、R 为半径定义为舰位误差圆。如图 6-7 所示,以最或然舰位 p 为圆心、R 为半径画一圆,则可得任意交角 θ 下的舰位误差圆。

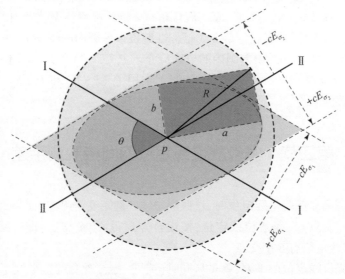

图 6-7 舰位误差圆示意图

显然,舰位误差圆的半径与误差椭圆的长短半轴有关,则误差圆内的概率也与误差椭圆的长短半轴有关,且与椭圆的短半轴与长半轴之比 $k = b/a$ 有关,且 $0 \leq k \leq 1$。只要获取了两条舰位线,则 k 值即被相应地确定了。

(1) 当 $k = 0$ 时,表明两舰位线相交,一条舰位线不存在误差,此时误差椭圆成为误差带内的一条线段,误差圆为以两舰位线交点 p 为圆心,舰位误差圆的半径 R 为

$$R = \sqrt{a^2 + b^2} = a\sqrt{1 + \left(\frac{b}{a}\right)^2} = cE_\sigma \qquad (6-37)$$

且真实舰位落在舰位误差圆内的概率同误差带,即当 $c=1$ 时,真实舰位落在标准舰位误差圆内的概率 $P=68.3\%$;当 $c=2$ 时,真实舰位落在 2 倍标准舰位误差圆内的概率 $P=95.4\%$;当 $c=3$ 时,真实舰位落在 3 倍标准舰位误差圆内的概率 $P=99.7\%$。

(2) 当 $k=1$ 时,表明误差椭圆长短半轴相等,即 $a=b$,则舰位误差椭圆表现为圆形,舰位误差圆的中径 R 为

$$R = \sqrt{2}a \qquad (6-38)$$

由式(6-34),将 c 替换为 $\sqrt{2}c$,得到 $k=1$ 时,其概率可以借用 c 倍误差椭圆的概率来描述,即舰位误差圆内的概率为

$$P = 1 - e^{-\frac{(\sqrt{2}c)^2}{2}} = 1 - e^{-c^2} \qquad (6-39)$$

对式(6-39)进行计算后,可知当 $c=1$ 时,真实舰位落在标准舰位误差圆内的概率 $P=63.2\%$;当 $c=2$ 时,真实舰位落在 2 倍标准舰位误差圆内的概率 $P=98.2\%$;当 $c=3$ 时,真实舰位落在 3 倍标准舰位误差圆内的概率 $P=99.99\%$。

(3) 当 $0 \leq k \leq 1$ 时,误差圆内的概率应介于 $P_0(k=0)$ 和 $P_1(k=1)$ 之间的某一数值,由于该数值的计算较复杂,航海上常用 $P_0(k=0)$ 和 $P_1(k=1)$ 两种情况,不再赘述。

第二节 多条舰位线定位的间接观测平差

同时观测多条舰位线定位时,这些舰位线一般不交于一点,而是每两条舰位线有一个相交点。n 条舰位线定位,按组合方式得 C_n^2 个交点,即三线定位有 3 个交点,四线定位有 6 个交点。

多条舰位线定位的平差,就是从同时(或同一点)观测的多个互不一致的舰位中,求出最或然舰位,并对该舰位进行精度估计的一系列计算。

一、等精度间接观测平差

在等精度观测条件下,设有 x、y、z 三个未知量,n 个观测值 $l_i(i=1,2,\cdots,n)$,该组观测值与未知量的线性函数关系为

$$l_i = a_i x + b_i y + c_i z + d_i, i=1,2,\cdots,n \qquad (6-40)$$

式中:a_i、b_i、$c_i(i=1,2,\cdots,n)$ 为未知量 x、y、z 的系数;d_i 为函数的常数项;

$l_i(i=1,2,\cdots,n)$ 为观测值,为已知量。

它们在理论上均为已知。若当 $n=3$ 时,可用代数方法直接方便地解出未知量 x、y、z。但当 $n>3$ 时,就不能用一般代数方法求解未知量了。因为从 n 个方程中,任意抽出三个方程式,就可以解出一组未知量 x、y、z 的值,共可解出 C_n^3 组不同的 x、y、z 值,这样求出的解,不论是哪一组都不可能满足所有的方程式。

为解决上述矛盾,理论上可将各观测值分别加上一个误差,由此可得到类似直接观测平差的观测方程,即有

$$l_i + v_i = a_i x + b_i y + c_i z + d_i, i = 1,2,\cdots,n \qquad (6-41)$$

现令 $L_i = d_i - l_i$,形成以误差 v_i 为函数的误差方程,即

$$v_i = a_i x + b_i y + c_i z + L_i, i = 1,2,\cdots,n \qquad (6-42)$$

误差方程式(6-42)仍是不定解方程组。可以采用类似直接观测平差的方法,按最小二乘法原理求解,即使

$$\sum_{i=1}^{n} v_i^2 = \min \qquad (6-43)$$

依上述条件求解出的未知量 x、y、z,即其为算术平均值的 x、y、z。由此,有

$$v_1^2 + v_2^2 + \cdots + v_n^2 = (a_1 x + b_1 y + c_1 z + L_1)^2 \\ + (a_2 x + b_2 y + c_2 z + L_2)^2 + \cdots + (a_n x + b_n y + c_n z + L_n)^2$$

$$(6-44)$$

现对未知量 x、y、z 求偏导数,并令其等于零。现以对 x 求偏导为例,则有

$$\frac{\partial \sum_{i=1}^{n} v_i^2}{\partial x} = 2a_1(a_1 x + b_1 y + c_1 z + L_1) + 2a_2(a_2 x + b_2 y + c_2 z + L_2)^2 + \cdots \\ + 2a_n(a_n x + b_n y + c_n z + L_n)^2 = 0 \qquad (6-45)$$

将式(6-45)依未知量 x、y、z 整理后,有

$$\sum_{i=1}^{n} a_i^2 x + \sum_{i=1}^{n} a_i b_i y + \sum_{i=1}^{n} a_i c_i z + \sum_{i=1}^{n} a_i L_i = 0 \qquad (6-46)$$

同理,有

$$\begin{cases} \dfrac{\partial \sum_{i=1}^{n} v_i^2}{\partial y} = 2\sum_{i=1}^{n} a_i b_i x + 2\sum_{i=1}^{n} b_i^2 y + 2\sum_{i=1}^{n} b_i c_i z + 2\sum_{i=1}^{n} b_i L_i = 0 \\ \dfrac{\partial \sum_{i=1}^{n} v_i^2}{\partial z} = 2\sum_{i=1}^{n} a_i c_i x + 2\sum_{i=1}^{n} b_i c_i y + 2\sum_{i=1}^{n} c_i^2 z + 2\sum_{i=1}^{n} c_i L_i = 0 \end{cases} \qquad (6-47)$$

于是,得法方程组,即

$$\begin{cases} \sum_{i=1}^{n} a_i^2 x + \sum_{i=1}^{n} a_i b_i y + \sum_{i=1}^{n} a_i c_i z + \sum_{i=1}^{n} a_i L_i = 0 \\ \sum_{i=1}^{n} a_i b_i x + \sum_{i=1}^{n} b_i^2 y + \sum_{i=1}^{n} a_i c_i z + \sum_{i=1}^{n} b_i L_i = 0 \\ \sum_{i=1}^{n} a_i c_i x + \sum_{i=1}^{n} b_i c_i y + \sum_{i=1}^{n} c_i^2 z + \sum_{i=1}^{n} c_i L_i = 0 \end{cases} \quad (6-48)$$

由于法方程组的未知量个数等于方程式的个数,因此,法方程组只有一组满足式(6-43)条件的解,这组解就是未知量的算术平均值 x、y、z。将算术平均值 x、y、z 代入误差方程,就可以求出随机误差 v_i。将 v_i 与相应的观测值 l_i 相加,就得到观测值的算术平均值。

由式(6-48)可以看出,法方程组具有以下两个特点。

(1) 如果将平方项的系数用直线连起来,即将 $[aa] = \sum a^2$、$[bb] = \sum b^2$、$[cc] = \sum c^2$ 用直线连起来,则位于此线两侧未知量的系数均对称相等。在实际平差计算中,不必组成 $[vv] = \sum v^2$ 求偏导数,可直接根据误差方程组成法方程。

(2) 如果将式(6-42)的各式顺序左乘 $(a_1, a_2, \cdots, a_n)$、$(b_1, b_2, \cdots, b_n)$ 及 $(c_1, c_2, \cdots, c_n)$ 并取和,即可得法方程组的另一形式,即

$$\sum_{i=1}^{n} a_i v_i = 0, \sum_{i=1}^{n} b_i v_i = 0, \sum_{i=1}^{n} c_i v_i = 0 \quad (6-49)$$

式(6-49)可用于检核计算。

上述以三个未知量为例介绍了间接观测平差,不难将其推广到多个未知量的情况。

二、非等精度间接观测平差

设有三个未知量 x、y、z,n 个观测值 $l_i(i=1,2,\cdots,n)$,各观测值对应的权为 $p_i(i=1,2,\cdots,n)$。仿照等精度观测列出观测方程式(6-41)和误差方程式(6-42),将式(6-42)两边平方并乘以相应的权求和,即有

$$\sum_{i=1}^{n} p_i v_i^2 = p_1(a_1 x + b_1 y + c_1 z + L_1)^2 + \cdots + p_n(a_n x + b_n y + c_n z + L_n)^2$$

$$(6-50)$$

分别求 $\sum_{i=1}^{n} p_i v_i^2$ 关于 x、y、z 的偏导数并令其等于零,即得法方程组,有

$$\begin{cases} \sum_{i=1}^{n} p_i a_i^2 x + \sum_{i=1}^{n} p_i a_i b_i y + \sum_{i=1}^{n} p_i a_i c_i z + \sum_{i=1}^{n} p_i a_i L_i = 0 \\ \sum_{i=1}^{n} p_i a_i b_i x + \sum_{i=1}^{n} p_i b_i^2 y + \sum_{i=1}^{n} p_i b_i c_i z + \sum_{i=1}^{n} p_i b_i L_i = 0 \\ \sum_{i=1}^{n} p_i a_i c_i x + \sum_{i=1}^{n} p_i b_i c_i y + \sum_{i=1}^{n} p_i c_i^2 z + \sum_{i=1}^{n} p_i c_i L_i = 0 \end{cases} \quad (6-51)$$

式(6-51)同样具有等精度法方程的两个特点,即连接 $\sum p_i a_i^2$、$\sum p_i b_i^2$、$\sum p_i c_i^2$ 其两侧的系数相等:

$$\sum_{i=1}^{n} p_i a_i v_i = 0, \sum_{i=1}^{n} p_i b_i v_i = 0, \sum_{i=1}^{n} p_i c_i v_i = 0 \quad (6-52)$$

例6-1 如图6-8所示,在 D 点等精度观测 A、B 和 C 三个目标的夹角,其观测值为 $l_1 = 31.0°, l_2 = 25.0°, l_3 = 53.0°$,求 $\angle ADB$ 和 $\angle BDC$ 的算术平均值。

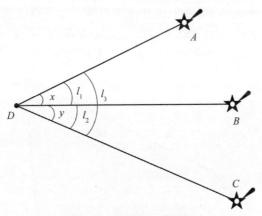

图6-8 例题6-2示意图

解:设 $\angle ADB$ 和 $\angle BDC$ 为独立未知量,并以 x、y 表示。
首先写出方程组,即

$$\begin{cases} l_1 + v_1 = x \\ l_2 + v_2 = y \\ l_3 + v_3 = x + y \end{cases} \quad (6-53)$$

于是,有误差方程,即

$$\begin{cases} v_1 = x - l_1 = x - 31.0° \\ v_2 = y - l_2 = y - 25.0° \\ v_3 = x + y - l_3 = x + y - 53.0° \end{cases}$$

现组成法方程组,因

$$\begin{cases} a_1=1, b_1=0, L_1=-31.0° \\ a_2=0, b_2=1, L_2=-25.0° \\ a_3=1, b_3=1, L_3=-53.0° \end{cases}$$

法方程组为

$$\begin{cases} 2x+y-84=0 \\ x+2y-78=0 \end{cases}$$

解之,有

$$x=30.0°, y=24.0°$$

将其代入误差方程,有

$$v_1=-1.0°, v_2=-1.0°, v_3=+1.0°$$

观测值的算术平均值为

$$x=x_0=30.0°, y=y_0=24.0°, x+y=54.0°$$

例 6 – 2 如图 6 – 9 所示,三人从三点观测一个三角形,测得该三角形三个内角观测值分别为 $l_1=\angle A=52.0°, l_2=\angle B=50.0°, l_3=\angle C=75.0°$,其权分别为 $p_A=1, p_B=1, p_C=2$。试求 $\angle A$ 与 $\angle B$ 的算术平均值。

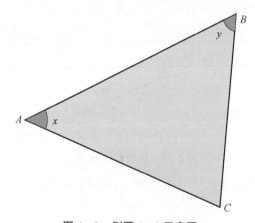

图 6 – 9 例题 6 – 3 示意图

解:取 $\angle A$ 与 $\angle B$ 为独立未知量,并以 x、y 表示,则可得观测方程与误差方程,即

$$\begin{cases} l_1+v_1=x, p_A=1 \\ l_2+v_2=y, p_B=1 \\ l_3+v_3=180.0°-(x+y)=-x-y+180.0°, p_C=2 \end{cases}$$

且有

$$\begin{cases} v_1 = x - l_1 = x - 52.0° \\ v_2 = y - l_2 = y - 50.0° \\ v_3 = -x - y + 180.0° - l_3 = -x - y + 105.0° \end{cases}$$

现组成法方程组，因

$$\begin{cases} a_1 = 1, b_1 = 0, L_1 = -52.0°, p_A = 1 \\ a_2 = 0, b_2 = 1, L_2 = -50.0°, p_B = 1 \\ a_3 = -1, b_3 = -1, L_3 = 10.5°, p_C = 2 \end{cases}$$

法方程组为

$$\begin{cases} 3x + 2y - 262 = 0 \\ 2x + 3y - 260 = 0 \end{cases}$$

解之，得

$$x = 53.2°, y = 51.2°$$

将其代入误差方程，有

$$v_1 = +1.2°, v_2 = +1.2°, v_3 = +0.6°$$

三个角的算术平均值为

$$\angle A = x = 53.2°, \angle B = y = 51.2°, \angle C = 180° - (x + y) = 75.6°$$

现对间接观测平差的计算步骤进行概括：

(1) 列出观测方程，即

$$l_i + v_i = a_i x + b_i y + \cdots + d_i, i = 1, 2, \cdots, n \qquad (6-54)$$

在舰位平差中，方程的常数项就是根据推算舰位计算的推算值，它相当于观测值的近似值，因此往往将其合并为常数项，其形式为

$$l_i - d_i + v_i = a_i x + b_i y + \cdots, i = 1, 2, \cdots, n \qquad (6-55)$$

(2) 列误差方程，即

$$v_i = a_i x - b_i y + \cdots - (l_i - d_i), i = 1, 2, \cdots, n \qquad (6-56)$$

(3) 根据最小二乘法原理，组成法方程。对舰位平差来说，如果法方程是二元线性函数，则其形式为

$$\begin{cases} \sum_{i=1}^{n} a_i^2 x + \sum_{i=1}^{n} a_i b_i y + \sum_{i=1}^{n} [a_i(l_i - d_i)] = 0 \\ \sum_{i=1}^{n} a_i b_i x + \sum_{i=1}^{n} b_i^2 y + \sum_{i=1}^{n} [b_i(l_i - d_i)] = 0 \end{cases} \qquad (6-57)$$

求解法方程式(6-57)可得所求未知量的解。

(4) 对算术平均值 x、y 进行精度估计，在此基础上对舰位进行精度估计。这一步前面尚未涉及，最后结合航海定位讨论。

三、舰位的精度估计

最或然舰位的精度估计,可以利用法方程的某些系数,先求出单位权均方误差,再计算最或然舰位的均方误差。

(一) 单位权均方误差与 $[vv]$ 的计算

根据最小二乘法原理,有

$$\sum_{i=1}^{n} p_i v_i^2 < \sum_{i=1}^{n} p_i \Delta_i^2 \qquad (6-58)$$

若使式(6-58)两边相等,需有

$$\frac{\sum_{i=1}^{n} p_i v_i^2}{n-i} = \frac{\sum_{i=1}^{n} p_i \Delta_i^2}{n} \qquad (6-59)$$

由式(5-75),有

$$\frac{\sum_{i=1}^{n} p_i v_i^2}{n-i} = \mu^2 \qquad (6-60)$$

即

$$\sum_{i=1}^{n} p_i v_i^2 = \mu^2 (n-i) \qquad (6-61)$$

在上述各式中,i 为待定值,并由此可归结为如何确定 i。根据平差原理,当观测值的个数 n 与未知量的个数 t 相等时,即 $n=t$,无多余观测,不产生平差问题。这时观测值就是随机值,随机误差和为零,所以 $\sum p_i v_i^2 = 0$,则 $\mu^2(t-i)=0$。因观测误差是肯定存在的,故有 $\mu^2 \neq 0$,则必有 $t-i=0$,i 等于未知量的个数。所以有多余观测时,单位权均方差为

$$\mu = \sqrt{\frac{\sum_{i=1}^{n} p_i v_i^2}{n-t}} \qquad (6-62)$$

式(6-62)也称广义贝塞尔公式,其中 n 为观测值个数,t 为未知量个数,$n-t$ 为多余观测数。如未知量为 $t=1$,式(6-62)即前述贝塞尔公式。

对于等精度观测,取 $p=1$,则式(6-62)变为

$$\mu = \sqrt{\frac{\sum_{i=1}^{n} v_i^2}{n-t}} \qquad (6-63)$$

在用式(6-62)和式(6-63)时,可用以下两种方法先计算 $\sum p_i v_i^2$

或 $\sum v_i^2$。

(1) 当求出未知量 D_φ、D_ω 后,将它们代入误差方程(6-60),计算随机误差 v_i,再计算 $\sum v_i^2$;若为非等精度观测,则计算 $\sum p_i v_i^2$。

(2) 将误差方程(6-60)两端分别乘以 v_i 后,再相加,有

$$\sum_{i=1}^n v_i^2 = \sum_{i=1}^n A_i v_i D_\varphi + \sum_{i=1}^n B_i v_i D_\omega - \sum_{i=1}^n v_i \Delta u_i \qquad (6-64)$$

因有 $\sum_{i=1}^n A_i v_i = \sum_{i=1}^n B_i v_i = 0$,$f_{11} = \dfrac{\sum B_i^2}{D}$,$f_{22} = \dfrac{\sum A_i^2}{D}$,$f_{12} = \dfrac{\sum A_i \sum B_i}{D}$,

$D = \sum_{i=1}^n A_i^2 \sum_{i=1}^n B_i^2 - \sum A_i B_i \sum A_i B_i$,则有

$$\sum_{i=1}^n v_i^2 = -\sum_{i=1}^n v_i \Delta u_i \qquad (6-65)$$

现将误差方程(6-60)两端分别乘以 Δu_i 后,再相加,有

$$\sum_{i=1}^n v_i \Delta u_i = \sum_{i=1}^n A_i \Delta u_i D_\varphi + \sum_{i=1}^n B_i \Delta u_i D_\omega - \sum_{i=1}^n \Delta u_i^2 \qquad (6-66)$$

即由式(6-65)和式(6-66),有

$$\sum_{i=1}^n v_i^2 = \sum_{i=1}^n \Delta u_i^2 - \sum_{i=1}^n A_i \Delta u_i D_\varphi - \sum_{i=1}^n B_i \Delta u_i D_\omega \qquad (6-67)$$

若为非等精度观测计算,则有

$$\sum p_i v_i^2 = \sum p_i \Delta u_i^2 - \sum p_i a_i \Delta u_i D_\varphi - \sum p_i b_i \Delta u_i D_\omega \qquad (6-68)$$

(二) 最或然舰位的均方误差

为了求最或然舰位的均方误差 ε_w,需要先求 D_φ、D_ω 的均方误差 ε_φ、ε_ω。由式(6-64),f_{11}、f_{12}、f_{22}、A_i、B_i 都可看作常数,故式(6-67)和式(6-68)是 D_φ、D_ω 的线性函数。Δu_i 是观测值决定的相互独立的量,其均方误差就是观测值的均方误差 m。

现根据均方误差传播定律,将 f_{11}、f_{12} 的表达式代入,则有

$$\varepsilon_\varphi^2 = (f_{11}A_1 - f_{12}B_1)^2 m^2 + (f_{11}A_2 - f_{12}B_2)^2 m^2 + \cdots + (f_{11}A_n - f_{12}B_n)^2 m^2$$
$$= \left(f_{11}^2 \sum_{i=1}^n A_i^2 - 2 f_{11} f_{12} \sum A_i B_i + f_{12}^2 \sum B_i^2\right) m^2 = f_{11} m^2 \qquad (6-69)$$

同理,有

$$\varepsilon_\omega^2 = f_{22} m^2 \qquad (6-70)$$

根据式(6-63),舰位均方误差为

$$\varepsilon_\omega = \pm \sqrt{\varepsilon_\varphi^2 + \varepsilon_\omega^2} = \pm m \sqrt{f_{11}+f_{22}} \tag{6-71}$$

若为非等精度观测计算,则有

$$D_\varphi = f_{11} \sum_{i=1}^n p_i a_i \Delta n_i - f_{12} \sum_{i=1}^n p_i b_i \Delta n_i$$
$$= (f_{11}a_1 - f_{12}b_1)p_1\Delta n_1 + (f_{11}a_2 - f_{12}b_2)p_2\Delta n_2 + \cdots + (f_{11}a_n - f_{12}b_n)p_n\Delta n_n \tag{6-72}$$

根据均方误差传播定律,有

$$\varepsilon_\varphi^2 = (f_{11}a_1 - f_{12}b_1)^2 p_1^2 m_1^2 + (f_{11}a_2 - f_{12}b_2)^2 p_2^2 m_2^2$$
$$+ \cdots + (f_{11}a_n - f_{12}b_n)^2 p_n^2 m_n^2 \tag{6-73}$$

若权为 $p_i = \dfrac{\mu^2}{m_i^2}$,将 f_{11}、f_{12} 的表达式代入式(6-73),则有

$$\varepsilon_\varphi^2 = f_{11}\mu^2 \tag{6-74}$$

同理,有

$$\varepsilon_\omega^2 = f_{22}\mu^2 \tag{6-75}$$

舰位均方误差为

$$\varepsilon_w = \pm \sqrt{\varepsilon_\varphi^2 + \varepsilon_\omega^2} = \pm \mu \sqrt{f_{11}+f_{22}} \tag{6-76}$$

例 6-3 观测四星定位,4 条天文舰位线的数据如表 6-1 所示,求最或然舰位及其均方误差。表中,τ 为天文舰位线梯度方向,即天体的方位 A;h 为观测高度;h_c 为计算高度,即推算值。

表 6-1 天文舰位线数据

n	τ	h	h_c	Δh	
1	45°	50°02.0′	50°01.3′	0.7′	
2	220°	38°17.5′	38°19.40′	-1.9′	$\varphi_t = 36°45.2′N$
3	330°	46°23.0′	46°22.6′	0.4′	$\lambda_t = 122°18.7′E$
4	120°	58°33.5′	50°32.4′	1.1′	

解:(1)列出观测方程组:

$$\begin{cases} 0.7' + v_1 = \cos45°D_\varphi + \sin45°D_\omega \\ -1.9' + v_2 = \cos220°D_\varphi + \sin220°D_\omega \\ 0.4' + v_3 = \cos330°D_\varphi + \sin330°D_\omega \\ 1.1' + v_4 = \cos120°D_\varphi + \sin120°D_\omega \end{cases}$$

(2)列出误差方程式:

$$\begin{cases} v_1 = \cos45°D_\varphi + \sin45°D_\omega - 0.7' \\ v_2 = \cos220°D_\varphi + \sin220°D_\omega + 1.9' \\ v_3 = \cos330°D_\varphi + \sin330°D_\omega - 0.4' \\ v_4 = \cos120°D_\varphi + \sin120°D_\omega - 1.1' \end{cases}$$

(3)计算法方程系数并列出法方程组。表6-2为法方程系数表。

表6-2 法方程系数表

n	$A = \cos\tau$	aa	$b = \sin\tau$	bb	ab	Δh	$a\Delta h$	$b\Delta h$	$\Delta h\Delta h$
1	0.7071	0.4999	0.7071	0.4999	0.4999	0.7	0.4950	0.4950	0.49
2	-0.7660	0.5868	-0.6428	0.4132	0.4924	-1.9	1.4555	1.2213	3.61
3	0.8660	0.7500	-0.5	0.2500	-0.4330	0.4	0.3464	-0.2000	0.16
4	-0.5000	0.2500	0.8660	0.7500	-0.4330	1.1	-0.5500	0.9526	1.21
Σ		2.0867		1.9131	0.1263		1.7469	2.4689	5.47

法方程组为

$$\begin{cases} 2.0867D_\varphi + 0.1263D_\omega - 1.7469 = 0 \\ 0.1263D_\varphi + 1.9131D_\omega - 2.4689 = 0 \end{cases}$$

(4)解法方程组求最或然舰位:

$$D = 3.9761, f_{11} = 0.4815, f_{12} = 0.0318, f_{22} = 0.5248$$

$$D_\varphi = D_{\varphi_0} = 0.4815 \times 1.7469 - 0.0318 \times 2.4689 \approx 0.763'$$

$$D_\omega = D_{\omega_0} = 0.5248 \times 2.4689 - 0.0318 \times 1.7469 \approx 1.24'$$

最或然舰位:

$$\begin{cases} \varphi_0 = 36°45.2' + 0.76' = 36°45.96' \\ \lambda_0 = 122°18.7' + 1.24'\sec36°46.0' = 122°20.25' \end{cases}$$

(5)求舰位均方误差:

$$\begin{cases} \mu = m = \pm\sqrt{\dfrac{1.0809}{2}} \approx \pm0.735' \\ \varepsilon_w = \pm 0.735\sqrt{0.4815 + 0.5248} \approx \pm0.737' \end{cases}$$

(三)利用解析法求最或然舰位

(1)列出观测方程组。通过观测(现设为同时观测)得到A_i、$\Delta n_i (i = 1, 2, \cdots,$

$n, n > 2$),则等精度舰位线方程组为

$$\cos A_i x + \sin A_i y = \Delta n_i, i = 1, 2, \cdots, n, n > 2 \qquad (6-77)$$

(2)列出法方程。由前述,可直接写出法方程组,即

$$\begin{cases} [\cos^2 A] x + [\cos A \sin A] y = [\cos A \Delta n] \\ [\cos A \sin A] x + [\sin^2 A] y = [\sin A \Delta n] \end{cases} \qquad (6-78)$$

(3)解法方程:

$$\begin{cases} x = \dfrac{[\cos A \Delta n][\sin^2 A] - [\sin A \Delta n][\cos A \sin A]}{[\cos^2 A][\sin^2 A] - [\cos A \sin A]^2} \\ y = \dfrac{[\sin A \Delta n][\cos^2 A] - [\cos A \Delta n][\cos A \sin A]}{[\cos^2 A][\sin^2 A] - [\cos A \sin A]^2} \end{cases} \qquad (6-79)$$

(4)求最或然舰位:

$$\begin{cases} \varphi = \varphi_c + x \\ \lambda = \lambda_c + y \end{cases} \qquad (6-80)$$

在式(6-80)中,最或然舰位是以推算舰位(φ_c, λ_c)为坐标原点加上 x 和 y。在使用上述方法时,应注意的是,北纬(N)为"+",南纬(S)为"-",东经(E)为"+",西经(W)为"-",求得的 y 值要除以 $\cos\varphi$ 才可以加到经度上。

例 6-4 已知推算舰位 $\varphi 33°30'N, \lambda 165°12.0'W$,同时测得三条等精度舰位线,其数据如下:

Ⅰ-Ⅰ $A_1 = 030° Dh_1 = -1.0'$

Ⅱ-Ⅱ $A_2 = 150° Dh_2 = +1.5'$

Ⅲ-Ⅲ $A_3 = 270° Dh_3 = -2.3'$

求最或然舰位。

解:(1)列出观测方程组:

$$\begin{cases} \cos 30° x + \sin 30° y = -1.0' \\ \cos 150° x + \sin 150° y = 1.5' \\ \cos 270° x + \sin 270° y = -2.3' \end{cases}$$

(2)列出法方程组:

$$\begin{cases} 1.5 x = -2.17 \\ 1.5 y = 2.55 \end{cases}$$

(3)最或然舰位:

$$\begin{cases} x = -1.45' \\ y = 1.7' \end{cases}$$

$$\begin{cases} \varphi = \varphi_c + x = 33°30.4'N - 1.4' = 33°28.6'N \\ \lambda = \lambda_c + y = 165°12.0'W + \dfrac{1.7'}{\cos 33°28.6'} = -165°10.0' = 165°10.0'W \end{cases}$$

小　结

本章在误差理论基础上,结合舰位线定位详细阐述了误差理论的典型运用,即求出最或然舰位,并对该舰位进行精度估计。本章所阐述的问题紧密结合航海定位实际,特别是两条舰位线定位的随机误差分析以及多条舰位线定位的间接观测平差,在后续专业学习过程中广泛应用,是航海保障的重要内容。

本章涉及的舰位平差数学模型与新装备新技术紧密关联,可为未来水下有人/无人协同定位误差分析与评估提供理论指导。

习　题

1. 什么是舰位线交角?
2. 同时观测两条舰位线定位,只考虑系统误差的影响,两条舰位线的交角取多少为好? 为什么?
3. 同时观测两条舰位线定位,只考虑随机误差的影响,两条舰位线的交角取多少度为好? 最好趋于多少度,为什么?
4. 同时观测两条舰位线定位,综合考虑系统误差和随机误差的影响,两条舰位纹的交角取多少度为好? 最好趋于多少度?
5. 同时测得两条方位舰位线,且舰位线为等精度,试述消除了同号系统误差的舰位方向。
6. 同时测得两条等精度舰位线,试述舰位随机误差大的方向和舰位随机误差小的方向。
7. 观测条件一定,同时观测两条等精度或接近等精度(距离或方位)舰位线定位,试述提高观测舰位精度的注意事项。
8. 试述三条舰位线定位与两条舰位线定位相比的优点。
9. 试述同时观测三条方位舰位线定位消除系统误差的基本方法。
10. 试述同时观测三条舰位线定位,当观测条件一定时,舰位误差与哪些因素有关?
11. 三方位定位,三条方位舰位线的误差接近相等,试述处理舰位系统误差三角形的方法。
12. 三距离定位,三条距离舰位线的误差接近相等,试述处理舰位系统误差三角形的方法。
13. 试述同时观测三条等精度舰位线定位求最或然舰位的方法。

14. 三条舰位线定位,试述提高观测舰位精度、正确确定观测舰位和分析舰位误差的注意事项。

15. 已知推算舰位 $\varphi 26°30'N, \lambda 147°00.0'E$,同时测得三条等精度舰位线,其数据如下:

$\text{I} - \text{I} \ A_1 = 060° Dh_1 = -1.0'$;

$\text{II} - \text{II} \ A_2 = 180° Dh_2 = +1.5'$;

$\text{III} - \text{III} \ A_3 = 300° Dh_3 = -2.0'$。

求最或然舰位。

16. 已知推算舰位 $\varphi 23°30'S, \lambda 130°00.0'W$,同时测得三条等精度舰位线,其数据如下:

$\text{I} - \text{I} \ A_1 = 000° Dh_1 = -2.0'$;

$\text{II} - \text{II} \ A_2 = 120° Dh_2 = -0.5'$;

$\text{III} - \text{III} \ A_3 = 240° Dh_3 = +2.0'$。

求最或然舰位。

17. 已知推算舰位 $\varphi 25°30.5'N, \lambda = 89°00.0'E$,同时测得三条等精度舰位线,其数据如下:

$\text{I} - \text{I} \ A_1 = 090° Dh_1 = +1.2'$;

$\text{II} - \text{II} \ A_2 = 210° Dh_2 = -1.5'$;

$\text{III} - \text{III} \ A_3 = 330° Dh_3 = -3.3'$。

求最或然舰位。

18. 已知推算舰位 $\varphi 26°20'N, \lambda 135°30.0'W$,同时测得三条等精度舰位线,其数据如下:

$\text{I} - \text{I} \ A_1 = 030° Dh_1 = +2.2'$;

$\text{II} - \text{II} \ A_2 = 150° Dh_2 = +2.5'$;

$\text{III} - \text{III} \ A_3 = 270° Dh_3 = -3.3'$。

求最或然舰位。

附录 A

矢量分析基础

在现代航海学研究和实践中,遇到如航程、海水温度等物理量,仅用其量值及相应的单位就可以描述。这种只用量值就能表征的量,称为标度量,它们用实数表示,也称为标量。而如舰船航行速度、海流速度等物理量,就不能仅仅用数值实现其完整描述。这些量不仅有量值,且有方向,因而在表征上就必须兼顾这两方面。正如用实数或标量表示和处理标度量,可用称为矢量的数学客体来表示和处理有矢量。所以,矢量可视为广义的数。矢量的表示法、代数运算、微积分及其应用构成了矢量分析这一学科的内容。本附录仅给出航海学中所涉及的部分矢量分析内容,其在坐标变换、近代天文定位计算及目标运动要素变化计算等均有较多的应用,也是后续章节学习的基础。

A.1 矢量及其运算

A.1.1 矢量的定义

大多数的量都可分为标量和矢量两类。其中,将仅有大小的量称为标量;而将既有大小又有方向的量称为矢量。矢量 A 可写成

$$A = A e_A \quad (A-1)$$

式中:A 为矢量 A 的模或大小;e_A 为与 A 同方向上的单位矢量。

矢量的大小称为矢量的模,单位矢量的模为 1。矢量 A 方向上的单位矢量可以表示为

$$e = \frac{A}{A} \quad (A-2)$$

矢量用黑体或带箭头的字母表示(在本教材中,矢量用黑体字母表示),单位矢量用 e 来表示。而作图时,用一有长度和方向的带箭头的线段表示矢量,如图 A-1 所示的舰船航行速度矢量 V。如果一个矢量的大小为零,则称其为零矢量或空矢量,这成为唯一一个在图上不能用箭头表示的矢量。如果两矢量 A 和

B具有同样的大小和方向,则称它们是相等的。

同样,也可以定义面积矢量,即如果有一面积为 S 的平面,则面积矢量 S 的大小为 S,它的方向按右手螺旋法则确定,如图 A-2 所示。

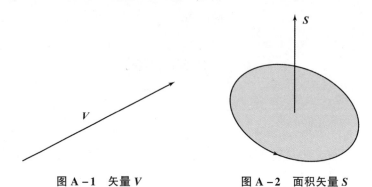

图 A-1　矢量 V　　　　图 A-2　面积矢量 S

A.1.2　矢量的加、减法

两矢量 **A** 和 **B** 可彼此相加,其结果为另一矢量 **C**,矢量三角形或矢量四边形给出了两矢量 **A** 和 **B** 相加的规则,如图 A-3 所示。图 A-3 同时给出了若已知舰船主机航行速度矢量 V_E、流速 V_C,求取流中实际舰船航行速度矢量为 V_β 的作图合成计算法。

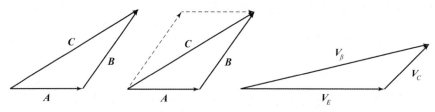

图 A-3　矢量加法($C = A + B, V_\beta = V_E + V_C$)

矢量加法服从加法交换律和加法结合律。

交换律:

$$A + B = B + A \qquad (A-3)$$

结合律:

$$(A + B) + C = A + (B + C) \qquad (A-4)$$

即 $C = A + B$ 意味着一个矢量 **C** 可以由两个矢量 **A** 和 **B** 来表示,即矢量 **C** 可分解为两个分矢量 **A** 和 **B**,或将矢量 **A** 和 **B** 称为矢量 **C** 的分量,即有一个矢量可以分解为几个分矢量;如果 **A** 是一个矢量,则 −**A** 也是一个矢量,它为与矢量 **A** 大小相等、方向相反的一个矢量,并将 −**A** 称为 **A** 的负矢量。由此,可以定义两矢量 **A** 和 **B** 的减法 **A** − **B**,即为

$$D = A - B = A + (-B) \quad (A-5)$$

D 也是一个矢量。图 A-4 给出了 D 的表示方法,同时给出了若已知舰船在流中的实际航行速度矢量 V_β 和主机航行速度矢量 V_E,用作图法求取流速的方法。

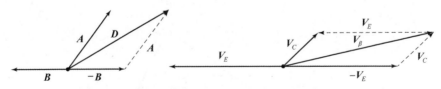

图 A-4 矢量减法($D = A - B$, $V_C = V_\beta - V_E$)

A.1.3 矢量与标量的乘法

一标量 k 乘以矢量 A,则得到另一矢量,即

$$B = kA \quad (A-6)$$

矢量 B 的大小是矢量 A 的 k 倍。如果 $k > 0$,则矢量 B 的方向与矢量 A 的方向一样;如果 $k < 0$,则矢量 B 的方向与矢量 A 的方向相反。如果 $k = 0$,则 $B = 0$。

A.1.4 数量积

两矢量的数量积也称为两矢量的点积或内积,两矢量 A 和 B 的数量积写为 $A \cdot B$,并读作"A 点乘 B"。它定义为两矢量 A 和 B 的大小及其夹角 θ 的余弦之积,即

$$A \cdot B = AB\cos\theta \quad (A-7)$$

显然,数量积满足交换律,即

$$A \cdot B = AB\cos\theta = BA\cos\theta = B \cdot A \quad (A-8)$$

两矢量数量积的几何意义是,一矢量的大小乘以另一矢量在该矢量上投影的大小,如图 A-5 所示。并由此,矢量 A 的大小计算公式为

$$A^2 = A \cdot A \quad (A-9)$$

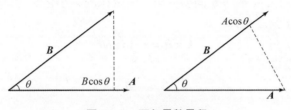

图 A-5 两矢量数量积

数量积服从分配律,即
$$A \cdot (B+C) = A \cdot B + A \cdot C \tag{A-10}$$

例 A-1 如果 A、B、C 构成一个三角形的三条边,C 边所对夹角为 θ,如图 A-6 所示。现利用矢量证明三角形的余弦定理,即
$$C^2 = A^2 + B^2 - 2AB\cos\theta \tag{A-11}$$

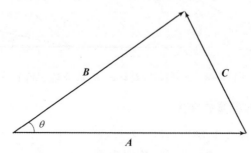

图 A-6 三矢量 A、B、C 构成的三角形

解:由图 A-6,可得
$$C = B - A$$
由式(A-9)、式(A-7)和式(A-8),可得
$$C^2 = (B-A) \cdot (B-A) = B^2 - B \cdot A - A \cdot B + A^2 = A^2 + B^2 - 2AB\cos\theta$$

在航海上,若已知舰船主机航行速度矢量 V_E、流速 V_C 和流压角 β,可以用计算法求取流中实际舰船航行速度矢量为 V_β,即有
$$V_\beta = \sqrt{V_E^2 + V_C^2 - 2V_E V_C \cos\beta}$$
式中:β 为流压角。

A.1.5 矢量积

两矢量 A 和 B 的矢量积,也称为两矢量的叉积或外积。两矢量 A 和 B 的矢量积写为 $A \times B$,读作"A 叉乘 B"。矢量积是一个矢量,它垂直于包含两矢量 A 和 B 的平面,方向由右手螺旋法则确定,如图 A-7 所示。$e_\perp$ 为 $A \times B$ 方向上的单位矢量,θ 为两矢量 A 和 B 间的夹角。矢量积的大小定义为两矢量的大小及两矢量夹角的正弦之积,即
$$A \times B = e_\perp AB\sin\theta \tag{A-12}$$
由图 A-7,也可得
$$A \times B = -B \times A \tag{A-13}$$
同样,有
$$A \times (B+C) = A \times B + A \times C \tag{A-14}$$

附录 A 矢量分析基础

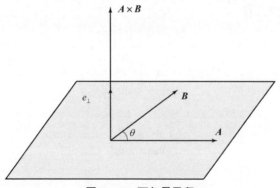

图 A-7 两矢量叉积

两矢量 A 和 B 的叉积的几何意义,是由 A 和 B 构成的平行四边形的面积矢量 S,如图 A-8 所示,即有

$$S = A \times B \tag{A-15}$$

矢量 S 的大小为由 A 和 B 为邻边构成的平行四边形面积。

例 A-2   如果 A、B、C 构成一个三角形的三条边,A、B、C 分别表示它们的长,如图 A-9 所示。利用矢量积的方法证明三角形的正弦定理。

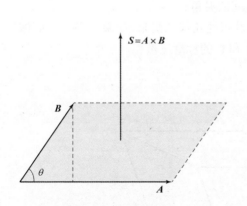

图 A-8 由矢量 A 和 B
构成的面积矢量 S

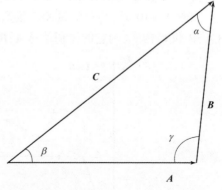

图 A-9 三矢量 A、B、C 构成的三角形

解:由图 A-9,可知

$$B = C - A$$

因为

$$B \times B = B \times (C - A) = 0$$

由此,得

$$B \times C = B \times A$$

写成标量形式,有

$$BC\sin\alpha = BA\sin\gamma$$

即有

$$\frac{A}{\sin\alpha} = \frac{C}{\sin\gamma}$$

同理,有

$$\frac{A}{\sin\alpha} = \frac{B}{\sin\beta}$$

故有

$$\frac{A}{\sin\alpha} = \frac{B}{\sin\beta} = \frac{C}{\sin\gamma} \qquad (A-16)$$

A.1.6 三矢量积

三矢量积可分为标量三重积和矢量三重积。

三矢量 A、B 和 C 的标量三重积是一标量,其表示为 $C \cdot (A \times B)$。若以 e_n 表示 $A \times B$ 方向上的单位矢量,则有

$$C \cdot (A \times B) = C(AB\sin\theta)\cos\phi = ABC\sin\theta\cos\phi \qquad (A-17)$$

式中:θ 为 A 和 B 间的夹角;ϕ 为 C 和 e_n 间的夹角。

如图 A-10 所示,三矢量的三重数量积的几何意义是,如果一平行六面体由 A、B 和 C 构成,则它的体积就是 A、B 和 C 的标量三重积。

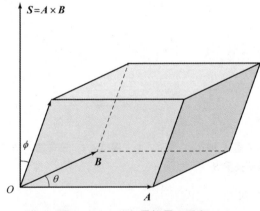

图 A-10 三矢量标量三重积

由图 A-10,还可以得到一个重要等式,即

$$A \cdot (B \times C) = C \cdot (A \times B) = B \cdot (C \times A) \qquad (A-18)$$

三矢量 A、B 和 C 的矢量三重积是一矢量,其表示为 $A \times (B \times C)$。利用前面介绍的矢量运算方法和矢量图形表示法,可以证明:

$$A \times (B \times C) = (A \cdot C)B - (A \cdot B)C \qquad (A-19)$$

明显地，$A \times (B \times C) \neq (A \times B) \times C$。因此，式中的括号不能省略。

A.2 矢性函数及其导数与积分

A.2.1 矢性函数

若某一矢量的模和方向都保持不变，则此矢量称为常矢，如舰船在保持定向定速航行时的速度矢量。而在实际问题中遇到的更多的是模和方向或两者之一会发生变化的矢量，如航行速度矢量的变化等，这种矢量称为变矢。零矢量的方向任意，可作为一个特殊的常矢量。

定义 A.1 设有数性变量 t 和变矢 A，如果对于 t 在某个范围 G 内的每一个数值，A 都以一个确定的矢量和它对应，则称 A 为数性变量 t 的矢性函数，记作 $A = A(t)$，并称 G 为矢性函数 A 的定义域。

矢性函数 $A(t)$ 在 $OXYZ$ 直角坐标系中的三个坐标（即 $A(t)$ 在三个坐标轴上的投影）均为 t 的函数，矢性函数的坐标表示式为

$$A = A_x(t)e_x + A_y(t)e_y + A_z(t)e \qquad (A-20)$$

式中：e_x、e_y、e_z 分别为 X 轴、Y 轴、Z 轴三个坐标轴正向的单位矢量，通常用 i、j、k 来表示。因此，式（A-20）可写成

$$A = A_x(t)i + A_y(t)j + A_z(t)k \qquad (A-21)$$

由上可见，一个矢性函数和三个有序的数性函数（坐标）构成一一对应关系。

定义 A.2 当两矢量的模和方向都相同时，就认为此两矢量是相等的。

为了能用图形来直观地表示矢性函数的变化状态，可以将它的起点取在坐标原点。这样，当 t 变化时，矢量 $A(t)$ 的终点 M 就描绘出一条曲线 L，如图 A-11 所示。曲线 L 称为矢性函数 $A(t)$ 的矢端曲线，也称为矢性函数 $A(t)$ 的图形。同时，称式（A-20）为曲线 L 的矢量方程。

定义 A.3 起点在原点 O、终点为 M 的矢量 OM 称为点 M 的矢径，表示为

$$r = OM = xi + yj + zk \qquad (A-22)$$

若矢量方程为 $A = A_x(t)i + A_y(t)j + A_z(t)k$，则称

$$x = A_x(t), y = A_y(t), z = A_z(t) \qquad (A-23)$$

为曲线 L 以 t 为参数的参数方程。曲线 L 的矢量方程与参数方程之间存在着一一对应关系。

定义 A.4 设有矢性函数 $A(t)$ 在点 t_0 的某个邻域内有定义（但在点 t_0 处可以没有定义），A_0 为常矢，若对于任意给定的正数 ε，都存在一个正数 δ，使得当 t

满足 $0<|t-t_0|<\delta$ 时,都有 $|A(t)-A_0|<\varepsilon$ 成立,则称 A_0 为 $t\to t_0$ 时矢性函数 $A(t)$ 的极限,记作 $\lim\limits_{t\to t_0}A(t)=A_0$。

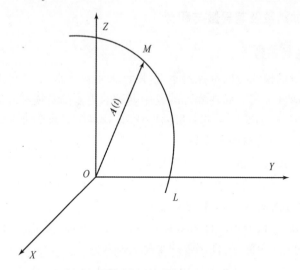

图 A-11　矢端曲线

定理 A.1　设 $A(t)=A_x(t)\boldsymbol{i}+A_y(t)\boldsymbol{j}+A_z(t)\boldsymbol{k}$,则在 t_0 处有极限的充要条件是 $A_x(t)$、$A_y(t)$、$A_z(t)$ 在 t_0 处有极限,并有

$$\lim_{t\to t_0}A(t)=\lim_{t\to t_0}A_x(t)\boldsymbol{i}+\lim_{t\to t_0}A_y(t)\boldsymbol{j}+\lim_{t\to t_0}A_z(t)\boldsymbol{k} \qquad (A-24)$$

由上可知,说明把求矢性函数的极限归结为求三个数性函数的极限。下面给出极限运算法则,即若 $\lim\limits_{t\to t_0}A(t),\lim\limits_{t\to t_0}B(t),\lim\limits_{t\to t_0}u(t)$ 存在,则有:

(1) $\lim\limits_{t\to t_0}[A(t)\pm B(t)]=\lim\limits_{t\to t_0}A(t)\pm\lim\limits_{t\to t_0}B(t)$。

(2) $\lim\limits_{t\to t_0}[u(t)A(t)]=\lim\limits_{t\to t_0}u(t)\lim\limits_{t\to t_0}A(t)$。

(3) $\lim\limits_{t\to t_0}[A(t)\cdot B(t)]=\lim\limits_{t\to t_0}A(t)\cdot\lim\limits_{t\to t_0}B(t)$。

(4) $\lim\limits_{t\to t_0}[A(t)\times B(t)]=\lim\limits_{t\to t_0}A(t)\times\lim\limits_{t\to t_0}B(t)$。

定义 A.5　若矢性函数 $A(t)$ 在点 t_0 的某个邻域内有定义,并且有 $\lim\limits_{t\to t_0}A(t)=A_0=A(t_0)$,则称 $A(t)$ 在点 $t=t_0$ 处连续。

定理 A.2　矢性函数 $A(t)=A_x(t)\boldsymbol{i}+A_y(t)\boldsymbol{j}+A_z(t)\boldsymbol{k}$,在点 t_0 处连续的充要条件是 $A_x(t)$、$A_y(t)$、$A_z(t)$ 均在点 t_0 处连续。

若矢性函数 $A(t)$ 在某一区间内的每一点处均连续,则称它在该区间内连续。

A.2.2 矢性函数的导数

定义 A.6 矢性函数 $A(t)$ 在点 t 的某一邻域内有定义,并设 $t+\Delta t$ 也在这邻域内,对应于 Δt 的增量为 $\Delta A(t)$,当 $t\to 0$ 时,若极限存在,则称此极限为矢性函数 $A(t)$ 在点 t 处的导矢,并记作 $\dfrac{\mathrm{d}A(t)}{\mathrm{d}t}$ 或 $A'(t)$,即有

$$\frac{\mathrm{d}A(t)}{\mathrm{d}t} = \lim_{\Delta t \to 0} \frac{\Delta A(t)}{\Delta t} = \lim_{\Delta t \to 0} \frac{A(t+\Delta t) - A(t)}{\Delta t} \qquad (\mathrm{A}-25)$$

定理 A.3 矢性函数 $A(t) = A_x(t)\boldsymbol{i} + A_y(t)\boldsymbol{j} + A_z(t)\boldsymbol{k}$,在点 t 处可导的充要条件是 $A_x(t)$、$A_y(t)$、$A_z(t)$ 在点 t 处均可导,且有 $A'(t) = A'_x(t)\boldsymbol{i} + A'_y(t)\boldsymbol{j} + A'_z(t)\boldsymbol{k}$。

证明:

$$\frac{\mathrm{d}A(t)}{\mathrm{d}t} = \lim_{\Delta t \to 0}\frac{\Delta A(t)}{\Delta t} = \lim_{\Delta t \to 0}\frac{\Delta A_x}{\Delta t}\boldsymbol{i} + \lim_{\Delta t \to 0}\frac{\Delta A_y}{\Delta t}\boldsymbol{j} + \lim_{\Delta t \to 0}\frac{\Delta A_z}{\Delta t}\boldsymbol{k} = \frac{\mathrm{d}A_x}{\mathrm{d}t}\boldsymbol{i} + \frac{\mathrm{d}A_y}{\mathrm{d}t}\boldsymbol{j} + \frac{\mathrm{d}A_z}{\mathrm{d}t}\boldsymbol{k}$$

即有

$$A'(t) = A'_x(t)\boldsymbol{i} + A'_y(t)\boldsymbol{j} + A'_z(t)\boldsymbol{k}$$

由上可知,一个矢性函数导矢的计算可转化为三个数性函数导数的计算。

导矢的几何意义在于,在几何上,导矢为一矢端曲线的切向矢量,指向对应 t 值增大的一方,如图 A-12 所示。

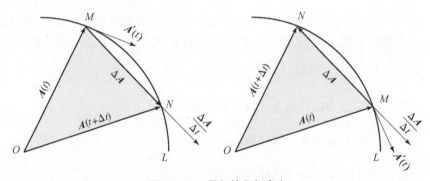

图 A-12 导矢的几何意义

如若矢性函数 $A = A(t)$、$B = B(t)$ 及数性函数 $u = u(t)$ 在 t 的某个范围内可导,则下列公式在该范围内成立:

(1) $\dfrac{\mathrm{d}C}{\mathrm{d}t} = 0$,$C$ 为常矢量。

(2) $\dfrac{\mathrm{d}(A \pm B)}{\mathrm{d}t} = \dfrac{\mathrm{d}A}{\mathrm{d}t} \pm \dfrac{\mathrm{d}B}{\mathrm{d}t}$。

(3) $\dfrac{d(k\boldsymbol{A})}{dt} = k\dfrac{d\boldsymbol{A}}{dt}$。

(4) $\dfrac{d(u\boldsymbol{A})}{dt} = \dfrac{du}{dt}\boldsymbol{A} + u\dfrac{d\boldsymbol{A}}{dt}$。

(5) $\dfrac{d(\boldsymbol{A} \cdot \boldsymbol{B})}{dt} = \dfrac{d\boldsymbol{A}}{dt} \cdot \boldsymbol{B} + \boldsymbol{A} \cdot \dfrac{d\boldsymbol{B}}{dt}$。

(6) $\dfrac{d(\boldsymbol{A} \times \boldsymbol{B})}{dt} = \dfrac{d\boldsymbol{A}}{dt} \times \boldsymbol{B} + \boldsymbol{A} \times \dfrac{d\boldsymbol{B}}{dt}$。

(7) 复合函数求导公式,若 $\boldsymbol{A} = \boldsymbol{A}(u)$, $u = u(t)$, 则 $\dfrac{d\boldsymbol{A}}{dt} = \dfrac{d\boldsymbol{A}}{du}\dfrac{du}{dt}$。

A.2.3 矢性函数的积分

定义 A.7 若 $\boldsymbol{B}'(t) = \boldsymbol{A}(t)$, 则称 $\boldsymbol{B}(t)$ 为 $\boldsymbol{A}(t)$ 的原函数,并把带有任意常矢量的原函数一般表达式 $\boldsymbol{B}(t) + \boldsymbol{C}$ 称为矢性函数 $\boldsymbol{A}(t)$ 的不定积分,并记作 $\int \boldsymbol{A}(t) dt$, 即

$$\int \boldsymbol{A}(t) dt = \boldsymbol{B}(t) + \boldsymbol{C} \tag{A-26}$$

定理 A.4 设有矢性函数 $\boldsymbol{A}(t) = A_x(t)\boldsymbol{i} + A_y(t)\boldsymbol{j} + A_z(t)\boldsymbol{k}$, 则

$$\int \boldsymbol{A}(t) dt = \boldsymbol{i}\int A_x(t) dt + \boldsymbol{j}\int A_y(t) dt + \boldsymbol{k}\int A_z(t) dt \tag{A-27}$$

由上可知,求矢性函数的不定积分可转化为求三个数性函数的不定积分。现设 k 为非零常数, $\boldsymbol{a}$ 为非零常矢, 则矢性函数 $\boldsymbol{A}(t)$ 的不定积分有如下的性质:

(1) $\int k\boldsymbol{A}(t) dt = k\int \boldsymbol{A}(t) dt$。

(2) $\int [\boldsymbol{A}(t) + \boldsymbol{B}(t)] dt = \int \boldsymbol{A}(t) dt + \int \boldsymbol{B}(t) dt$。

(3) $\int \boldsymbol{a} \cdot \boldsymbol{A}(t) dt = \boldsymbol{a} \cdot \int \boldsymbol{A}(t) dt$。

(4) $\int \boldsymbol{a} \times \boldsymbol{A}(t) dt = \boldsymbol{a} \times \int \boldsymbol{A}(t) dt$。

例 A-3 求下列不定积分:

(1) $\int (t\boldsymbol{a} + t^3\boldsymbol{b} + \boldsymbol{c}) dt$;

(2) $\int (\boldsymbol{a} \cdot \boldsymbol{b}t) dt$;

(3) $\int (\boldsymbol{a} \times \boldsymbol{b}t) dt$。

解：

(1) $\int (t\boldsymbol{a} + t^3\boldsymbol{b} + \boldsymbol{c})\mathrm{d}t = \boldsymbol{a}\int t\mathrm{d}t + \boldsymbol{b}\int t^3\mathrm{d}t + \boldsymbol{c}\int \mathrm{d}t = \dfrac{t^3}{3}\boldsymbol{a} + \dfrac{t^4}{4}\boldsymbol{b} + t\boldsymbol{c} + \boldsymbol{C}$。

(2) $\int (\boldsymbol{a} \cdot \boldsymbol{b}t)\mathrm{d}t = \boldsymbol{a} \cdot \boldsymbol{b}\int t\mathrm{d}t = (\boldsymbol{a} \cdot \boldsymbol{b})\dfrac{t^2}{2} + \boldsymbol{C}$。

(3) $\int (\boldsymbol{a} \times \boldsymbol{b}t)\mathrm{d}t = (\boldsymbol{a} \times \boldsymbol{b})\int t\mathrm{d}t = (\boldsymbol{a} \times \boldsymbol{b})\dfrac{t^2}{2} + \boldsymbol{C}$。

定义 A.8 若 $\lim\limits_{\lambda \to 0}\sum\limits_{i=1}^{n}\boldsymbol{A}(\xi_i)\Delta t_i$ 存在，则称其为矢性函数 $\boldsymbol{A}(t)$ 在区间 $[T_1, T_2]$ 上的定积分，并记为 $\int_{T_1}^{T_2}\boldsymbol{A}(t)\mathrm{d}t$，即 $\int_{T_1}^{T_2}\boldsymbol{A}(t)\mathrm{d}t = \lim\limits_{\lambda \to 0}\sum\limits_{i=1}^{n}\boldsymbol{A}(\xi_i)\Delta t_i$。

定理 A.5 若 $\boldsymbol{B}(t)$ 是连续矢性函数 $\boldsymbol{A}(t)$ 在区间 $[T_1, T_2]$ 上的一个原函数，则有

$$\int_{T_1}^{T_2}\boldsymbol{A}(t)\mathrm{d}t = \boldsymbol{B}(T_2) - \boldsymbol{B}(T_1) \tag{A-28}$$

定理 A.6 设有矢性函数 $\boldsymbol{A}(t) = A_x(t)\boldsymbol{i} + A_y(t)\boldsymbol{j} + A_z(t)\boldsymbol{k}$，则有

$$\int_{T_1}^{T_2}\boldsymbol{A}(t)\mathrm{d}t = \boldsymbol{i}\int_{T_1}^{T_2}A_x(t)\mathrm{d}t + \boldsymbol{j}\int_{T_1}^{T_2}A_y(t)\mathrm{d}t + \boldsymbol{k}\int_{T_1}^{T_2}A_z(t)\mathrm{d}t \tag{A-29}$$

由上可知，求矢性函数的定积分可转化为求三个数性函数的定积分。

例 A-4 求下列定积分：

(1) $\int_0^1 (t^2\boldsymbol{a} + t^3\boldsymbol{b} + \boldsymbol{c})\mathrm{d}t$；

(2) $\int_0^{\pi} (\boldsymbol{a}\cos t\boldsymbol{i} + \boldsymbol{a}\sin t\boldsymbol{j} + \boldsymbol{b}t\boldsymbol{k})\mathrm{d}t$。

解：

(1) $\int_0^1 (t^2\boldsymbol{a} + t^3\boldsymbol{b} + \boldsymbol{c})\mathrm{d}t = \int_0^1 t^2\boldsymbol{a}\mathrm{d}t + \int_0^1 t^3\boldsymbol{b}\mathrm{d}t + \int_0^1 \boldsymbol{c}\mathrm{d}t = \dfrac{1}{3}\boldsymbol{a} + \dfrac{1}{4}\boldsymbol{b} + \boldsymbol{c}$。

(2) $\int_0^{\pi} (\boldsymbol{a}\cos t\boldsymbol{i} + \boldsymbol{a}\sin t\boldsymbol{j} + \boldsymbol{b}t\boldsymbol{k})\mathrm{d}t = 2\boldsymbol{a}\boldsymbol{j} + \boldsymbol{b}\dfrac{\pi^2}{2}\boldsymbol{k}$。

A.3　标量场及梯度

如果在全部或部分空间里的每一点都对应某个物理量的一个确定值，就说在此空间里确定了该物理量的一个场。如果该物理量是标量，就称这个场为标量场；若是矢量，就称这个场是矢量场。例如，温度场、密度场等为标量场；而重力场、速度场等为矢量场。

如果场量只是空间位置的函数而不随时间变化，这样的场称为稳定场，又称

静态场、恒定场;如果场量不但随空间位置变化而且随时间变化,这样的场称为不稳定场,又称动态场、时变场。

在本节中,仅讨论稳定场,但其所得的结果也适用于不稳定场的每一瞬间情况。

在直角坐标系中,分布在标量场中各点处的标量 u 是场中点 M 的函数,即 $u = u(M)$,它是关于点 $M(x,y,z)$ 的坐标的函数,即

$$u = u(x,y,z) \tag{A-30}$$

即一个标量场可以用一个数性函数来表示。若无特别声明,总假定这个函数单值、连续且有一阶连续偏导数。

A.3.1 方向导数

如若函数 $u(x,y,z)$ 在点 (x,y,z) 处对求偏导数,即其定义为

$$u(x,y,z) = \lim_{\Delta x \to 0} \frac{u(x+\Delta x, y, z) - u(x, y, z)}{\Delta x} \tag{A-31}$$

该定义描述了函数 $u(x,y,z)$ 沿 X 轴方向的变化情况。若将此定义进行推广,考查标量函数 $u(x,y,z)$ 在场中各点的邻域内沿任一方向的变化情况。为此,需要引进方向导数的概念。先行给出函数 $u(x,y,z)$ 沿直线的方向导数。

定义 A.9 设 $M_0(x_0, y_0, z_0)$ 为标量场 $u(M)$ 中的一点,从点 M_0 出发引一条射线 l(其方向用 l 表示),在 l 上点 M_0 的邻近取一动点 $M(x_0 + \Delta x, y_0 + \Delta y, z_0 + \Delta z)$,记 $\rho = \overline{M_0 M} = \sqrt{(\Delta x)^2 + (\Delta y)^2 + (\Delta z)^2}$,如图 A-13 所示。若当 $M \to M_0$ 时,下述分式

$$\frac{\Delta u(x,y,z)}{\rho} = \frac{u(M) - u(M_0)}{\overline{M_0 M}} \tag{A-32}$$

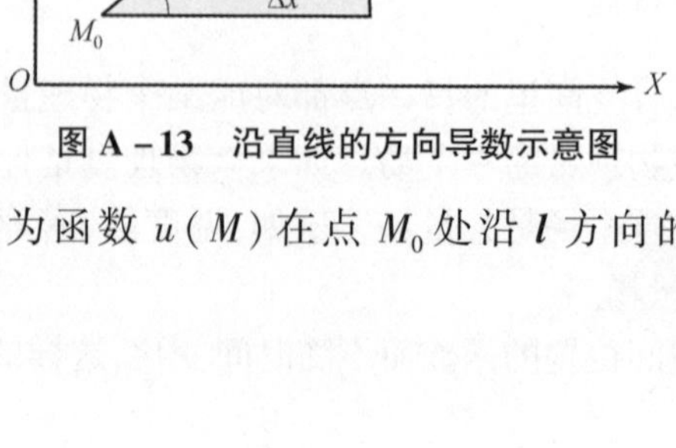

图 A-13 沿直线的方向导数示意图

的极限存在,则称它为函数 $u(M)$ 在点 M_0 处沿 l 方向的方向导数,并记作 $\left.\dfrac{\partial u(x,y,z)}{\partial l}\right|_{M_0}$,即

| 附录 A |　矢量分析基础

$$\left.\frac{\partial u(x,y,z)}{\partial l}\right|_{M_0} = \lim_{M\to M_0}\frac{u(M)-u(M_0)}{\overline{M_0M}} = \lim_{\rho\to 0}\frac{u(x_0+\Delta x, y_0+\Delta y, z_0+\Delta z)}{\rho}$$
$$(A-33)$$

方向导数 $\dfrac{\partial u(x,y,z)}{\partial l}$ 是在点 M 处函数 $u(M)$ 沿方向 l 的对距离的变化率。故有：

(1) 当 $\dfrac{\partial u(x,y,z)}{\partial l}>0$ 时，函数 $u(M)$ 沿 l 方向就是增加的。

(2) 当 $\dfrac{\partial u(x,y,z)}{\partial l}<0$ 时，函数 $u(M)$ 沿 l 方向就是减少的。

定理 A.7 在直角坐标系中，若函数 $u=u(x,y,z)$ 在点 $M_0(x_0,y_0,z_0)$ 处可微，$\cos\alpha$、$\cos\beta$、$\cos\gamma$ 为 l 方向的方向余弦，则函数 $u(M)$ 在点从 M_0 处沿 l 方向的方向导数必存在，且满足

$$\frac{\partial u(x,y,z)}{\partial l}=\frac{\partial u(x,y,z)}{\partial x}\cos\alpha+\frac{\partial u(x,y,z)}{\partial y}\cos\beta+\frac{\partial u(x,y,z)}{\partial z}\cos\gamma \quad (A-34)$$

证明：设动点 M 的坐标为 $M_0(x_0+\Delta x, y_0+\Delta y, z_0+\Delta z)$，由定义 A.7，有

$$\frac{\partial u}{\partial l} = \lim_{M\to M_0}\frac{\Delta u}{\rho} = \lim_{\rho\to 0}\left(\frac{\partial u}{\partial x}\frac{\partial\Delta x}{\partial\rho}+\frac{\partial u}{\partial y}\frac{\partial\Delta y}{\partial\rho}+\frac{\partial u}{\partial z}\frac{\partial\Delta z}{\partial\rho}+\omega\right)$$

$$=\lim_{\rho\to 0}\left(\frac{\partial u}{\partial x}\cos\alpha+\frac{\partial u}{\partial y}\cos\beta+\frac{\partial u}{\partial z}\cos\gamma+\omega\right)$$

$$=\frac{\partial u}{\partial x}\cos\alpha+\frac{\partial u}{\partial y}\cos\beta+\frac{\partial u}{\partial z}\cos\gamma$$

例 A-5 求标量场 $u(x,y,z)=x^2z^3+2y^2z$ 在点 $M(2,0,-1)$ 处的梯度及在矢量 $l=2x\boldsymbol{i}-xy^2\boldsymbol{j}+3z^4\boldsymbol{k}$ 方向的方向导数。

解：在点 $M(2,0,-1)$ 处，$l|_M=(2x\boldsymbol{i}-xy^2\boldsymbol{j}+3z^4\boldsymbol{k})|_M=4\boldsymbol{i}+3\boldsymbol{k}$，其方向余弦 $\cos\alpha=4/5$，$\cos\beta=0$，$\cos\gamma=3/5$，$\dfrac{\partial u}{\partial x}=2xz^3=-4$，$\dfrac{\partial u}{\partial y}=4yz=0$，$\dfrac{\partial u}{\partial z}=3x^2z^2+2y^2=12$。

故有

$$\frac{\partial u}{\partial l}=\frac{\partial u}{\partial x}\cos\alpha+\frac{\partial u}{\partial y}\cos\beta+\frac{\partial u}{\partial z}\cos\gamma=4$$

例 A-6 求标量场 $u(x,y,z)=xy+yz+zx$ 在点 $P(1,2,3)$ 处沿其矢径方向的方向导数。

解：点 P 的矢径为 $\boldsymbol{r}=\boldsymbol{i}+2\boldsymbol{j}+3\boldsymbol{k}$，其方向余弦为

$$\cos\alpha=\frac{1}{\sqrt{14}},\cos\beta=\frac{2}{\sqrt{14}},\cos\gamma=\frac{3}{\sqrt{14}}$$

在点 $P(1,2,3)$ 处,有

$$\frac{\partial u}{\partial x}=5, \frac{\partial u}{\partial y}=4, \frac{\partial u}{\partial z}=3$$

$$\left.\frac{\partial u}{\partial \boldsymbol{r}}\right|_P = \left[\frac{\partial u}{\partial x}\cos\alpha + \frac{\partial u}{\partial y}\cos\beta + \frac{\partial u}{\partial z}\cos\gamma\right]_P = \frac{22}{\sqrt{14}}$$

定理 A.8 若在有向曲线 C 上取一定点 M_0 作为计算弧长 s 的起点,若以 C 的正向作为 s 增大的方向;M 为 C 上的一点,在点 M 处沿 C 的正向作一与 C 相切的射线 l(其方向用 $\boldsymbol{l}$ 表示),则当函数 u 可微、曲线 C 光滑①时,u 在点 M 处沿 l 方向的方向导数就等于 u 对 s 的全导数,即

$$\frac{\partial u(x,y,z)}{\partial l} = \frac{\mathrm{d}u(x,y,z)}{\mathrm{d}s} \tag{A-35}$$

证明: 曲线 C 光滑的,其参数方程为 $x=x(s), y=y(s), z=z(s)$,函数 $u = u[x(s), y(s), z(s)]$,则有

$$\frac{\mathrm{d}u}{\mathrm{d}l} = \frac{\partial u}{\partial x}\frac{\mathrm{d}x}{\mathrm{d}s} + \frac{\partial u}{\partial y}\frac{\mathrm{d}y}{\mathrm{d}s} + \frac{\partial u}{\partial z}\frac{\mathrm{d}z}{\mathrm{d}s} = \frac{\partial u}{\partial x}\cos\alpha + \frac{\partial u}{\partial y}\cos\beta + \frac{\partial u}{\partial z}\cos\gamma$$

下面给出函数 u 沿曲线方向导数的描述方式。

定义 A.10 如图 A-14 所示,设 M_0 为标量场 $u=u(M)$ 中曲线 C 上的一点,在点 M_0 的邻近取一动点 M,记 $\widehat{M_0M}=\Delta s$,若当 $M\to M_0$ 时,下述分式

$$\frac{\partial u}{\partial s} = \frac{u(M)-u(M_0)}{\widehat{M_0M}} = \frac{u(x_0+\Delta x, y_0+\Delta y, z_0+\Delta z) - u(x_0,y_0,z_0)}{\Delta s}$$

$$\tag{A-36}$$

的极限存在,则称它为函数 $u(M)$ 在点 M_0 处沿曲线 C(正向)方向的方向导数,并记作:

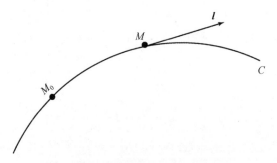

图 A-14　沿曲线的方向导数示意图

---

① 若函数 $f(x)$ 在区间 (a,b) 内具有一阶连续导数,则其图形为一条处处有切线的曲线,且切线随切点的移动而连续转动,这样的曲线称为光滑曲线。

$$\left.\frac{\partial u}{\partial s}\right|_{M_0} = \lim_{M \to M_0} \frac{\Delta u}{\Delta s} = \lim_{M \to M_0} \frac{u(M) - u(M_0)}{\widehat{M_0 M}}$$

$$= \lim_{\Delta s \to 0} \frac{u(x_0 + \Delta x, y_0 + \Delta y, z_0 + \Delta z) - u(x_0, y_0, z_0)}{\Delta s} \quad (A-37)$$

推论:若曲线 C 光滑时,在点 M 处函数 u 可微,函数 u 在点 M 处沿 C 方向的方向导数就等于函数 u 在点 M 处沿 C 的切线方向 l(C 正向一侧)的方向导数,即

$$\frac{\partial u}{\partial s} = \frac{\partial u}{\partial l} \quad (A-38)$$

例 A-7 求函数 $u = 3x^2 y - y^2$ 在点 $M(2,3)$ 处沿曲线 $y = x^2 - 1$ 朝 x 增大一方的方向导数。

解:只要求出函数 u 沿曲线 $y = x^2 - 1$ 在点 $M(2,3)$ 处沿 x 增大方向的切线的方向导数即可。为此,将所给曲线方程改写成矢量形式:

$$\boldsymbol{r} = x\boldsymbol{i} + y\boldsymbol{j} = x\boldsymbol{i} + (x^2 - 1)\boldsymbol{j}$$

其导矢为

$$\boldsymbol{r}' = \boldsymbol{i} + 2x\boldsymbol{j}$$

就是曲线沿 x 增大方向的切矢量。现将点 $M(2,3)$ 代入,得

$$\boldsymbol{r}'|_M = \boldsymbol{i} + 4\boldsymbol{j}$$

其方向余弦为

$$\cos\alpha = \frac{1}{\sqrt{17}}, \cos\beta = \frac{4}{\sqrt{17}}$$

又函数 u 在点 $M(2,3)$ 处的偏导数为

$$\left.\frac{\partial u}{\partial x}\right|_M = (6xy)\big|_M = 36, \left.\frac{\partial u}{\partial y}\right|_M = (3x^2 - 2y)\big|_M = 6$$

则所求的方向导数为

$$\left.\frac{\partial u}{\partial s}\right|_M = \left.\frac{\partial u}{\partial \boldsymbol{r}}\right|_M = \left.\left(\frac{\partial u}{\partial x}\cos\alpha + \frac{\partial u}{\partial y}\cos\beta + \frac{\partial u}{\partial z}\cos\gamma\right)\right|_M = \frac{60}{\sqrt{17}}$$

A.3.2 梯度

引例:在地文航海工作中,当对某一物标进行观测得到一个观测值时,可以在海图上得出与其相应的一条位置线。而当观测值发生变化时,无疑会引起位置线产生一定的位移。多次观测和海图作业,必然会由于不同观测值而产生的位置线间有疏密变化,且带有一定的方向性。这种带有方向性变化的位置线疏密变化,实际上反映了陆标定位误差的变化及方向。

本问题的实质是如何用数学的方法来解决和表达类似这种位置线疏密变化

的问题,而位置线疏密变化的方向就是本节要介绍的梯度方向。

定义 A.11 设函数 $u(x,y,z)$ 在平面区域 D 内具有一阶连续偏导数,则对于每一点 $M(x,y,z) \in D$,都可给定一个矢量 $\frac{\partial u}{\partial x}\boldsymbol{i} + \frac{\partial u}{\partial y}\boldsymbol{j} + \frac{\partial u}{\partial z}\boldsymbol{k}$,这个矢量称为函数 $u(x,y,z)$ 在点 $M(x,y,z)$ 的梯度,并记为

$$\mathrm{grad}\, u(x,y,z) = \frac{\partial u}{\partial x}\boldsymbol{i} + \frac{\partial u}{\partial y}\boldsymbol{j} + \frac{\partial u}{\partial z}\boldsymbol{k} \quad (A-39)$$

若设 $\boldsymbol{l}^0 = \cos\alpha\boldsymbol{i} + \cos\beta\boldsymbol{j} + \cos\gamma\boldsymbol{k}$ 是 $\boldsymbol{l}$ 方向上的单位矢量,并让 $\boldsymbol{G} = \left(\frac{\partial u}{\partial x}, \frac{\partial u}{\partial y}, \frac{\partial u}{\partial z}\right)$,则方向导数公式可写为

$$\frac{\partial u}{\partial l} = \frac{\partial u}{\partial x}\cos\alpha + \frac{\partial u}{\partial y}\cos\beta + \frac{\partial u}{\partial z}\cos\gamma = \boldsymbol{G} \cdot \boldsymbol{l}^0 = |\boldsymbol{G}|\cos(\boldsymbol{G},\boldsymbol{l}^0) \quad (A-40)$$

因此有,当 $\cos(\boldsymbol{G},\boldsymbol{l}^0) = 1$ 时,方向导数 $\frac{\partial u}{\partial l} = |\boldsymbol{G}|$ 最大。

梯度具有以下性质:

(1)如图 A-15 所示,方向导数等于梯度在该方向上的投影,即 $\frac{\partial u}{\partial l} = \mathrm{grad}_l u$。

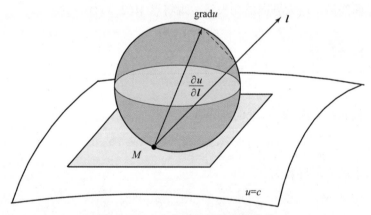

图 A-15 方向导数与梯度的关系

(2)标量场 $u(M)$ 中每一点 M 处的梯度,垂直与过该点的等值面且指向函数 $u(M)$ 增大的一方。

由式(A-39)可以看出,在点 M 处 $\mathrm{grad}\, u$ 的坐标 $\left(\frac{\partial u}{\partial x}, \frac{\partial u}{\partial y}, \frac{\partial u}{\partial z}\right)$ 正好是过 M 点的等值面 $u(x,y,z) = c$ 的法线方向导数,梯度即是其法向矢量,它垂直于此等值面。因函数 $u(M)$ 沿梯度方向的方向导数 $\frac{\partial u}{\partial l} = |\mathrm{grad}\, u| > 0$,即函数 $u(M)$ 沿梯度

方向是增大的,也就是梯度指向函数 $u(M)$ 增大的一方。如果将数量场中每一点的梯度与场中的点一一对应起来,就得到一个矢量场,称其为由此数量场产生的梯度场。

梯度运算的基本公式如下:

(1) $\text{grad}\, c = 0$ (c 为常数)。

(2) $\text{grad}(cu) = c\,\text{grad}(u)$ (c 为常数)。

(3) $\text{grad}(u \pm v) = \text{grad}\, u \pm \text{grad}\, v$。

(4) $\text{grad}(uv) = v\,\text{grad}\, u + u\,\text{grad}\, v$。

(5) $\text{grad}\, \dfrac{u}{v} = \dfrac{1}{v^2}(v\,\text{grad}\, u - u\,\text{grad}\, v)$。

(6) $\text{grad}\, f(u) = f'(u)\,\text{grad}\, u$。

(7) $\text{grad}\, f(u,v) = \dfrac{\partial f}{\partial u}\,\text{grad}\, u + \dfrac{\partial f}{\partial v}\,\text{grad}\, v$。

例 A–8 设 $r = \sqrt{x^2 + y^2 + z^2}$ 为点 $M(x,y,z)$ 的矢径的模,试证: $\text{grad}\, r = \dfrac{\boldsymbol{r}}{r} = \boldsymbol{r}^0$。

证明: $\text{grad}\, r = \dfrac{\partial r}{\partial x}\boldsymbol{i} + \dfrac{\partial r}{\partial y}\boldsymbol{j} + \dfrac{\partial r}{\partial z}\boldsymbol{k} = \dfrac{x\boldsymbol{i} + y\boldsymbol{j} + z\boldsymbol{k}}{\sqrt{x^2 + y^2 + z^2}} = \dfrac{\boldsymbol{r}}{r} = \boldsymbol{r}^0$。

例 A–9 通过梯度求曲面 $x^2 y + 2xz = 4$ 上一点 $M(1,-2,3)$ 处的法线方程。

解: 所给曲面可视为数量场 $u = x^2 y + 2xz$ 的一等值面,因此场 u 在点 M 处的梯度,就是曲面在该点的法矢量,即

$$\text{grad}\, u\,|_M = [(2xy + 2z)\boldsymbol{i} + x^2\boldsymbol{j} + 2x\boldsymbol{k}]|_M = 2\boldsymbol{i} + \boldsymbol{j} + 2\boldsymbol{k}$$

故所求的法线方程为 $2\boldsymbol{i} + \boldsymbol{j} + 2\boldsymbol{k}$。

附 录 B
GB/T 8170—2008《数值修约规则与极限数值的表示和判定》

前言

本标准是在 GB/T 8170—1987《数值修约规则》和 GB/T 1250—1989《极限数值的表示和判定方法》的基础上整合修订而成。

本标准代替 GB/T 8170—1987 和 GB/T 1250—1989。

本标准与 GB/T 8170—1987 和 GB/T 1250—1989 相比较,技术内容的主要变化包括:

——按 GB/T 1.1—2000《标准化工作导则 第 1 部分:标准的结构和编写规则》的要求对标准格式进行了修改;

——增加了术语"数值修约"与"极限数值",修改了"修约间隔"的定义,删除了术语"有效位数"、"0.5 单位修约"与"0.2 单位修约";

——在第 3 章数值修约规则中删除了"指定将数值修约成 n 位有效位数"有关内容,保留"指定数位的情形";

——必要时,在修约数值右上角而不是数值后,加符号"+"或"-",表示其值进行过"舍"或"进";

——在对测定值或其计算值与极限数值比较的两种判定方法中,增加了"当标准或有关文件规定了使用其中一种比较方法时,一经确定,不得改动";删去了有关绝对极限数值的内容;

——在使用修约法比较时,强调了"当测试或计算精度允许时,应先将获得的数值按指定的修约位数多一位或几位报出,然后按 3.2 的程序修约至规定的位数"。

本标准由中国标准化研究院提出。

本标准由全国统计方法应用标准化技术委员会归口。

| 附录 B | GB/T 8170—2008《数值修约规则与极限数值的表示和判定》

本标准起草单位：中国标准化研究院、中国科学院数学与系统科学研究院、广州市产品质量监督检验所、无锡市产品质量监督检验所、福州春伦茶业有限公司。

本标准起草人：陈玉忠、于振凡、冯士雍、邓穗兴、丁文兴、党华、陈华英、傅天龙。

数值修约规则与极限数值的表示和判定

1 范围

本标准规定了对数值进行修约的规则、数值极限数值的表示和判定方法，有关用语及其符号，以及将测定值或其计算值与标准规定的极限数值作比较的方法。

本标准适用于科学技术与生产活动中测试和计算得出的各种数值。当所得数值需要修约时，应按本标准给出的规则进行。

本标准适用于各种标准或其他技术规范的编写和对测试结果的判定。

2 术语和定义

下列术语和定义适用于本标准。

2.1 数值修约 rounding off for numerical values

通过省略原数值的最后若干位数字，调整所保留的末位数字，使最后所得到的值最接近原数值的过程。

注：经数值修约后的数值称为(原数值的)修约值。

2.2 修约间隔 rounding interval

修约值的最小数值单位。

注：修约间隔的数值一经确定，修约值即为该数值的整数倍。

例1：如指定修约间隔为0.1，修约值应在0.1的整数倍中选取，相当于将数值修约到一位小数。

例2：如指定修约间隔为100，修约值应在100的整数倍中选取，相当于将数值修约到"百"数位。

2.3 极限数值 limiting values

标准(或技术规范)中规定考核的以数量形式给出且符合该标准(或技术规范)要求的指标数值范围的界限值。

3 数值修约规则

3.1 确定修约间隔

a) 指定修约间隔为 10^{-n}（n 为正整数），或指明将数值修约到 n 位小数；

b) 指定修约间隔为1,或指明将数值修约到"个"数位;

c) 指定修约间隔为10^n(n为正整数),或指明将数值修约到10^n数位,或指明将数值修约到"十"、"百"、"千"……数位。

3.2 进舍规则

3.2.1 拟舍弃数字的最左一位数字小于5,则舍去,保留其余各位数字不变。

例:将12.149 8修约到个数位,得12;将12.149 8修约到一位小数,得12.1。

3.2.2 拟舍弃数字的最左一位数字大于5,则进一,即保留数字的末位数字加1。

例:将1 268修约到"百"数位,得13×10^2(特定场合可写为1 300)。

注:本标准示例中,"特定场合"系指修约间隔明确时。

3.2.3 拟舍弃数字的最左一位数字是5,且其后有非0数字时进一,即保留数字的末位数字加1。

例:将10.500 2修约到个数位,得11。

3.2.4 拟舍弃数字的最左一位数字为5,且其后无数字或皆为0时,若所保留的末位数字为奇数(1,3,5,7,9)则进一,即保留数字的末位数字加1;若所保留的末位数字为偶数(0,2,4,6,8),则舍去。

例1:修约间隔为0.1(或10^{-1})

拟修约数值	修约值
1.050	10×10^{-1}(特定场合可写成为1.0)
0.35	4×10^{-1}(特定场合可写成为0.4)

例2:修约间隔为1000(或10^3)

拟修约数值	修约值
2 500	2×10^3(特定场合可写成为2000)
3 500	4×10^3(特定场合可写成为4000)

3.2.5 负数修约时,先将它的绝对值按3.2.1~3.2.4的规定进行修约,然后在所得值前面加上负号。

例1:将下列数字修约到"十"数位:

拟修约数值	修约值
−355	$−36 \times 10$(特定场合可写为−360)

附录 B GB/T 8170—2008《数值修约规则与极限数值的表示和判定》

    −325 -32×10（特定场合可写为 −320）

例 2：将下列数字修约到三位小数，即修约间隔为 10^{-3}：

    拟修约数值   修约值

    −0.036 5 -36×10^{-3}（特定场合可写为 −0.036）

3.3 不允许连续修约

3.3.1 拟修约数字应在确定修约间隔或指定修约数位后一次修约获得结果，不得多次按 3.2 规则连续修约。

例 1：修约 97.46，修约间隔为 1。

正确的做法：97.46 →97；

不正确的做法：97.46 →97.5 →98。

例 2：修约 15.454 6，修约间隔为 1。

正确的做法：15.454 6 →15；

不正确的做法：15.454 6 →15.455 →15.46 →15.5 →16。

3.3.2 在具体实施中，有时测试与计算部门先将获得数值按指定的修约数位多一位或几位报出，而后由其他部门判定。为避免产生连续修约的错误，应按下述步骤进行。

3.3.2.1 报出数值最右的非零数字为 5 时，应在数值右上角加"+"或加"−"或不加符号，分别表明已进行过舍，进或未舍未进。

例：16.50^{+} 表示实际值大于 16.50，经修约舍弃为 16.50；16.50^{-} 表示实际值小于 16.50，经修约进一为 16.50。

3.3.2.2 如对报出值需进行修约，当拟舍弃数字的最左一位数字为 5，且其后无数字或皆为零时，数值右上角有"+"者进一，有"−"者舍去，其他仍按 3.2 的规定进行。

例 1：将下列数字修约到个数位（报出值多留一位至一位小数）。

实测值	报出值	修约值
15.454 6	15.5^{-}	15
−15.454 6	-15.5^{-}	−15
16.520 3	16.5^{+}	17
−16.520 3	-16.5^{+}	−17
17.500 0	17.5	18

3.4 0.5单位修约与0.2单位修约

在对数值进行修约时,若有必要,也可采用0.5单位修约或0.2单位修约。

3.4.1 0.5单位修约(半个单位修约)

0.5单位修约是指按指定修约间隔对拟修约的数值0.5单位进行的修约。

0.5单位修约方法如下:将拟修约数值X乘以2,按指定修约间隔对$2X$依3.2的规定修约,所得数值($2X$修约值)再除以2。

例:将下列数字修约到"个"数位的0.5单位修约。

拟修约数值X	$2X$	$2X$修约值	X修约值
60.25	120.50	120	60.0
60.38	120.76	121	60.5
60.28	120.56	121	60.5
-60.75	-121.50	-122	-61.0

3.4.2 0.2单位修约

0.2单位修约是指按指定修约间隔对拟修约的数值0.2单位进行的修约。

0.2单位修约方法如下:将拟修约数值X乘以5,按指定修约间隔对$5X$依3.2的规定修约,所得数值($5X$修约值)再除以5。

例:将下列数字修约到"百"数位的0.2单位修约。

拟修约数值X	$5X$	$5X$修约值	X修约值
830	4 150	4 200	840
842	4 210	4 200	840
832	4 160	4 200	840
-930	-4 650	-4 600	-920

4 极限数值的表示和判定

4.1 书写极限数值的一般原则

4.1.1 标准(或其他技术规范)中规定考核的以数量形式给出的指标或参数等,应当规定极限数值。极限数值表示符合该标准要求的数值范围的界限值,它通过给出最小极限值和(或)最大极限值,或给出基本数值与极限偏差值等方式表达。

4.1.2 标准中极限数值的表示形式及书写位数应适当,其有效数字应全部写出。书写位数表示的精确程度,应能保证产品或其他标准化对象应有的性能和质量。

附录 B GB/T 8170—2008《数值修约规则与极限数值的表示和判定》

4.2 表示极限数值的用语

4.2.1 基本用语

4.2.1.1 表达极限数值的基本用语及符号见表1。

表1 表达极限数值的基本用语及符号

基本用语	符号	特定情形下的基本用语		注
大于 A	$>A$	多于 A	高于 A	测定值或计算值恰好为 A 值时不符合要求
小于 A	$<A$	少于 A	低于 A	测定值或计算值恰好为 A 值时不符合要求
大于或等于 A	$\geq A$	不小于 A 不少于 A	不低于 A	测定值或计算值恰好为 A 值时符合要求
小于或等于 A	$\leq A$	不大于 A 不多于 A	不高于 A	测定值或计算值恰好为 A 值时符合要求

注1：A 为极限数值。

注2：允许采用以下习惯用语表达极限数值：

a)"超过 A"，指数值大于 $A(>A)$；

b)"不足 A"，指数值小于 $A(<A)$；

c)"A 及以上"或"至少 A"，指数值大于或等于 $A(\geq A)$；

d)"A 及以下"或"至多 A"，指数值小于或等于 $A(\leq A)$。

例1：钢中磷的残量 $<0.035\%$，$A=0.035\%$。

例2：钢丝绳抗拉强度 $\geq 22\times 10^2$（MPa），$A=22\times 10^2$（MPa）。

4.2.1.2 基本用语可以组合使用，表示极限值范围。

对特定的考核指标 X，允许采用下列用语和符号（见表2）。同一标准中一般只应使用一种符号表示方式。

表2 对特定的考核指标 X，允许采用的表达极限数值的组合用语及符号

组合基本用语	组合允许用语	表示方式Ⅰ	表示方式Ⅱ	表示方式Ⅲ
大于或等于 A 且小于或等于 B	从 A 到 B	$A\leq X\leq B$	$A\leq \cdot \leq B$	$A\sim B$
大于 A 且小于或等于 B	超过 A 到 B	$A<X\leq B$	$A<\cdot \leq B$	$>A\sim B$
大于或等于 A 且小于 B	至少 A 不足 B	$A\leq X<B$	$A\leq \cdot <B$	$A\sim <B$
大于 A 且小于 B	超过 A 不足 B	$A<X<B$	$A<\cdot <B$	

4.2.2 带有极限偏差值的数值

4.2.2.1 基本数值 A 带有绝对极限上偏差值 $+b_1$ 和绝对极限下偏差值 $-b_2$,指从 $A-b_2$ 到 $A+b_1$ 符合要求,记为 $A_{-b_2}^{+b_1}$。

注:当 $b_1 = b_2 = b$ 时, $A_{-b_2}^{+b_1}$ 可简记为 $A \pm b$。

例:80_{-1}^{+2} mm,指从 79mm 到 82mm 符合要求。

4.2.2.2 基本数值 A 带有相对极限上偏差值 $+b_1\%$ 和相对极限下偏差值 $-b_2\%$,指实测值或其计算值 R 对于 A 的相对偏差值 $[(R-A)/A]$ 从 $-b_2\%$ 到 $+b_1\%$ 符合要求,记为 $A_{-b_2}^{+b_1}\%$。

注:当 $b_1 = b_2 = b$ 时, $A_{-b_2}^{+b_1}\%$ 可记为 $A(1 \pm b\%)$。

例:$510\Omega(1 \pm 5\%)$,指实测值或其计算值 $R(\Omega)$ 对于 510Ω 的相对偏差值 $[(R-510)/510]$ 从 -5% 到 $+5\%$ 符合要求。

4.2.2.3 对基本数值 A,若极限上偏差值 $+b_1$ 和(或)极限下偏差值 $-b_2$ 使得 $A+b_1$ 和(或) $A-b_2$ 不符合要求,则应附加括号,写成 $A_{-b_2}^{+b_1}$(不含 b_1 和 b_2)或 $A_{-b_2}^{+b_1}$(不含 b_1)、$A_{-b_2}^{+b_1}$(不含 b_2)。

例1:80_{-1}^{+2}(不含 2)mm,指从 79mm 到接近但不足 82mm 符合要求。

例2:$510\Omega(1 \pm 5\%)$(不含 5%),指实测值或其计算值 $R(\Omega)$ 对于 510Ω 的相对偏差值 $[(R-510)/510]$ 从 -5% 到接近但不足 $+5\%$ 符合要求。

4.3 测定值或其计算值与标准规定的极限数值作比较的方法

4.3.1 总则

4.3.1.1 在判定测定值或其计算值是否符合标准要求时,应将测试所得的测定值或其计算值与标准规定的极限数值作比较,比较的方法可采用:

a)全数值比较法;

b)修约值比较法。

4.3.1.2 当标准或有关文件中,若对极限数值(包括带有极限偏差值的数值)无特殊规定时,均应使用全数值比较法。如规定采用修约值比较法,应在标准中加以说明。

4.3.1.3 若标准或有关文件规定了使用其中一种比较方法时,一经确定,不得改动。

4.3.2 全数值比较法

将测试所得的测定值或计算值不经修约处理(或虽经修约处理,但应标明它是经舍、进或未进未舍而得),用该数值与规定的极限数值作比较,只要超出极限数值规定的范围(不论超出程度大小),都判定为不符合要求。示例见表3。

| 附录 B | GB/T 8170—2008《数值修约规则与极限数值的表示和判定》

4.3.3 修约值比较法

4.3.3.1 将测定值或其计算值进行修约,修约数位应与规定的极限数值数位一致。

当测试或计算精度允许时,应先将获得的数值按指定的修约数位多一位或几位报出,然后按 3.2 的程序修约至规定的数位。

4.3.3.2 将修约后的数值与规定的极限数值进行比较,只要超出极限数值规定的范围(不论超出程度大小),都判定为不符合要求。示例见表3。

表3 全数值比较法和修约值比较法的示例与比较

项目	极限数值	测定值或其计算值	按全数值比较是否符合要求	修约值	按修约值比较是否符合要求
中碳钢抗拉强度/MPa	≥14×100	1 349	不符合	13×100	不符合
		1 351	不符合	14×100	符合
		1 400	符合	14×100	符合
		1 402	符合	14×100	符合
NaOH 的质量分数/%	≥97.0	97.01	符合	97.0	符合
		97.00	符合	97.0	符合
		96.96	不符合	97.0	符合
		96.94	不符合	96.9	不符合
中碳钢的硅的质量分数/%	≤0.5	0.452	符合	0.5	符合
		0.500	符合	0.5	符合
		0.549	不符合	0.5	符合
		0.551	不符合	0.6	不符合
中碳钢的锰的质量分数/%	1.2~1.6	1.151	不符合	1.2	符合
		1.200	符合	1.2	符合
		1.649	不符合	1.6	符合
		1.651	不符合	1.7	不符合
盘条直径/mm	10.0±0.1	9.89	不符合	9.9	符合
		9.85	不符合	9.8	不符合
		10.10	符合	10.1	符合
		10.16	不符合	10.2	不符合

续表

项目	极限数值	测定值或 其计算值	按全数值比较 是否符合要求	修约值	按修约值比较 是否符合要求
盘条 直径/mm	10.0±0.1 （不含0.1）	9.94	符合	9.9	不符合
		9.96	符合	10.0	符合
		10.06	符合	10.1	不符合
		10.05	符合	10.0	符合
盘条 直径/mm	10.0±0.1 （不含+0.1）	9.94	符合	9.9	不符合
		9.86	不符合	9.9	不符合
		10.06	符合	10.1	不符合
		10.05	符合	10.0	符合
盘条 直径/mm	10.0±0.1 （不含-0.1）	9.94	符合	9.9	不符合
		9.86	不符合	9.9	不符合
		10.06	符合	10.1	符合
		10.05	符合	10.0	符合

注：表中的例并不表明这类极限数值都应采用全数值比较法或修约值比较法。

4.3.4 两种判定方法的比较

对测定值或其计算值与规定的极限数值在不同情形用全数值比较法和修约值比较法的比较结果的示例见表3。对同样的极限数值,若它本身符合要求,则全数值比较法比修约值比较法相对较严格。

参考文献

[1] GB/T 699—1999 优质碳素结构钢.

[2] JIS Z 8401 Rules for Rounding off of Number Values.

附录 C

t_p 修正值表

自由度 v	p					
	0.6827	0.90	0.95	0.9545	0.99	0.9973
1	1.84	6.31	12.71	13.97	63.66	235.80
2	1.32	2.92	4.30	4.53	9.92	19.21
3	1.20	2.35	3.18	3.31	5.84	9.22
4	1.14	2.13	2.78	2.87	4.60	6.62
5	1.11	2.06	2.57	2.65	4.03	5.51
6	1.09	1.94	2.45	2.52	3.71	4.90
7	1.08	1.89	2.36	2.43	3.50	4.53
8	1.07	1.86	2.31	2.37	3.36	4.28
9	1.06	1.83	2.26	2.32	3.25	4.09
10	1.05	1.81	2.23	2.28	3.17	3.96
14	1.04	1.76	2.14	2.20	2.98	3.64
15	1.03	1.75	2.13	2.18	2.95	3.59
16	1.03	1.75	2.12	2.17	2.92	3.54
18	1.03	1.73	2.10	2.15	2.88	3.48
19	1.03	1.73	2.09	2.14	2.86	3.45
20	1.03	1.72	2.09	2.13	2.85	3.42
25	1.02	1.71	2.06	2.11	2.79	3.33

续表

自由度 v	p					
	0.6827	0.90	0.95	0.9545	0.99	0.9973
30	1.02	1.70	2.04	2.09	2.75	3.27
35	1.01	1.70	2.03	2.07	2.72	3.23
40	1.01	1.68	2.02	2.06	2.70	3.20
45	1.01	1.68	2.01	2.06	2.69	3.18
50	1.01	1.68	2.01	2.05	2.68	3.16
100	1.005	1.660	1.984	2.025	2.63	3.077
∞	1.000	1.645	1.960	2.000	2.576	3.000

注:对于平均值为 $\bar{x}$、标准偏差为 s 的正态分布随机变量 x 而言,置信概率 $p=68.27\%$、95.45%、99.73% 分别对应于区间 $\bar{x}-s \leqslant x \leqslant \bar{x}+s$、$\bar{x}-2s \leqslant x \leqslant \bar{x}+2s$、$\bar{x}-3s \leqslant x \leqslant \bar{x}+3s$。

参 考 文 献

[1] 王兵团,张作泉,赵平福.数值分析简明教程[M].北京:清华大学出版社,北京交通大学出版社,2012.
[2] 令峰.数值分析中的常用算法与编程实现[M].北京:科学出版社,2023.
[3] 李华,郑崚浩.数值计算方法及其程序实现[M].广州:暨南大学出版社,2021.
[4] 黄云清,舒适,陈艳萍,等.数值计算方法[M].北京:科学出版社,2009.
[5] 王明辉.应用数值分析[M].北京:化学工业出版社,2015.
[6] 丁勇,戴冉,王少青.航海专业数学[M].大连:大连海事大学出版社,2016.
[7] 戴冉,赵志垒.航海专业数学(英文版)[M].大连:大连海事大学出版社,2011.
[8] 郭禹.航海学[M].大连:大连海事大学出版社,2011.
[9] The Royal Navy. The Admiralty Manual of Navigation Volume 1: The Principles of navigation[M]. London: The Nautical Institute, 2008.
[10] BOWDITCH N, BOWDITCH J I. American Practical Navigator an Epitome of Navigation[M]. Legare Street Press, 2002.
[11] 杨晓东,夏卫星.航海专业数学[M].青岛:海军舰船学院,2021.
[12] 张玉祥,唐寒秋.航海数学[M].厦门:厦门大学出版社,2011.
[13] 陈基明.数值计算方法[M].上海:上海大学出版社,2007.
[14] 毛赞猷,朱良,周占鳌,等.新编地图学教程[M].3版.北京:高等教育出版社,2017.
[15] M.贝尔热.几何:第五卷.球面、双曲几何与球面空间[M].周克希,顾鹤荣,译.北京:科学出版社,1991.
[16] 河北科技大学理学院数学系.矢量分析与场论[M].北京:清华大学出版社,2015.
[17] 程鹏飞,成英燕,文汉江,等.2000国家大地坐标系实用宝典[M].北京:测绘出版社,2008.
[18] 庄楚强,何春雄.应用数理统计[M].3版.广州:华南理工大学出版社,2006.
[19] 马宏,王金波.仪器精度理论[M].北京:北京航空航天大学出版社,2009.
[20] 吴石林,张玘.误差分析与数据处理[M].北京:清华大学出版社,2010.
[21] 林洪桦.测量误差与不确定度评估[M].北京:机械工业出版社,2010.
[22] 倪育才.实用测量不确定度评定[M].3版.北京:中国计量出版社,2010.
[23] 周凤岐,卢晓东.最优估计理论[M].北京:高等教育出版社,2009.
[24] 陶本藻,邱卫宁,姚宜斌.误差理论与测量平差基础[M].武汉:武汉大学出版社,2019.
[25] 袁峰,李凯,张晓琳.误差理论与数据处理[M].哈尔滨:哈尔滨工业大学出版社,2020.

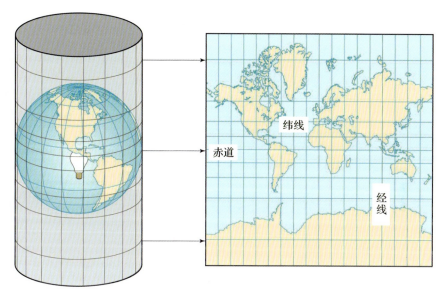

图4-7 圆柱投影平面上的经线与纬线

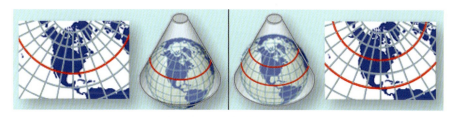

图4-10 圆锥投影特点

彩1

表 4-3 各种投影汇总表

投影名称	正轴	横轴	斜轴
圆柱投影	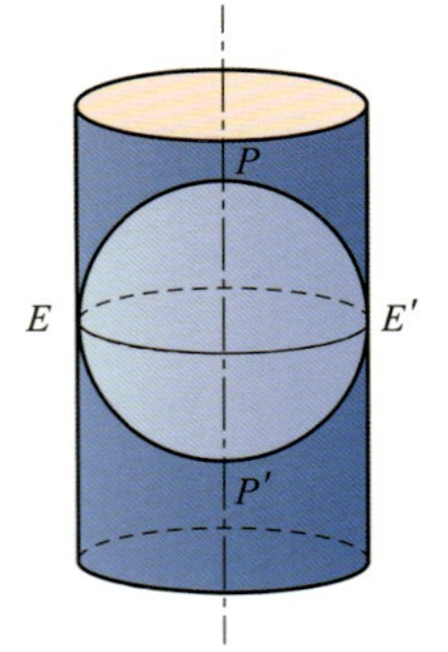	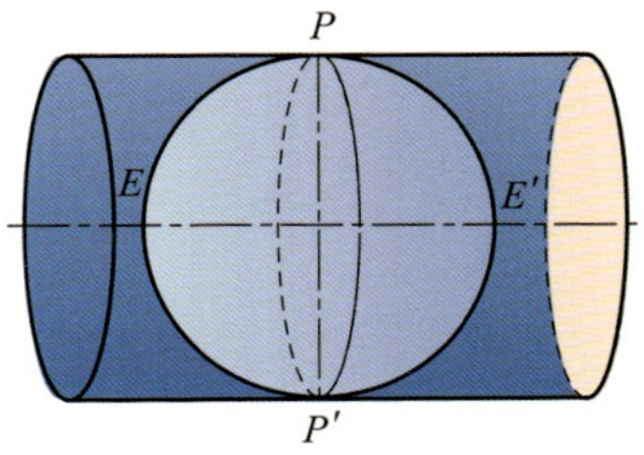	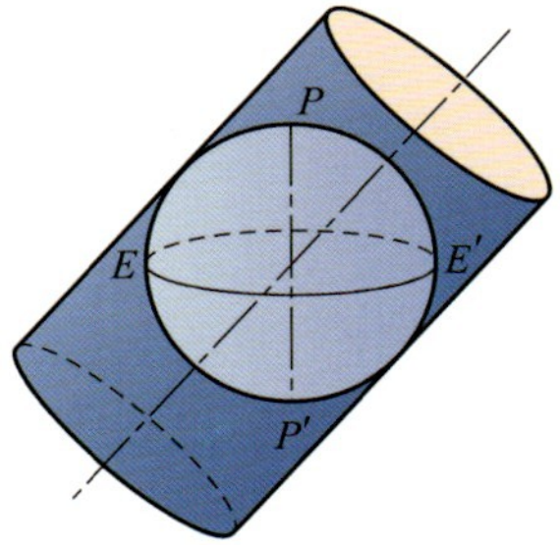
圆锥投影	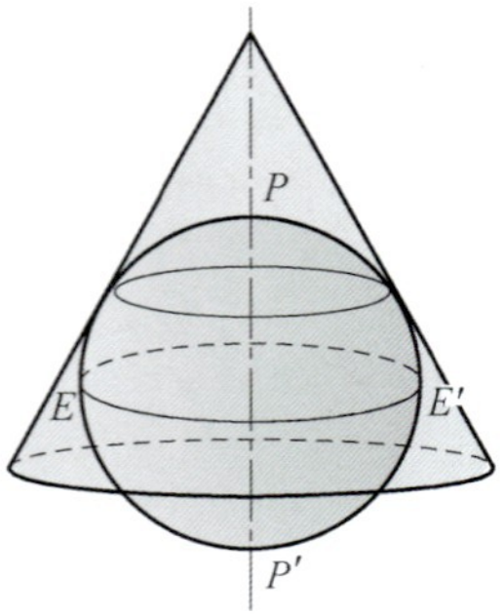	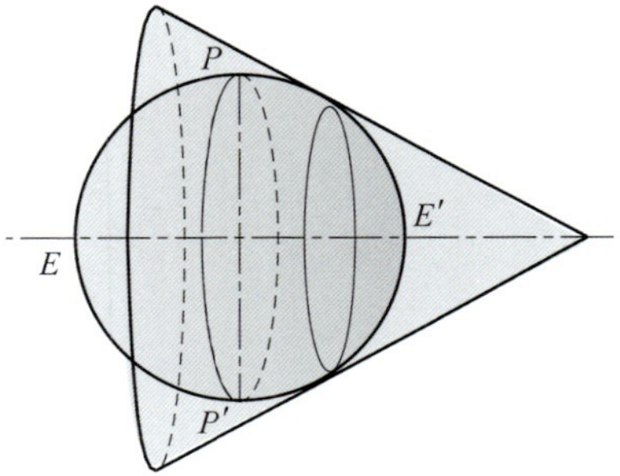	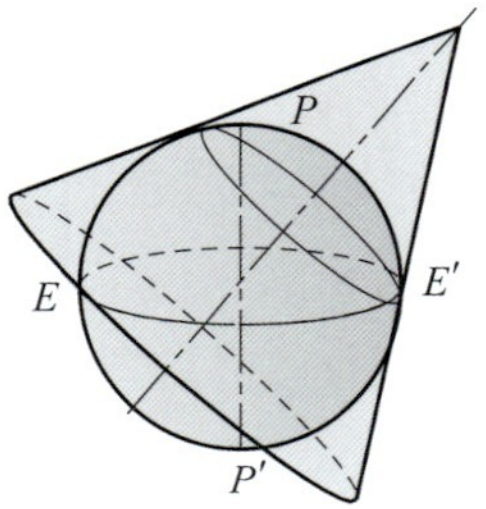

彩 2

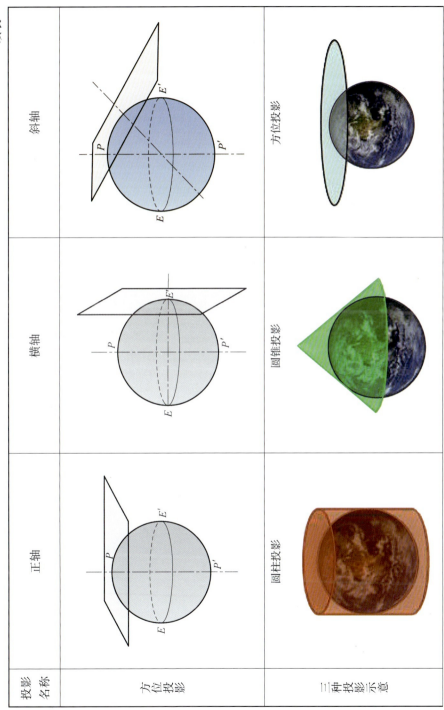

续表

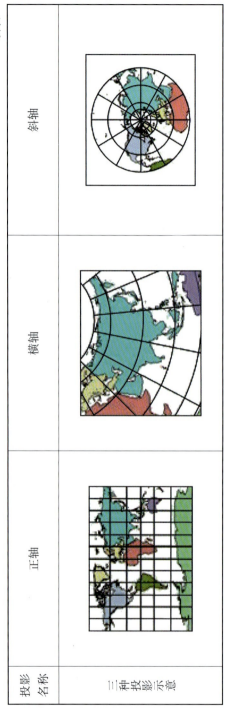

| 投影名称 | 正轴 | 横轴 | 斜轴 |

三种投影示意

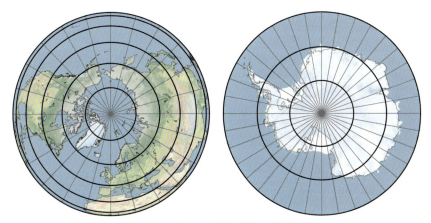

图 4-35 切点在两极时的正方位投影